**dtv**
*Reihe Hanser*

Eirik Newth geht den großen Fragen der Zukunftsforschung nach. Er erzählt spannend von den vielen faszinierenden Ideen, die unser Leben verändern könnten: intelligente Roboter, Computer, die das Fassungsvermögen des menschlichen Gehirns erweitern, oder virengroße Nanomaschinen, die den Müll der Menschheit vollständig in wieder verwertbare Atome zerlegen. Eine kluge und leicht verständliche Beschreibung, wie unsere Zukunft aussehen könnte, wenn sich die Visionen der Forscher verwirklichen lassen.

*Eirik Newth*, geboren 1964, studierte Astrophysik und lebt heute als freier Autor und Übersetzer in Oslo. Für sein ebenfalls in der *Reihe Hanser* erschienenes Buch ›Die Jagd nach der Wahrheit‹ (<u>dtv</u> 62032) erhielt er den begehrten Bragge-Preis. ›Abenteuer Zukunft‹ wurde für den Deutschen Jugendliteraturpreis nominiert.

Eirik Newth

# Abenteuer Zukunft

Projekte und Visionen
für das dritte Jahrtausend

Aus dem Norwegischen
von Ina Kronenberger

Deutscher Taschenbuch Verlag

Die Übersetzung wurde unterstützt vom
Marketing Unit for Norwegian International Non-Fiction (MUNIN)

Neu überarbeitete Ausgabe
In neuer Rechtschreibung
November 2002
Deutscher Taschenbuch Verlag GmbH & Co. KG,
München
www.dtv.de
© 1999 Gyldendal Tiden, Oslo
Titel der Originalausgabe:
›Fremtiden. Hva vil skje etter år 2000?‹
(Gyldendal Tiden, Oslo)
© 2000 der deutschsprachigen Ausgabe:
Carl Hanser Verlag München Wien
Umschlagzeichnung: Ludvik Glazer-Naudé, Berlin
Innenzeichnungen: Brigitte Kolbeinsen, Oslo
Satz und Lithos: Reinhard Amann, Aichstetten
Druck und Bindung: Kösel, Kempten
Gedruckt auf säurefreiem, chlorfrei gebleichtem Papier
Printed in Germany · ISBN 3-423-62117-6

# Inhalt

*Eilert Løvborg:* Und das hier handelt von der Zukunft.
*Jørgen Tesman:* Von der Zukunft! Herrje, aber von der
wissen wir doch gar nichts!
*Eilert Løvborg:* Nein. Aber es lässt sich immerhin das eine oder
andere von ihr sagen. (...) Da, sieh mal –

Aus »Hedda Gabler« von Henrik Ibsen

# 1  An alle, die zur Zeit leben

Zu dem, was uns zum Menschen macht, gehört auch, dass wir uns die Zukunft vorstellen können. Diese Fähigkeit nutzen wir Tag für Tag, meistens ohne darüber nachzudenken. Wir schmieden Pläne für etwas, was in einigen Tagen, Wochen oder Jahren geschehen soll. Wir sind in der Lage, mehr oder weniger genau zu erraten, wie die uns direkt bevorstehende Zukunft aussehen könnte, und früher oder später müssen wir uns Gedanken darüber machen, wie sich unser Leben in vielen Jahren gestalten könnte. Das geschieht zum Beispiel, wenn wir eine Ausbildung machen, ein Haus kaufen oder einen Partner fürs Leben suchen.

Die Fähigkeit, sich die Zukunft vorstellen zu können, verschafft uns gegenüber allen Tieren einen Vorteil. Das ist einer der Gründe, weshalb der Mensch heute auf der Erde die vorherrschende »Tierart« ist. Aber diese Fähigkeit beschert uns auch viele Sorgen, weil wir uns vorstellen können, welche unangenehmen und beängstigenden Dinge uns in Zukunft zustoßen können. Wir wissen, dass die Zukunft viele Gefahren birgt. Wir wissen, dass alle Menschen, die wir lieben, und auch wir selbst einmal sterben müssen. Deshalb ist es nicht verwunderlich, dass ein Mensch, dem es gelingt, nicht allzu viel an die Zukunft zu denken und der »im Hier und Jetzt lebt«, als sorglos gilt.

Wir hegen gegenüber der Zukunft sehr gemischte Gefühle. Sie steckt ja auch voller Hoffnungen und Möglichkeiten. Alles, was wir bisher versäumt haben, können wir in der Zukunft möglicherweise noch nachholen.

In diesem Buch geht es nicht um die nahe Zukunft. Es geht nicht um die Zukunft, die jedem von uns direkt bevorsteht, sondern um die *ganz große* Zukunft, die die ganze Menschheit und alle anderen Lebewesen betrifft, mit denen wir diesen Planeten teilen.

Einige Tiere »planen« für die Zukunft. Das Eichhörnchen legt zum Beispiel im Herbst Nussvorräte an, damit es bis zum Frühjahr Nahrung hat. Aber das macht das Eichhörnchen vermutlich aus Instinkt, ohne zu begreifen, was Zukunft eigentlich ist.

In diesem Buch mache ich viele Zeitangaben. Es ist nicht ganz einfach, die verschiedenen Jahrhunderte auseinander zu halten. Das 20. Jahrhundert ist der Zeitraum vom 1.1.1901 bis zum 31.12.2000. Das 21. Jahrhundert ist der Zeitraum vom 1.1.2001 bis zum 31.12.2100. Und das dritte Jahrtausend ist der Zeitraum vom 1.1.2001 bis zum 31.12.3000.

Um diese ferne Zukunft kümmern sich die allerwenigsten. In gewisser Weise ist das verständlich: Weshalb sollten wir uns Gedanken darüber machen, was in 500 Jahren passieren könnte? Dann leben wir ja schließlich nicht mehr.

Aber es geht uns an, ob wir wollen oder nicht. Denken wir nur daran, welche enorme Macht wir, die wir jetzt leben, über die Zukunft haben. Entscheidungen, die wir treffen, werden großen Einfluss darauf haben, wie die Menschen in hunderten, vielleicht sogar tausenden von Jahren leben werden.

Wir haben die gleiche Macht über die Zukunft, wie die Menschen von früher sie über die Gegenwart, also unsere Zeit, hatten. Unsere Vorfahren haben darüber entschieden, welche Sprache wir heute sprechen, welche Regierungsform in unserem Land üblich ist und welche Religion am meisten Verbreitung fand. Selbst Kleinigkeiten, zum Beispiel das Aussehen der Buchstaben auf dieser Seite, wurden von Menschen bestimmt, die vor hunderten von Jahren gelebt haben.

Wir sind die Vergangenheit der Zukunft. Wir leben in der Zeit, die Menschen in hundert Jahren »die alten Zeiten« nennen werden. Was wir heute tun, wird Einfluss auf die Lebensweise der Menschen in der Zukunft haben. Deshalb fordern uns zum Beispiel Umweltschutzorganisationen auf, an die Zukunft zu denken, wenn wir Entscheidungen über unseren Lebensstil treffen. Etwas so Alltägliches wie der von uns verursachte Müll hat Auswirkungen auf die Zukunft. Plastik kann hunderte von Jahren überdauern und wenn wir nichts gegen unseren Abfall unternehmen, müssen es vielleicht die Menschen in der Zukunft nachholen. Aber Müllplätze sind nur *ein* Beispiel für Probleme, die wir der Zukunft vererben.

Die Zukunft ist ein unbekanntes Land. Wir können nur unsere Fantasie in die Zukunft schweifen lassen. Der Planet, auf dem wir leben, ist im Großen und Ganzen vollständig erforscht. Es ist nicht länger möglich, auf Entdeckungsreisen zu gehen, wie es die Menschen bis zu Beginn des 19. Jahrhunderts getan haben. Die Erde ist übervölkert, die Natur äußerst belastet, es gibt keinen Platz mehr für wagemutige und spannende Abenteuerreisen. Vielleicht gibt es aber in Zukunft Raum dafür. In der Zukunft kann *alles* geschehen, Gutes und Schlechtes.

In diesem Buch geht es nicht darum, wie die Zukunft aussehen wird, denn das kann kein Mensch wissen. Es handelt vielmehr davon, wie Wissenschaftler, Denker und Schriftsteller sich die Zukunft vorstellen. Es wird schnell klar, dass hier nicht eine bestimmte Zukunft beschrieben wird. Es gibt viele verschiedene Möglichkeiten für eine Zukunft.

In diesem Buch werden dem Leser viele ungewöhnliche und seltsame Gedanken begegnen. Möglicherweise wird er viele von ihnen anzweifeln. Damit hat er vielleicht sogar Recht. Es ist sehr vernünftig, sich Vorhersagen gegenüber skeptisch zu zeigen, trotzdem dürfen wir nicht vergessen, dass vieles von dem, was in Zukunft geschieht, unsere kühnsten Fantasien übertreffen wird.

Was hätten unsere Vorfahren wohl über ihre Zukunft gesagt, also die Zeit, in der wir jetzt leben?

# 2  Wie kann man die Zukunft vorhersagen?

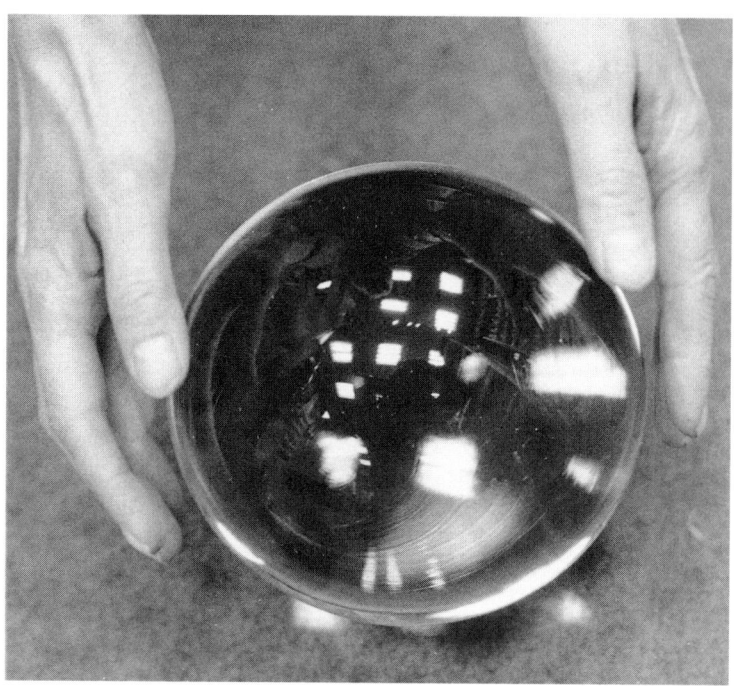

Im antiken Griechenland gab es viele Orakel, aber das berühmteste von allen war das der Stadt Delphi – eine Prophetin namens Pythia. Sie wurde von griechischen Heerführern und Politikern um Rat gefragt, wenn sie zum Beispiel einen Krieg vorbereiteten und dessen Ausgang wissen wollten. Pythia war dafür bekannt, dass sie nur vage Antworten gab. Sie hatte also etwas Wichtiges über Wahrsagungen begriffen!

Zu allen Zeiten hat es Menschen gegeben, die glaubten, die Zukunft vorhersehen zu können. Diese Menschen haben in ihrer Gesellschaft häufig eine wichtige Rolle gespielt. Sie wurden Schamanen oder Seher genannt, Wahrsagerinnen oder Wahrsager. Schamanen sind Männer oder Frauen, die glauben, besonders guten Kontakt zu den Göttern zu haben, so dass sie sich an sie wenden können, um etwas über die Zukunft zu erfahren.

Die Griechen holten sich in der Antike Rat bei einem Orakel, einer Gottheit, die ihrer Meinung nach die Fähigkeit besaß, in die Zukunft zu schauen. Römische Priester glaubten, die Zukunft vorhersagen zu können, indem sie sich die Eingeweide geschlachteter Tiere anschauten. Aber es gab noch weitere Zeichen in der Natur, die angeblich et-

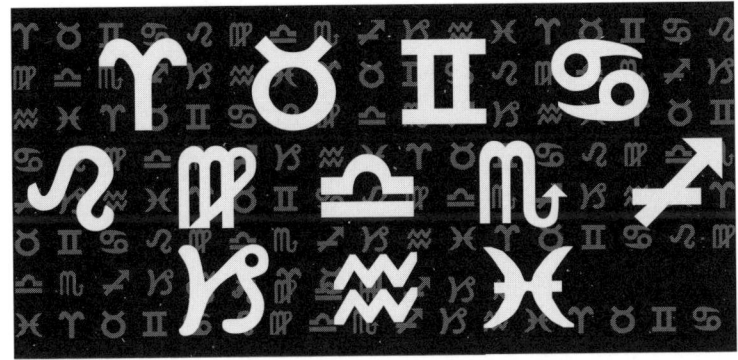

was über die Zukunft aussagten. Vor mehr als dreitausend Jahren entwickelte sich im Nahen Osten und in China die Astrologie. Ein wichtiger Teil der Astrologie besteht darin, die Zukunft vorherzusagen, indem man die Stellung der Sterne und der Planeten am Himmel beobachtet.

Einige der großen Weltreligionen hatten Propheten, die glaubten, wichtige Ereignisse vorhersagen zu können. In der Bibel spielen Prophezeiungen eine große Rolle. Im Matthäusevangelium, das davon erzählt, wie die Weisen aus dem Morgenland Jesus in Bethlehem aufsuchten, steht, dass ein Prophet namens Micha Jesu Geburt und den Geburtsort vorhersagte.

Ein berühmter Wahrsager ist der Franzose Michel de Notredame (1503–1566), besser bekannt unter dem Namen Nostradamus. Er veröffentlichte 1555 ein Buch in Versform, das seiner Aussage nach die Geschichte der Zukunft beschrieb. Sein Buch folgt allerdings nicht dem korrekten zeitlichen Ablauf. Die Verse stehen kunterbunt durcheinander und nennen weder Namen noch Orte oder Erfindungen. Das hat dazu geführt, dass die Menschen seine Weissagungen auf unterschiedliche Weise gedeutet haben. Trotzdem glauben viele, bei Nostradamus Vorhersagen gefunden zu haben, die mit historischen Ereignissen, etwa der Französischen Revolution oder dem Zweiten Weltkrieg, übereinstimmen.

Die Astrologie ist nach wie vor auf der ganzen Welt sehr beliebt. Das Gleiche gilt für die Kunst, aus der Hand zu »lesen« oder Karten zu deuten. Überall suchen Menschen

Neben Jules Verne gehören zu den berühmtesten Sciencefictionautoren: Isaac Asimov, J. G. Ballard, Ray Bradbury, Arthur C. Clarke, Robert Heinlein, Stanislaw Lem und Herbert G. Wells. In größeren Buchhandlungen füllen die Bücher dieser und anderer Sciencefictionautoren ganze Regale.

1989 fand der Urgroß-
enkel von Jules Verne
ein bis dahin unbe-
kanntes Buch des Au-
tors. Es heißt »Paris im
20. Jahrhundert« und
spielt im Paris der Sech-
zigerjahre. Hier trifft Jules Verne viele genaue
Vorhersagen über die
Zukunft. Als das Buch
1994 zum ersten Mal
publiziert wurde, war
es sofort ein Bestseller
(vgl. S. 111).

Wahrsager auf, bevor sie wichtige Entscheidungen treffen.

In der Sciencefiction spielt die Handlung immer in der Zukunft. SF-Filme und -Fernsehserien werden meist von Millionen Menschen verfolgt. Einigen Sciencefictionautoren ist es gelungen, die Zukunft ziemlich genau zu erraten. Der Franzose Jules Verne (1828–1905) ist solch ein Autor. Er war zu Lebzeiten ausgesprochen beliebt, seine spannenden Bücher werden aber auch heute noch auf der ganzen Welt gelesen.

In vielen Büchern Jules Vernes geht es um zukünftige Technik. Sein Roman »Zwanzigtausend Meilen unter dem Meer«, 1870 erschienen, handelt von einem Unterseeboot. U-Boote gab es zu seiner Zeit zwar schon, aber es war damals undenkbar, dass sie – wie die »Nautilus« in seinem Buch – tausende von Kilometern unter Wasser zurücklegen konnten. Etwa achtzig Jahre sollten vergehen, bevor es solche U-Boote tatsächlich gab.

In seinem Buch »Von der Erde zum Mond« (1865) werden drei Forscher mit einer Riesenkanone zum Mond katapultiert. Die Kanone wird in Florida gezündet, von wo aus hundert Jahre später tatsächlich die amerikanischen Mondraketen starteten. Jules Verne hatte Glück, als er auf Florida tippte, aber im Großen und Ganzen beruhten seine Vorhersagen auf dem, was er gelesen hatte. Verne kannte sich in den Wissenschaften, in der Natur und der Technik sehr gut aus.

## Zukunftsforschung

Auf unserem Teil der Erde kommt es selten vor, dass Machthaber Astrologen um Rat ersuchen, wenn sie Entscheidungen zu treffen haben. Aber wer für die Zukunft plant, muss trotzdem wissen, was geschehen könnte.

Zukunftsforscher sind Menschen, deren Spezialgebiet es ist zu untersuchen, wie sich die Gesellschaft in den nächsten Jahren entwickeln wird. Sie können zum Beispiel ausrechnen, wie viele Menschen ungefähr in den nächsten Jahren Arbeit suchen und wohin sie umziehen werden.

Wenn die Politiker wissen, wie viele Menschen in zwanzig Jahren in einer Stadt wohnen werden, können sie schon im Voraus Schulen, Straßen und Krankenhäuser bauen lassen.

Einige Zukunftsforscher versuchen herauszufinden, wie es dem gesamten Erdball ergehen wird. Im Jahr 1968 war eine Gruppe von Politikern und Industriellen der Auffassung, dass sich die Menschheit auf eine Krise zubewege. Die Bevölkerung wuchs unaufhaltsam, die Natur wurde immer mehr belastet, die Vorräte an Öl, Kohle und wichtigen Metallen schrumpften zusehends. Die Gruppe, die sich »Club of Rome« nannte, bat Wissenschaftler auszurechnen, wie sich die Entwicklung auf der Erde in den nächsten Jahrzehnten fortsetzen würde.

Die Wissenschaftler sollten herausfinden, wie es mit der Wirtschaft, der Naturzerstörung, der Erdbevölkerung, den natürlichen Ressourcen und der Nahrungsmittelversorgung auf der Erde weiterginge. Es war eine Rechenaufgabe mit tausenden verschiedener Daten, die in 200 000 mathematische Formeln eingesetzt werden sollten. Das Ergebnis wurde 1972 in dem Buch »Die Grenzen des Wachstums« vorgestellt.

In diesem Buch kam der Club of Rome zu einer düsteren Prognose: Wenn wir unsere Lebensweise nicht ändern, gehen wir einer Katastrophe entgegen. Wir leben auf einem kleinen Planeten und sind kurz davor, die Grundlagen für das Leben auf der Erde zu zerstören. Schon der Titel des Buchs sagt alles: Es gibt Grenzen für die Menge an Industriebetrieben, die wir uns leisten können, und es gibt Grenzen für die Menge an Menschen, die auf der Erde leben können. Es gibt Grenzen dafür, wie stark die Menschheit anwachsen kann.

Sind uns solche Gedanken heute vertraut, dann liegt das auch an dem Buch »Die Grenzen des Wachstums«. Zwar hat sich vieles von dem, was damals ausgerechnet wurde, nicht in der Weise bewahrheitet, wie die Wissenschaftler es annahmen, aber »Die Grenzen des Wachstums« wurde doch zu einem wichtigen, einflussreichen Buch. Es wurde millionenfach verkauft und brachte die Menschen auf der ganzen Welt dazu, in neuen Bahnen zu denken. Das Buch

1949 veröffentlichte George Orwell sein Buch »1984«. Er beschreibt eine Zukunft, in der alle Menschen von der Obrigkeit überwacht werden. Als das Jahr 1984 kam, verglichen viele die wirkliche Welt mit der erdachten des Buches und kamen zu dem Ergebnis, dass Orwell sich mit vielen seiner Vorhersagen ziemlich geirrt hatte. Daraus können wir lernen, dass wir keine genaue Jahreszahl nennen sollten, wenn wir die Zukunft vorhersagen wollen. Nostradamus gehörte zu denen, die das begriffen haben.

hat bewirkt, dass die Menschen viele Probleme auf der Erde ernster nahmen. »Die Grenzen des Wachstums« sagte die Zukunft voraus und wirkte sich gleichzeitig auf sie aus.

Dem Club of Rome wurde vorgeworfen, er sehe die Zukunft zu schwarz. Und häufig sehen wir die Zukunft recht einseitig. Sie gestaltet sich in unserer Vorstellung entweder sehr hell oder ganz düster. Die Welt der Zukunft ist entweder eine *Utopie* oder eine *Dystopie*.

Eine Utopie beschreibt eine Gesellschaft, die vollkommen ist. In einer utopischen Gesellschaft leben alle Menschen in Frieden und gegenseitigem Einvernehmen. Alle Probleme sind gelöst, kein Mensch leidet Not oder ist unglücklich. In vielen Religionen spielen Utopien eine wichtige Rolle. In der Bibel ist die Rede von einem »Tausendjährigen Reich«, das kommen soll, und in diesem Reich werden alle, die an Jesus geglaubt haben, glücklich sein. Viele Politiker träumen von zukünftigen Gesellschaften, in denen sämtliche menschlichen Konflikte gelöst sind.

Das Wort »Utopie« setzt sich aus zwei griechischen Wörtern zusammen, die die Bedeutung »das Land, das es nicht gibt« ergeben. Und so sollten wir uns utopische Gesellschaften auch vorstellen. Es wird sie nie in Wirklichkeit geben. Es ist wichtig, dass wir an eine bessere Zukunft glauben, aber wir wissen aus der Geschichte auch, wie gefährlich es sein kann, eine perfekte Gesellschaft errichten zu wollen.

Das Gegenteil einer Utopie ist die Vision von einer insgesamt düsteren Zukunft. Das Böse herrscht, die Natur ist zerstört, alle sind unglücklich. Diese Schreckensvisionen sind für Religionen ebenfalls wichtig. Immer wieder entstehen neue Sekten, die die Auffassung vertreten, dass alles immer schlimmer wird, bis die Erde schließlich untergeht.

Dystopien sind beliebt bei Autoren und Filmregisseuren. In vielen Sciencefictionfilmen wird die Welt unwirtlich und noch viel kriegerischer dargestellt, als sie es heute ist. Viele Menschen neigen eher zu solch düsteren Vorstellungen. Sie sind überzeugt, dass es gar keine Zukunft gibt, dass die Natur zerstört wird oder eine Katastrophe alles Leben auf der Erde auslöscht.

Der Film »2001: Odyssee im Weltraum« kam 1968 heraus und galt in dieser Zeit als recht realistisch. Er sieht vorher, dass es im Jahr 2001 denkende Computer gibt, Raumschiffe, die zum Jupiter fliegen, große Mondstationen und eine riesengroße Raumstation sowie Techniken, die den Menschen in eine Art Dämmerzustand versetzen. Nichts davon gab es im Jahr 2001.

In diesem Buch gibt es keine Utopien oder Dystopien. Ich glaube, dass die Zukunft weder besonders weiß noch besonders schwarz sein wird. Positives wird genauso geschehen wie Negatives, so wie es immer passiert ist. Vermutlich wird die Zukunft, wie der Großteil der Menschheitsgeschichte auch, zu einer Art Zwischending.

Ich hoffe jedenfalls, dass es so sein wird, denn es lässt sich kaum etwas Langweiligeres vorstellen als eine vollkommene Zukunft. Und wenn ich an alle Weltuntergangsvorstellungen, die es bis heute gegeben hat, geglaubt hätte, wäre dieses Buch ziemlich kurz geraten.

## Was heißt eigentlich Zukunft?

Die Zeit gehört zu den Phänomenen der Natur, mit denen wir uns am schwersten tun, aber wir wissen, dass sie sehr wichtig ist. Alle Ereignisse spielen sich innerhalb eines Zeitraums ab. Ohne die Zeit verlieren viele Naturgesetze ihre Bedeutung. Der Physiker Albert Einstein (1879–1955) war der Meinung, dass Raum und Zeit zwei Seiten derselben Sache sind. Er sprach von der Raumzeit. Die Raumzeit entstand mit dem Urknall vor mehr als dreizehn Milliarden Jahren. Davor gab es weder Raum noch Zeit. Durch den Urknall entstand das Universum, gleichzeitig nahm die Zeit ihren Lauf. Und seitdem ist die Zeit Bestandteil der Natur.

Leichter lässt sich sagen, was die Zeit *nicht* ist. Wir wissen, dass die Zeit keine tickende Uhr ist. Die Uhr ist lediglich ein Instrument, mit dem man die Zeit misst, genau wie der Kalender. Dass die Uhr kein guter Zeitmesser ist, wissen wir aus Erfahrung. Manchmal scheint es, als verstriche die Zeit ganz langsam, dann wieder sieht es so aus, als verginge sie sehr schnell. Albert Einstein drückte es so aus: »Wenn deine Hand eine heiße Herdplatte berührt, erscheint eine Sekunde wie eine Stunde. Wenn du mit deinem Geliebten auf einer Parkbank sitzt, wirkt eine Stunde wie eine Sekunde!«

Es scheint, als bewege sich die Zeit vorwärts. Sie ver-

*Die Sonnenuhr ist ein alter Zeitmesser.*

läuft nur in eine Richtung, von der Vergangenheit in die Zukunft. Das kann man deutlich an allen Lebewesen sehen. Wir werden geboren, wir leben und wir sterben. Das geschieht immer in dieser Reihenfolge. Es kommt niemals vor, dass etwas stirbt, dann anfängt zu leben und anschließend geboren wird.

Der Grund dafür kann die Entwicklung im Weltall sein. Seit dem Urknall dehnt sich das Universum nach wie vor in gewaltigem Tempo nach allen Seiten aus. Vielleicht liegt es an dieser Ausdehnung, dass die Zeit ihre Richtung hat, vielleicht »zieht« das Universum die Zeit in gewisser Weise mit sich, während es sich immer weiter ausdehnt.

Es gibt eine, allerdings sehr geringe Wahrscheinlichkeit, dass sich das Universum wieder zusammenzieht, vielleicht irgendwann in sehr ferner Zukunft. Das hat einige Wissenschaftler veranlasst, darüber nachzudenken, ob sich auch die Zeit in die andere Richtung bewegen wird, sobald sich das Universum wieder zusammenzieht. Dann wird das, was wir Zukunft nennen, vor der Vergangenheit kommen. Menschen werden tot sein, bevor sie leben und schließlich geboren werden!

Aber nur wenige Wissenschaftler glauben an diese Theorie. So wie die Dinge zur Zeit liegen, sind wir dazu angehalten, uns mit der Zeit zusammen vorwärts zu bewegen. Es ist nahezu ausgeschlossen, dass die Zeit eines Tages eine andere Richtung nimmt. Das bedeutet, dass wir nicht in der Zeit zurückreisen können.

Ein einfaches Beispiel soll zeigen, weshalb viele Wissenschaftler glauben, dass Zeitreisen unmöglich sind. Stellen wir uns vor, wir hätten eine Zeitmaschine. Dann könnten wir in eine Zeit reisen, in der unsere eigene Großmutter so jung war, dass sie unseren Großvater noch nicht getroffen hatte. Somit könnten wir also verhindern, dass Großmutter Großvater trifft. Sollte uns das gelingen, wäre unsere Mutter genauso wenig wie wir jemals geboren worden.

Aber wenn es uns nicht gibt, können wir natürlich auch nicht in die Vergangenheit reisen. Dann werden Großmutter und Großvater sich trotzdem treffen und unsere Mutter wird auf die Welt kommen, ebenso wie wir. In diesem Fall könnten wir dann wieder in die Vergangenheit reisen.

Ist klar geworden, dass sich dieser Gedanke »in den Schwanz beißt«? Ein derartiges Problem nennt man *Paradoxon*. In unserem Fall lässt es Wissenschaftler daran zweifeln, dass es möglich ist, in die Zukunft zu schauen.

Stellen wir uns vor, wir könnten in die Zukunft sehen und würden feststellen, dass wir in nächster Zeit beim Überqueren der Straße von einem Auto angefahren werden. Da wir das Ereignis sehen können, bevor es geschieht, hüten wir uns natürlich davor, die Straße zu diesem gefährlichen Zeitpunkt zu überqueren. Damit passiert auch der Unfall nicht. Aber wie hätten wir ihn dann vorausehen können? Er ist ja nie geschehen! Bei näherem Hinsehen stellen wir fest, dass dieser Gedanke eine Variante des »Großmutterparadoxons« ist.

Der Blick in die Zukunft bietet viele Vorteile. Man könnte schwere Unglücksfälle vorhersehen und dafür sorgen, dass Menschenleben gerettet werden. Und wie reich wir erst werden könnten! Wir bräuchten nur die richtigen Lottozahlen in einer Zeitung aus der nächsten Woche zu lesen und danach den Lottozettel von dieser Woche auszufüllen.

Auch wenn die Welt voller Wahrsager und Seher ist, geschehen ständig Katastrophen, ohne dass jemand rechtzeitig davor warnt. Und Seher gewinnen genauso selten im Lotto wie das Gros der Menschheit. Trotz jahrelanger Forschung konnte bislang nicht bewiesen werden, dass es wirklich Menschen gibt, die die Zukunft vorhersehen können. Das gilt ebenso für andere Formen alter Wahrsagekunst und alle Prophezeiungen, ob es sich nun um Astrologie handelt oder die Lehren des Nostradamus. Nichts deutet darauf hin, dass sie funktionieren.

Trotzdem sind die unzähligen Versuche, die Zukunft vorherzusagen, interessant. Nicht weil sie etwas über die Zukunft aussagen, sondern weil sie viel darüber aussagen, was die Menschen glauben und hoffen.

Wie komme ich überhaupt auf die Idee, ein Buch über die Zukunft zu schreiben, wenn man unmöglich vorhersagen kann, was geschehen wird? Ich kann es schreiben, weil es möglich ist zu sagen, was geschehen *könnte*. Unmöglich ist es hingegen, genaue Aussagen zu machen.

Aber es ist durchaus möglich, Vorhersagen von der Art zu treffen, die die Forschung *Prognose* nennt. Eine Prognose ist eine Vorhersage, die sich auf frühere Entwicklungen bezieht. Wettervorhersagen sind eine Form der Prognose. Wirtschaftswissenschaftler, die voraussagen, wie sich die Preise und die Arbeitslosenzahlen im nächsten Jahr entwickeln werden, machen Prognosen. Und wenn wir hören, dass in Zukunft mehr Menschen Computer benutzen werden, ist diese Annahme ebenfalls eine Prognose.

Prognosen sind niemals ganz zuverlässig, können aber durchaus mit der Wirklichkeit übereinstimmen. Seit Jahrzehnten stellen Forscher Prognosen über die zukünftigen Bevölkerungszahlen der Erde an. Vorläufig sieht es so aus, als stimmten die Zahlen mit der tatsächlichen Bevölkerungsentwicklung überein. Das Buch »Die Grenzen des Wachstums« basierte zum größten Teil auf Prognosen.

In meinem Buch ist vieles zwar auch Raterei, aber keine wilde Herumraterei, sondern Raterei, die auf Wissen beruht. Der Unterschied zwischen Herumraterei und dem, was ich Wissens-Raterei nenne, liegt auf der Hand. Wenn ich behaupte, dass am 5. März 2054 Raumschiffe von einem fremden Planeten auf der Erde landen werden, ist das wilde Herumraterei, denn ich kann unmöglich wissen, dass es geschehen wird.

Wenn ich hingegen vermute, dass wir im Jahr 2054 über Energiequellen verfügen, die Öl und Kohle überflüssig machen, so ist das Wissens-Raterei. Da heute viele Wissenschaftler an der Erforschung neuer Energiequellen arbeiten, ist die Chance auf Erfolg ziemlich groß. Übrigens waren viele Sciencefictionautoren sehr gut im Wissens-Raten.

Der eine oder andere Gedanke in diesem Buch ist so abwegig, dass nur wenige Wissenschaftler ihn ernst nehmen. Solche Gedanken nennt man *Spekulation*. Aber wir

In seinem Roman »Befreite Welt« aus dem Jahr 1914 beschrieb Herbert G. Wells (1866–1946) die Atombombe, dreißig Jahre vor ihrer Erfindung. Der Physiker Leo Szilard (1898–1964) las als Jugendlicher das Buch und interessierte sich danach sehr für die Atomenergie. Viele Jahre später gehörte er zu den treibenden Kräften des »Manhattan-Projekts«, das zur Entwicklung der ersten Atombombe führte.

*Der Künstler und Forscher Leonardo da Vinci zeichnete im 15. Jahrhundert diesen Hubschrauber.*

sollten uns davor hüten, sämtliche Spekulationen zu verwerfen. Manchmal können die wunderlichsten Ideen Wirklichkeit werden. Lesen wir nur, was der englische Philosoph Roger Bacon, der etwa von 1214 bis 1292 lebte (die genauen Lebensdaten stehen nicht fest), Mitte des 13. Jahrhunderts schrieb: »Es ist möglich, Flugmaschinen zu bauen, bei denen ein Mann, der mitten in der Maschine sitzt, die Flügel zum Schlagen bringen kann.« 250 Jahre später tauchte dieser Gedanke in Italien wieder auf. Der Künstler und Forscher Leonardo da Vinci (1452–1519) fertigte Zeichnungen von einem Flugapparat an. Er zeichnete auch eine Flugmaschine, die wir heute Hubschrauber nennen.

Zu Lebzeiten Roger Bacons und Leonardo da Vincis waren diese Gedanken reine Spekulation. Bis zum ausgehenden 19. Jahrhundert dachte man, dass fliegende Maschinen für immer Spekulation bleiben würden. Aber wie wir wissen, wurde die Spekulation im Jahr 1903 Wirklichkeit. Da startete das erste motorbetriebene Flugzeug in den USA.

Zwischen den Dingen, die man vorhersagen kann, bestehen große Unterschiede. Phänomene, die Naturgesetzen folgen, sind leicht vorherzusagen. Astronomen wissen genau, wo die Planeten in tausend Jahren am Himmel stehen werden. Das liegt daran, dass sich die Planeten nach festen mathematischen Regeln bewegen. Wir können alle

*So sah Leonardo da Vincis Erfindung aus, als sie 450 Jahre später schließlich gebaut wurde.*

vorhersagen, dass auf den Tag die Nacht folgt. Wir wissen, dass nach dem Herbst der Winter kommt und dass auf Vollmond Neumond folgt.

Andere Naturphänomene lassen sich nicht so einfach ausrechnen. Wenn Wissenschaftler Prognosen über die Bevölkerungszahl der Erde anstellen, bedienen sie sich mathematischer Regeln, die zwar eine äußerst präzise Antwort erlauben, aber trotzdem ist das Resultat unsicher. Die Bevölkerungszahl wird nämlich von Ereignissen beeinflusst, die wir nicht vorhersagen können, zum Beispiel von Epidemien, Kriegen oder Hungerkatastrophen.

Zu dem, was am schwierigsten vorherzusagen ist, gehört, was Menschen fühlen, denken, glauben und tun. Beispielsweise haben wir keine Ahnung, welche Moden wir künftig erleben oder welche Art von Musik die Menschen hören werden. Es wird immer Menschen geben, die etwas Neues schaffen, und was Einzelne tun werden, lässt sich niemals vorhersagen.

Genauso verhält es sich mit Politikern. Denken wir nur daran, wie sich der Lauf der Geschichte durch Männer wie Lenin, Hitler oder Mao Zedong verändert hat. Hätten sie nicht gelebt, sähe die Welt ganz anders aus. Auch in der Zukunft werden wir immer wieder politische Führer erleben, die die Welt nachhaltig beeinflussen. Aber wir können unmöglich wissen, wann, wo und mit welchen Ideen sie auftreten werden.

Deshalb können wir nicht mit Sicherheit sagen, welche Gesellschaftssysteme wir in Zukunft haben werden. Im 20. Jahrhundert haben wir gelernt, dass sich Politik innerhalb kürzester Zeit grundlegend verändern kann. Heutzutage ist in den westlichen Ländern die Demokratie die vorherrschende Regierungsform. Deshalb gehen wir alle davon aus, dass wir auch in Zukunft unsere Politiker wählen können. Aber so ist es erst seit knapp hundert Jahren und es ist keineswegs sicher, dass es in weiteren hundert Jahren noch so sein wird.

So genannte »Trendforscher« versuchen sich vorzustellen, wie unser Lebensstil in den kommenden Jahren aussehen wird. In den meisten Ländern Europas ging in den letzten hundert Jahren der Trend dahin, dass die Menschen eine immer bessere Ausbildung erhalten, seltener in die Kirche gehen, dass Frauen wie Männer außer Haus arbeiten, immer mehr Urlaub und Freizeit haben und pro Kopf viel mehr Geld ausgeben. Es ist durchaus möglich, dass dieser Trend anhält, aber sicher können wir nicht sein.

Wir wissen, dass Erfindungen unseren künftigen Lebensstil beeinflussen werden, wie es auch in den vergangenen Jahrhunderten der Fall war. Wahrscheinlich wird die Technik künftig eine noch wichtigere Rolle spielen.

Wenn wir uns zukünftige Erfindungen vorzustellen versuchen, gibt es viel zu beachten. Wir sollten uns an Naturgesetze halten, die uns heute bekannt sind, sollten aber auch im Auge behalten, dass die Forschung in Zukunft neue Naturgesetze entdecken wird. Zu Beginn des 19. Jahrhunderts war es unmöglich, das Radiogerät vorherzusagen, weil die Naturgesetze, die den Bau von Radiogeräten ermöglichten, erst nach 1860 entdeckt wurden.

Heute glaubt die Forschung, dass es unmöglich ist, sich schneller als mit Lichtgeschwindigkeit fortzubewegen. Wenn das stimmt, bedeutet es, dass wir wahrscheinlich niemals unser eigenes Sonnensystem verlassen können. Es würde zu lange dauern, zu anderen Sternen zu fliegen, vielleicht mehrere hundert oder tausend Jahre. Aber einige Wissenschaftler glauben, dass wir in Zukunft Entdeckungen machen könnten, die es ermöglichen, uns schneller als mit Lichtgeschwindigkeit zu bewegen. Dann wäre es auch möglich, dass wir uns in der Zeit rückwärts bewegen. Und das kann ja, wie wir wissen, eigentlich nicht sein.

Nun ist es allerdings keineswegs so, dass alles, was erfunden wird, auch Verwendung findet. In den Fünfzigerjahren war der Glaube verbreitet, Privatautos würden von Privatflugzeugen abgelöst. Das ist nicht eingetreten und heute glauben die wenigsten Menschen, dass es je passieren wird. Auch wenn wir billige Flugzeuge in Massenfertigung herstellen können, kann man sich schwerlich vorstellen, dass die Leute es wagen würden, sich mit Millionen anderen Kleinflugzeugen in die Lüfte zu schwingen. Soll sich eine Erfindung durchsetzen, darf sie uns nicht allzu sehr

Angst machen. Auch darf sie weder zu teuer noch zu schwierig in der Handhabung sein.

Schon im 19. Jahrhundert haben viele Autoren und Wissenschaftler versucht sich vorzustellen, welche Erfindungen in unserer Zeit normal sein werden. Gelegentlich haben sie richtig geraten, aber nur allzu häufig haben sie sich völlig verschätzt. Das liegt daran, dass viele unserer heutigen Erfindungen so fantastisch und seltsam sind, dass kein Mensch sie früher für möglich gehalten hätte.

Der größte Fehler beim Versuch uns die Zukunft vorzustellen ist der, nicht mutig und fantasievoll genug zu sein.

1956 behauptete der englische Hofastronom, ein fähiger Wissenschaftler, »die Raumfahrt sei blanker Unsinn«. 1957 wurde der erste Satellit ins Weltall geschossen.

# 3   Eine gefährliche Zukunft

Wer an eine düstere Zukunft glaubt, hat viele gute Argumente auf seiner Seite. In vielerlei Hinsicht ist es um die Erde schlecht bestellt. Denn wir haben ziemlich nachhaltig versäumt, auf unseren Planeten Acht zu geben. Wir hinterlassen Abfall und Müll, Fabriken und Autos setzen gefährliche Gase frei, Wälder werden gnadenlos abgeholzt und Tierarten sterben aus.

Und es kann böse Folgen haben, wenn wir nichts unternehmen, um unsere Probleme zu lösen. Viele Wissenschaftler glauben, dass wir in einer fernen Zukunft nicht mehr viel ausrichten können, wenn wir mit den Problemen, denen wir in naher Zukunft gegenüberstehen, nicht fertig werden. Und mit der nahen Zukunft meinen sie die Zeit bis zum Jahr 2050. Die Geschehnisse der nächsten Jahrzehnte können bestimmen, was in den Jahrhunderten nach 2050 passieren wird.

Die Menschen der Zukunft werden viel Geld und Kraft aufwenden müssen, um den Abfall zu beseitigen, den wir in unserer Zeit produzieren. Überall erzeugen wir gigantische Müllberge. Das fängt an bei Plastiktüten, die wir achtlos wegwerfen, und geht bis hin zu giftigem Industriemüll und radioaktivem Brennstoff aus Kernkraftwerken.

Das größte Problem ist nicht der Platz – es gibt genügend Orte, an denen wir unseren Abfall lagern können –, sondern dass ein Großteil des Abfalls giftig ist. Der Industriemüll, der bei der Produktion von alltäglichen, aber wichtigen Dingen entsteht, kann lebensgefährlich sein. Heute schon gibt es Gegenden auf der Erde, die so vergiftet sind, dass dort alles Leben erloschen ist. Es wird in den nächsten Jahrhunderten noch mehr solche Gegenden geben, wenn wir nichts dagegen tun.

Einen Großteil des Industrieabfalls können wir so behandeln, dass er für Menschen und Tiere ungefährlich wird. Aber das ist teuer und nach wie vor gibt es wenige Länder, die ihren Industrieabfall entsprechend beseitigen. Allzu häufig wird er noch immer einfach in Behältern in der Erde vergraben oder direkt in Flüsse und Meere geleitet. Immer mehr Menschen begreifen aber, dass es so nicht weitergehen kann. Wenn irgendwo Industrieabfall im Meer verklappt wird, protestieren heute in der Regel sofort die großen Umweltschutzorganisationen.

Noch schlimmer verhält es sich mit dem Abfall aus Atomkraftwerken. Atomkraftwerke verwenden *radioaktive* Stoffe, um Energie zu gewinnen. Ein radioaktiver Stoff besteht aus Atomen, die immer weiter zerfallen. Bei diesem Zerfall entsteht Energie. Uran ist so ein radioaktiver Grundstoff, der in Kernkraftwerken Verwendung findet. Die Energie, die in Uranklumpen produziert wird, nutzt man, um elektrischen Strom zu erzeugen.

Aber Uran ist auch gefährlich. Es kann beim Menschen Krankheiten wie Krebs hervorrufen. Wenn die Energie des Urans aufgebraucht ist, kann der benutzte Brennstoff für Menschen noch jahrtausendelang eine Gefahr darstellen. Und es ist nicht möglich, Uran so zu behandeln, dass es ungefährlich wird. Die einzige Lösung ist, Abfall aus Atomkraftwerken an einem sicheren Ort zu vergraben. Als Lagerplätze für Atomabfall verwendet man häufig tiefe Grubenschächte, weil man davon ausgeht, dass der Abfall dort für Jahrtausende gut aufgehoben ist. Aber viel zu viel Atomabfall ist heute bereits an weniger sicheren Orten entsorgt, zum Beispiel in Behältern auf dem Meeresgrund. Spätestens unsere Nachkommen werden auch dieses tödliche Problem lösen müssen.

Die meisten von uns sind Großproduzenten, was Müll betrifft. Wir erzeugen pro Person jährlich mehrere hundert Kilogramm Hausmüll. Papier, Plastik, Holz, Essensabfälle, Metall – fast alles wandert in den meisten Ländern direkt auf die Müllhalde. Schlimm an den Müllhalden vor unseren Großstädten ist, dass sie eine enorme Verschwendung wertvoller Ressourcen darstellen, die wir in Zukunft gut brauchen könnten.

Wenn künftig möglichst alle Erdbewohner in angeneh-

Haiti in der Karibik ist ein kleines Land, in dem durch Abholzung der Wälder und Bodenerosion große Landesteile unbewohnbar geworden sind. Gleichzeitig wächst die Bevölkerung gewaltig. Das hat so viel Armut und Not zur Folge gehabt, dass ein großer Teil der haitianischen Bevölkerung versucht zu fliehen. Die meisten von ihnen könnte man als Umweltflüchtlinge betrachten. Was in Haiti geschieht, zeigt uns, wie es vielen Ländern bis 2050 ergehen kann.

men Verhältnissen leben sollen, brauchen wir mehr Metall, mehr Holz, mehr Plastik. Auf den Müllplätzen der reichen Länder lagern Millionen Tonnen an Wertstoffen. Und auch Geräte vermodern dort, die mit geringem Reparaturaufwand in ärmeren Ländern von großem Nutzen sein könnten, angefangen von Elektrogeräten und Computern bis hin zu Autos.

Es ist nicht leicht, Abfall zu vermeiden. Wir alle gehen täglich auf die Toilette und sorgen damit für ein weiteres großes Umweltproblem. Durch Exkremente von Menschen und Tieren wird in vielen Regionen immer mehr Trinkwasser verunreinigt. In den Ausscheidungen lebende Bakterien können schwere Krankheiten hervorrufen.

In armen Ländern sterben jährlich Millionen Menschen, weil sie verunreinigtes Wasser zu sich genommen haben. Außerdem wirken die Fäkalien im Wasser als Dünger für Wasserpflanzen. Bei Überdüngung wuchern ganze Flüsse und Seen zu. Das hat zur Folge, dass sämtlicher Sauerstoff im Wasser verbraucht wird. Dann sterben Fische und andere Lebewesen aus.

In etwas fernerer Zukunft wird es möglicherweise Maschinen geben, die das Abfallproblem zum größten Teil lösen können. Nanomaschinen (vgl. S. 168–178) könnten vielleicht nahezu allen Abfall auf einfache und billige Weise in nützliche Stoffe umwandeln. Aber wir haben nicht die Zeit, auf künftige Maschinen zu warten, sondern müssen heute auf Lösungen drängen.

Und einige gute Lösungen gibt es ja bereits. Die einfachste ist die Wiederverwertung, auch Recycling genannt. Vielerorts in Europa ist es üblich, Papierabfall in spezielle Müllcontainer zu werfen. Das Altpapier geht dann an Fabriken, die es zu neuem Papier recyceln. So bleiben große Waldflächen erhalten, die sonst zur Papiergewinnung abgeholzt worden wären. Auch für Glasflaschen gibt es Müllcontainer, und sogar Müllbehälter, um Essensabfälle separat zu sammeln, finden sich inzwischen in vielen Städten. Wenn man für eine einfachere Wiederverwertung verschiedene Abfallsorten sortiert, nennt man das Mülltrennung.

Abfall ist für Archäologen von großem Nutzen. In alten Müllhaufen finden sie Speisereste, Hausrat, Kleider und andere Überbleibsel, die Aufschluss geben können, wie unsere Vorfahren gelebt haben. Eins können wir sicher sagen: Die Archäologen der Zukunft werden mit unserer Epoche alle Hände voll zu tun haben!

Konsequente Wiederverwertung kostet Geld und deshalb sollte man annehmen, dass sie in den reichen Ländern am weitesten fortgeschritten ist. Aber der Weltmeister in Sachen Recycling ist eine Stadt in Brasilien.

In Curitiba mit seinen zwei Millionen Einwohnern ist Recycling schon seit mehreren Jahrzehnten üblich. Ende der Neunzigerjahre wurde der größte Teil des gesamten anfallenden Mülls in der Stadt recycelt. Nach dem Motto »Müll, der kein Müll ist«, entsorgen die Einwohner getrennt Glas, Metall, Papier und Pappe. Der Müll wird einmal pro Woche abgeholt und an Firmen verkauft, die daraus neue Produkte herstellen. Durch das Recyceln von Papier werden täglich 1200 Bäume vor dem Abholzen bewahrt.

Ein großes Problem in den Armenvierteln aller Großstädte ist der Mangel an Müllplätzen. Die Bewohner sehen keine Veranlassung, einen abgelegenen Müllplatz aufzusuchen, wo sie womöglich für die Entsorgung ihres Abfalls auch noch bezahlen müssen. Somit türmt sich der Müll in den Straßen und zieht Ratten und anderes Ungeziefer an. In Curitiba haben sich die Behörden eine schlaue Lösung ausgedacht. Die Bewohner der Armenviertel werden *bezahlt*, wenn sie Müll abliefern. Für ihren Hausmüll erhalten sie Reis, Gemüse und Busfahrkarten.

In Curitiba ist eine Busfahrkarte weitaus nützlicher als in den meisten anderen Städten, weil überall in der Stadt regelmäßig Busse verkehren. Das hat zur Folge, dass die meisten Einwohner der Stadt mit dem Bus zur Arbeit fahren. Dadurch wird teures Benzin gespart und die Umweltverschmutzung verringert. Auch gibt es weniger Verkehrsstaus, die sonst weltweit in Großstädten üblich sind. Wenn die Busse zehn Jahre alt sind, werden sie »pensioniert«, grün angestrichen und als Kindergärten oder als Klassenräume für die Schulausbildung der Erwachsenen aus den Armenvierteln eingesetzt oder dienen dazu, die Bewohner dieser Viertel am Wochenende gratis in die Parkanlagen zu fahren. In den letzten zwanzig Jahren haben die Bewohner der Stadt mehr als eine Million Bäume gepflanzt, was Curitiba zu einer der grünsten Städte der Welt macht. Wer in

Jedes Jahr werden mehrere tausend neue chemische Verbindungen entdeckt. Die meisten sind vermutlich ungefährlich, aber einige von ihnen können großen Schaden anrichten, falls sie in die freie Natur gelangen. Oft kann es mehrere Jahre dauern, bevor wir wissen, wie schädlich ein Stoff ist, DDT zum Beispiel. DDT ist ein wirksames Mittel zur Bekämpfung von Insekten und wurde in den Vierziger- und Fünfzigerjahren als Insektenschutzmittel eingesetzt. Dann entdeckten Wissenschaftler, dass DDT auch für größere Tiere und Menschen schädlich ist, und der Stoff wurde in vielen Ländern verboten.

Curitiba ein großes Haus bauen will, muss neben dem Gebäude Platz für einen Park bereitstellen.

Die meisten Beschäftigten in der Recyclingbranche sind Behinderte, Obdachlose und Straßenkinder, die sonst keine Arbeit hätten. Die Stadt leistet sich sogar eine eigene Umweltuniversität, an der die Bevölkerung Kurse belegen und sich informieren kann, wie man ein möglichst umweltfreundliches Leben führt.

Und dennoch ist es Curitiba nicht gelungen, alle Probleme zu lösen. Die Stadt liegt in einem armen Land mit großen Umweltproblemen und hat auch immer noch Slums. In den allerärmsten haben die Bewohner nicht die Möglichkeit, ihren Müll in der gleichen Weise zu recyceln wie der Rest der Stadt.

Aber für Wissenschaftler, die versuchen, das künftige Leben in Großstädten zu planen, ist Curitiba ein hochinteressanter Ort. Hier haben die Menschen die Chance erhalten, viele umweltfreundliche Ideen auszuprobieren, und sie haben herausgefunden, welche funktionieren und welche nicht. Die Stadt wurde 1990 mit dem Umweltpreis der Vereinten Nationen ausgezeichnet und ist mittlerweile zu einer Touristenattraktion geworden.

Von den in Curitiba entwickelten Ideen, nicht zuletzt denen über Transport- und Recyclingmöglichkeiten, können andere Städte durchaus profitieren. Aber was wir von Curitiba vor allem lernen können: Es ist wichtig, für die Zukunft zu planen. Hinter all den guten Ideen der Stadt stehen nämlich Menschen, die versucht haben sich vorzustellen, wie unsere derzeitigen Probleme in Zukunft gelöst werden können.

Auch wenn vielleicht nicht überall die guten Ansätze Curitibas übernommen werden können, gibt es eine andere, sehr einfache Lösung für das Problem mit dem wertvollen Abfall. Sie besteht darin, dass wir für alles, was wir kaufen, den eigentlichen Preis zahlen.

Heute bezahlen wir für die Herstellung eines Produktes und für den Verdienst des Herstellers an diesem Produkt, aber in der Regel nicht für die Entsorgung des Produkts, nachdem wir es benutzt haben. Wir bezahlen auch nicht für Schäden, die die Natur durch die Herstellung des Produkts erlitten hat.

Der Computer, auf dem ich dieses Buch schreibe, ist ein gutes Beispiel. Ich weiß, dass er irgendwann einmal nicht mehr funktionieren wird. Dann muss ich ihn wegwerfen. Der Computer wird auf einen Müllplatz gebracht, und im heutigen Europa ist es fast überall so, dass dann nicht mehr viel mit ihm passiert. Computer können zwar recycelt werden und das geschieht auch in einigen Ländern, aber in den meisten gilt das Recyceln als viel zu teuer.

Indem ich meinen Computer auf die Müllhalde werfe, habe ich das Problem nur hinausgezögert. Früher oder später muss das Gerät ordentlich entsorgt werden. Und erfolgt das nicht, solange ich lebe, dann müssen sich die Generationen nach mir mit dem Problem befassen. Das kann bedeuten, dass Menschen künftig für die Entsorgung eines Computers mitbezahlen müssen, von dem sie nie etwas hatten. Es leuchtet ein, dass das ungerecht ist. Das Problem lässt sich lösen, wenn wir schon im Voraus die Kosten für das Recyceln des Geräts entrichten.

Ich weiß, dass mein Computer aus Einzelteilen zusammengebaut worden ist, die weit weg von meiner Heimat Norwegen hergestellt wurden. Vermutlich wurde der größte Teil in Asien produziert. Möglich, dass einige Teile in Ländern hergestellt wurden, in denen weniger strenge Gesetze gegen Umweltverschmutzung bestehen als in Norwegen oder in Deutschland. Das bedeutet, man kann davon ausgehen, die Leute vor Ort haben unter der von der Fabrik verursachten Verschmutzung zu leiden, weil sie Teile herstellt für ein Gerät, das ich benutze. Die Menschen dort bezahlen also mit ihrer Gesundheit, wahrscheinlich sogar, ohne selbst viel von den Einkünften der Fabrik zu haben.

Auch das ist ungerecht. Vor diesem Hintergrund entstand die Idee eines Ladenpreises für alle Produkte, der Umweltschäden einbezieht, die am Herstellungsort entstehen. Das gilt nicht nur für Geräte, sondern auch für Lebensmittel, Papier und andere Waren. Wird das Fleisch, das wir verzehren, auf umweltschädliche Weise produziert, steigt der Preis. Ist der Computer leicht zu recyceln, wird er billiger.

Die Idee ist einfach, aber schwer umzusetzen. Viele Menschen finden die Waren, die sie kaufen, ohnehin teuer genug. Es ist oft auch schwierig, den richtigen Preis für eine Ware zu ermitteln. Ein Auto besteht aus mehreren hundert Teilen, die in ganz verschiedenen Ländern hergestellt wurden, und es scheint fast unmöglich herauszufinden, wie sehr die Herstellung jedes einzelnen Teils der Umwelt schadet.

In einigen Ländern hat man deshalb »Umwelt-« oder »Ökosteuern« eingeführt. Das sind zusätzliche Steuern auf alles, was die Umwelt belastet, von Benzin bis Plastik. Das dadurch eingenommene Geld soll zum Recyceln und zum Beheben der Umweltprobleme verwendet werden. Viele Wissenschaftler empfehlen Ökosteuern, um die Menschen zum Kauf umweltfreundlicher Produkte zu bewegen.

## Der Treibhauseffekt

Der Ausstoß schädlicher Gase zählt zu den größten Umweltproblemen. In Oslo, wo ich wohne, ist die Luft im Winter oft so schlecht, dass es für Menschen mit gesundheitlichen Schwierigkeiten gefährlich sein kann, sich im Freien aufzuhalten. Aber Oslo ist bei weitem nicht die am meisten belastete Stadt der Welt. Jährlich sterben tausende von Menschen aufgrund der herrschenden Luftverschmutzung und immer mehr leiden an Atemwegserkrankungen, die auf schlechte Luft zurückzuführen sind.

Zu Schadstoffausstoß kommt es an vielen Stellen, bei Fabriken, Autos, Flugzeugen, Schornsteinen von Privathäusern und nicht zuletzt bei Kraftwerken, die all die Energie produzieren, von der wir abhängig sind. In den reicheren Ländern haben die Behörden deshalb strenge Richtlinien eingeführt, die festlegen, wie viel Schadstoffe ausgestoßen werden dürfen. Dies hatte zur Folge, dass die Luft allmählich wieder etwas besser geworden ist.

Filteranlagen in den Schornsteinen von Kraftwerken

und Fabriken haben zu einer Verringerung des Schadstoff-
ausstoßes geführt. Einen großen Fortschritt haben wir in
den Achtzigerjahren erzielt. Damals kam ein neues Benzin
auf den Markt, das kein Blei mehr enthielt. Blei kann bei
Menschen Gehirnschäden auslösen. Bleifreies Benzin sorgt
heute für eine bessere Stadtluft. Aber sauber ist sie noch
lange nicht. Bis dahin ist es ein weiter Weg und vermutlich
wird die Luft erst wieder gut, wenn wir neue Energiequellen nutzen (vgl. S. 55–65).

Der gefährlichste Schadstoff, den wir in die Luft ausstoßen, ist ein Gas, das man weder sehen noch riechen
kann. Es heißt Kohlendioxid und hat die chemische Formel
$CO_2$. Es kann die größte Umweltkatastrophe aller Zeiten
auslösen. Jeder kennt heute das Wort »Treibhauseffekt«.
Aber vor 1980 sprachen nur Wissenschaftler von diesem
Effekt. Erst seit den Neunzigerjahren ist er in aller Munde.

Der Treibhauseffekt ist ein Beispiel dafür, dass man zu
viel des Guten bekommen kann. Die Erde wird zum größten Teil von den Sonnenstrahlen erwärmt, in Form des
weißen Sonnenlichts, das wir täglich sehen. Wenn die
Sonnenstrahlen auf die Erdoberfläche treffen, heizt sie sich
auf. Die aufgeheizte Erdoberfläche gibt einen Teil der
Wärme in Form von unsichtbaren »Wärmestrahlen«, so genannten Infrarotstrahlen, wieder ab. Und jetzt kommt der
Treibhauseffekt ins Spiel. In der Atmosphäre befinden sich
Gase, die einen großen Teil der Infrarotstrahlung zurück-
halten. Die Gase funktionieren ähnlich wie das Glasdach
eines Treibhauses. Auch wenn es draußen kalt ist, kann es
in einem Treibhaus sehr warm sein, ohne dass es mit einer
Heizung künstlich erwärmt wird.

Die Gase, die für den größten Teil des Treibhauseffekts
verantwortlich sind, sind $CO_2$ und Methan (mit der chemischen Formel $CH_4$). In der Atmosphäre befinden sich
lediglich winzige Mengen dieser Gase, aber sie reichen aus,
um die Temperatur dreißig Grad wärmer sein zu lassen als
ohne Treibhausgase. Ohne den Treibhauseffekt wäre es auf
der Erde so kalt, dass die Weltmeere zu Eis gefrieren würden.

Der Treibhauseffekt ist für die Erde also etwas Positives,

Kohlendioxid besteht aus einem Kohlenstoff-
atom und zwei Sauer-
stoffatomen. In der
Atmosphäre befindet
sich sehr wenig Koh-
lendioxid, nur 0,003
Prozent. Im Verlauf des
21. Jahrhunderts wird
sich dieser Anteil fast
verdoppeln, falls wir
nichts tun, um das Ver-
brennen fossiler Brenn-
stoffe einzudämmen.
Ein anderes »Treibhaus-
gas« ist Methan. Me-
than hält die Wärme
zwanzigmal besser als
$CO_2$.

solange wir nicht zu viel davon abbekommen. Leider deutet jedoch einiges darauf hin, dass genau das geschieht. Wir wissen seit langem, dass beim Verbrennen Kohlendioxid entsteht. Seit Jahrtausenden nutzen die Menschen das Feuer, ohne dass es größere Probleme gab. Das liegt daran, dass sie im Großen und Ganzen Holz verbrannt haben. Brennholz gewinnt man aus Bäumen, und wenn neue Bäume heranwachsen, brauchen sie $CO_2$ zum Wachsen. Solange wir nicht mehr Bäume verbrennen als nachwachsen, wird das $CO_2$, das durch den Verbrennungsprozess frei wird, von den verbliebenen Bäumen und anderen Pflanzen aufgenommen.

In den letzten Jahrhunderten ist das Verhältnis jedoch aus dem Gleichgewicht geraten. Um für immer mehr Menschen Platz zu schaffen und Brennstoff für die Industrie bereitzustellen, haben wir Menschen angefangen, ganze Wälder abzuholzen, ohne neue Bäume anzupflanzen. Gleichzeitig haben wir gelernt, *fossile Brennstoffe* wie Kohle, Öl und Erdgas zu verwenden. Fossile Brennstoffe sind aus Pflanzen- und Tierresten entstanden, die Millionen Jahre unter der Erde gelegen haben.

Wenn wir fossile Brennstoffe verbrennen, wird sehr viel Kohlendioxid freigesetzt. In den letzten zweihundert Jahren sind wir vollständig von fossilen Brennstoffen abhängig geworden. Den größten Teil unserer Energie gewinnen wir heute durch das Verbrennen von Kohle, Erdgas und Öl. Es findet sich kaum ein modernes Fahrzeug, das nicht mit irgendeiner Form von Öl angetrieben wird.

Da wir gleichzeitig riesige Waldflächen abgeholzt haben, gelangte zwangsläufig deutlich mehr Kohlendioxid in die Atmosphäre. Und da Kohlendioxid ein Treibhausgas ist, das die Wärme hält, überrascht es nicht, dass die Temperatur auf der Erde in dieser Zeit angestiegen ist – zwar nicht viel, lediglich ein halbes oder ein Grad im Durchschnitt, doch das ist mehr als genug.

Viele Wissenschaftler sind besorgt, dass, wenn wir so weitermachen wie bisher, noch viel mehr $CO_2$ in die Atmosphäre dringt. Das würde dazu führen, dass sich die Erde künftig noch weiter erwärmt. Die Erforschung des

*Das Bild, das im Weltall aufgenommen wurde, zeigt einen Hurrikan, der sich auf Florida in den USA zubewegt.*

Treibhauseffekts ist übrigens ein gutes Beispiel dafür, wie Wissenschaftler versuchen, die Zukunft vorherzusagen.

Alles, was mit Wetter und Klima zu tun hat, lässt sich kaum genau vorhersagen. Es handelt sich um äußerst komplizierte Naturphänomene und vieles wirkt auf die Klimaentwicklung mit ein. Ändert sich die Temperatur, könnte das wiederum einschneidende Folgen für die Entwicklung des Klimas haben.

Bei höheren Temperaturen bilden sich in der Regel mehr Wolken. Wir haben alle schon an Sommertagen die weißen Schönwetterwolken gesehen. Die weiße Farbe bedingt, dass die Wolken viel Sonnenlicht zurückwerfen. Bei zunehmend größerem Treibhauseffekt müssten auch mehr Wolken entstehen. Da aber die Wolken das Sonnenlicht reflektieren, wirken sie wie riesige Spiegel, die einen Großteil der Sonnenstrahlen zurück ins Weltall schicken. Dadurch wird der Treibhauseffekt vermindert.

Obwohl es sehr schwierig ist auszurechnen, wie sich das Klima in der Zukunft entwickeln wird, sind sich die meisten Klimaforscher in zwei Punkten einig: Zum einen wird die Erdtemperatur ansteigen. Im Jahr 2100 wird die Erde im Durchschnitt zwischen einem und vier Grad wärmer sein als heute. Wenn die Durchschnittstemperatur auf der

Erde ansteigt, bedeutet das, an manchen Orten wird es sehr viel wärmer sein, an den meisten Orten nur ein bisschen wärmer und an einigen Orten auch etwas kälter. Im Großen und Ganzen aber wird die Erde wärmer werden. Temperaturmessungen auf der ganzen Welt haben gezeigt, dass es in den Achtziger- und Neunzigerjahren viel mehr heiße Sommer gegeben hat als früher.

Zum andern wird das Wetter extremer. Das heißt, es wird mehr heftige Orkane, mehr Hitzewellen und Kälteperioden geben, mehr starke Regenfälle, die zu Überschwemmungen führen, und mehr Dürreperioden. Auch das begann sich in den Neunzigerjahren abzuzeichnen. Jedes Jahr wird mehr Geld darauf verwendet, die Unwetterschäden zu beseitigen.

Höhere Temperaturen werden selbstverständlich Auswirkungen für das Leben auf der Erde haben. Große Wüstengebiete, etwa die Sahara oder die Wüste Gobi, werden sich wahrscheinlich noch mehr ausdehnen. Viele Tierarten, die sich in kaltem Klima wohl fühlen, werden große

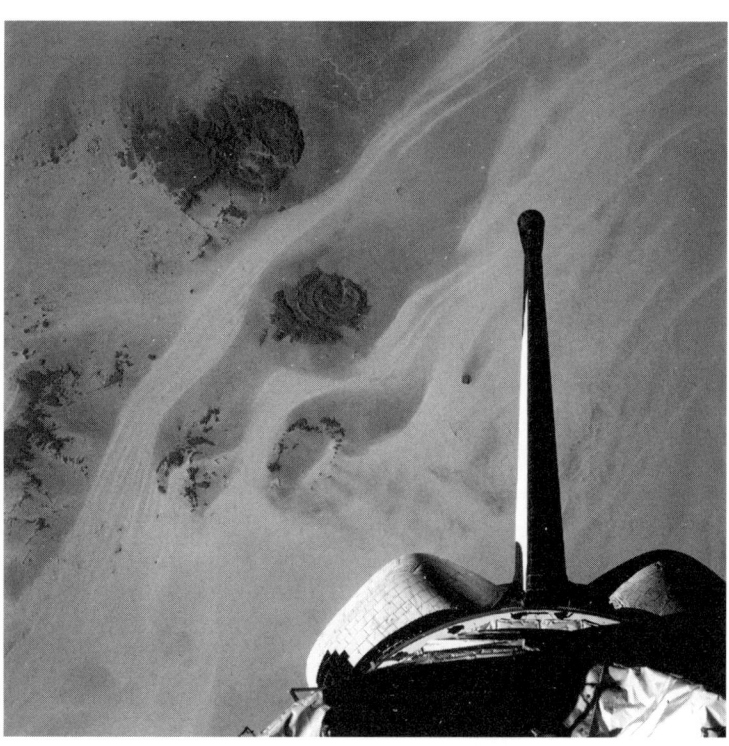

*Die Wüste aus einer Raumfähre heraus fotografiert*

Schwierigkeiten haben, sich zu behaupten. Denken wir nur an Tiere, die hoch oben im Norden leben und sich als Tarnung für den Winter ein weißes Fell zulegen. Wenn die Temperaturen so weit ansteigen, dass der Schnee nicht mehr liegen bleibt, werden diese Tiere weniger Überlebenschancen haben.

Entsprechend werden viele Arten, die jetzt im tiefen Süden leben, nach Norden ziehen. Die *Malariamücke* wäre ein solcher »Einwanderer«, den wir uns allerdings in unseren Breitengraden nicht sonderlich wünschen. Die Mücke kann die gefährliche Krankheit Malaria (vgl. S. 181) übertragen. Sie fühlt sich in kühleren Gegenden nicht wohl, weshalb Europa in diesem Jahrhundert von Malaria weitgehend verschont blieb. Der Treibhauseffekt kann also bewirken, dass Europa unter anderem auch Probleme mit Malaria bekommt.

Wenn die Temperatur steigt, steigt auch der Meeresspiegel. Das liegt daran, dass das Eis an den Polen zu schmelzen beginnt. Somit wird wärmeres Klima zur Folge haben, dass die Meere ansteigen. Um wie viel genau der Meeresspiegel steigen wird, lässt sich schwer vorhersagen, aber dass es bis zum Jahr 2100 mehr als ein Meter sein kann, ist ziemlich sicher. Das wäre für Millionen Menschen eine Katastrophe. Viele Städte der Erde liegen nur knapp über dem Meeresspiegel und werden davon betroffen sein.

Die reicheren Länder können es sich vielleicht leisten, ihre Städte vor dem ansteigenden Meeresspiegel zu schützen, aber die ärmeren Länder nicht. Im Pazifik und im Indischen Ozean leben viele Menschen auf flachen Inseln, deren höchste Erhebungen nur ein, zwei Meter über den Meeresspiegel herausragen. Wenn das Meer ansteigt, versinken sie im Wasser. Flache Küstengebiete werden ebenfalls betroffen sein. Millionen Menschen müssen dann aus überschwemmten Gebieten fliehen. Menschen, die aufgrund von Klimaveränderungen fliehen müssen, nennt man *Klimaflüchtlinge*.

Einige Wissenschaftler sind der Meinung, dass wir noch nicht genug über das Klima wissen, um sicher sagen zu können, dass die Temperatur im Jahr 2100 höher sein wird als

1998 meinten britische Wissenschaftler, dass der Regenwald am Amazonas vor dem Jahr 2050 verschwunden und von Grassteppen und vielleicht Wüsten abgelöst sein könnte. Da der Wald im Amazonasgebiet heute viel $CO_2$ aufnimmt, kann dies zur Folge haben, dass der Treibhauseffekt noch schlimmer ausfällt, als die Wissenschaftler bisher befürchten.

Für Nordeuropa könnten die Klimaveränderungen schwerwiegende Folgen haben. Der Golfstrom kann seinen Verlauf ändern, wenn die Temperaturen zu steigen beginnen. Der warme Meeresstrom sorgt dafür, dass in Nordeuropa die Voraussetzungen für Leben gegeben sind. Wenn der Golfstrom seine Richtung ändert, könnten die Länder im Norden paradoxerweise in einer Welt, die ringsum wärmer wird, eine neue Eiszeit erleben.

heute. Sie erinnern daran, dass es natürlich ist, wenn die Temperatur auf der Erde schwankt. Deshalb sei es möglich, dass die derzeit höhere Temperatur nicht auf den Treibhauseffekt zurückzuführen sei oder die Erwärmung nicht so drastisch ausfalle. Doch die meisten Regierungen glauben heute an die drohende Gefahr durch den Treibhauseffekt.

Im Dezember 1997 haben sich Politiker der ganzen Welt in der japanischen Stadt Kioto getroffen und darauf geeinigt, den Ausstoß von $CO_2$ zu verringern. Alle Länder, die an dem Abkommen beteiligt sind, bekommen pro Jahr eine bestimmte Höchstmenge an $CO_2$-Ausstoß zugewiesen, die sie nicht überschreiten dürfen. Solche Mengen nennt man »Quoten«. Länder, die mehr Gase ausstoßen wollen, als in dem Abkommen festgelegt ist, müssen anderen Ländern Quoten abkaufen. Sie müssen für ihre eigene Verschmutzung bezahlen, so dass die Quoten zu einer Art Ökosteuer werden.

Das Problem ist mit dem Quoten-Abkommen allein aber nicht gelöst. Wir werden auch weiterhin zunehmend mehr Kohlendioxid ausstoßen. China ist ein Land, das in Zukunft große Mengen an Treibhausgasen freisetzen wird. Heute erzeugt ein Chinese im Durchschnitt weit weniger Treibhausgase als zum Beispiel ein Europäer. Das liegt daran, dass die meisten Chinesen wenig Geld haben und sich keinen energieaufwändigen Lebensstil leisten können. Jedoch verdienen auch die Chinesen zunehmend mehr Geld, womit der Ausstoß an Treibhausgasen zunimmt. Würden alle Chinesen wie Amerikaner und Europäer leben, hätten wir mit einem enormen Anstieg an Schadstoffemissionen zu rechnen.

Viele Wissenschaftler meinen, dass es die Umwelt nicht mehr verkraften würde, wenn die Menschen ärmerer Länder so leben würden wie die Bewohner der reichen Länder. Dagegen sind Politiker ärmerer Länder der Meinung, dass wir nicht das Recht haben, die Armen zu einem unveränderten Leben in Armut zu zwingen, nur um die Umwelt zu schonen. Diese Sichtweise ist verständlich. Das Problem ist allerdings, dass wir *alle* künftig ärmer sein werden, wenn die Umwelt zerstört wird.

Früher oder später werden die fossilen Brennstoffe aufgebraucht sein und damit wird der Treibhauseffekt ganz von selbst zurückgehen. Aber bis dahin gelangt viel zu viel Kohlendioxid in die Atmosphäre. Wenn wir den Treibhauseffekt nicht stoppen, werden unsere Nachkommen kostspielige Methoden finden müssen, um das Kohlendioxid wieder *aus* der Atmosphäre herauszufiltern, damit der Kohlendioxidgehalt auf ein normales Niveau zurückgeht. Das kann auf unterschiedliche Weise erfolgen. Am einfachsten ist es, mehr Bäume zu pflanzen, denn Bäume können Kohlendioxid jahrhundertelang speichern. Aber diese Methode dauert sehr lange und erfordert viel Platz. Um das ganze überflüssige $CO_2$, das wir ausgestoßen haben, »aufzusaugen«, müssten wir unvorstellbar große Waldflächen schaffen.

Eine weitere Möglichkeit wäre, Geräte zu entwickeln, die der Atmosphäre Kohlendioxid entziehen. Das Kohlendioxid könnte dann in die Erde gepumpt werden, zum Beispiel in leere Öllagerstätten, aus denen man vorher den fossilen Brennstoff gewonnen hat.

Bis zum Jahr 2100 wird der größte Teil der Erdgas- und Erdölvorkommen auf der Erde verbraucht sein. Die Kohlevorräte reichen noch weit über diesen Zeitpunkt hinaus, aber eines Tages werden auch sie zu Ende gehen. Die Periode der fossilen Brennstoffe wird dann alles in allem drei- bis vierhundert Jahre gedauert haben.

In dieser verhältnismäßig kurzen Zeitspanne der ansonsten langen Menschheitsgeschichte werden wir das Klima auf der Erde stark verändert und gleichzeitig wertvolle Rohstoffe aufgebraucht haben. Fossile Brennstoffe enthalten aber chemische Verbindungen, die eigentlich viel zu wertvoll sind, als dass man sie einfach verbrennen sollte.

Meteorologische Aufzeichnungen haben gezeigt, dass das Jahr 1998 seit 1106 das wärmste Jahr auf der Erde war. Das wurde als weiterer Beweis betrachtet, dass der Treibhauseffekt dabei ist, die Erde aufzuheizen.

# Tierarten werden ausgerottet

Es ist ein natürlicher Prozess, dass Pflanzen- und Tierarten aussterben. Im Kampf um das Dasein gehen ständig irgendwelche Arten zu Grunde. Von allen Arten, die im Lauf der Zeit existiert haben, sind mehr als neunundneunzig Prozent auf natürliche Weise ausgestorben. Jedes Jahr verschwinden zwei bis drei Arten ganz von selbst. Und das ist seit Millionen Jahren so. Doch in den letzten Jahren geschieht etwas Unheimliches. Neuerdings verschwinden bis zu tausend Arten pro Jahr, viel mehr als normal.

Es besteht kein Zweifel, dass der Mensch dafür die Ursache ist – keine andere Art beeinflusst ihre Umgebung so stark wie er und fast immer müssen ihm andere Organismen weichen.

Viele Arten sterben aus, weil übermäßig Jagd auf sie gemacht wird. Manche verschwinden, weil sie von fremden Arten verdrängt werden. Wir Menschen nehmen stets Tiere und Pflanzen mit, wenn wir uns woanders niederlassen. Auf diese Weise bekommen Arten, die Millionen Jahre in einer Region gelebt haben, plötzlich durch Organismen von der anderen Seite des Globus Konkurrenz. Die Europäer haben bei der Besiedlung Australiens Kaninchen, Füchse, Ratten und Katzen mitgenommen. Das hat dazu geführt, dass innerhalb von nur zweihundert Jahren viele australische Tierarten den Wettstreit mit den fremden Arten nicht überlebt haben.

Die Vergiftung der Natur stellt eine weitere Bedrohung dar. Pflanzenschutzmittel können zum Beispiel bewirken, dass die Schale von Vogeleiern dünner wird und somit weniger Jungvögel ausschlüpfen und heranwachsen. Auch der Treibhauseffekt wird dazu führen, dass viele Arten aussterben. Pflanzen können sich ja von dem Ort, wo sie wachsen, nicht fortbewegen und werden deshalb große Probleme haben, wenn sich das Klima rasch verändert. Viele Fischarten fühlen sich in kaltem Wasser wohl und könnten aussterben, wenn sich die Meere erwärmen.

Wenn Arten aussterben, liegt es häufig daran, dass der Mensch ihren Lebensraum zerstört. Im Lauf des 20. Jahr-

Von den 270 000 Pflanzenarten der Welt sind etwa 34 000 bedroht. In den letzten zweitausend Jahren sind auf der Erde zwanzig Prozent aller Vogelarten ausgestorben, nachdem die Menschen die meisten Inseln besiedelt haben. Bis zu zwanzig Prozent aller Arten von Süßwasserfischen sind in jüngerer Zeit ebenfalls ausgestorben.

*Der Elefant gilt als bedrohte Tierart.*

hunderts wurde die Hälfte aller Wälder, die es zu Jahrhundertbeginn noch gab, abgeholzt. Und die Zerstörung geht weiter. Jedes Jahr fallen Waldgebiete von der Größe Frankreichs Sägen und Äxten zum Opfer.

Das ist der Hauptgrund dafür, dass mehr als ein Zehntel aller Pflanzenarten von der völligen Ausrottung bedroht ist. Eine so genannte »Rote Liste« gibt Aufschluss darüber, welche Arten vorläufig nicht von der Ausrottung bedroht sind, welche etwas und welche besonders stark gefährdet sind. Stark bedrohte Arten könnten, wenn nichts unternommen wird, in wenigen Jahren aussterben.

Bei den Tieren sieht es nicht anders aus. Von den 4400 Säugetierarten sind über vierhundert mehr oder weniger stark bedroht. Mehr als tausend werden früher oder später aussterben, wenn nichts zu ihrer Rettung getan wird. Die bekanntesten bedrohten Tierarten sind große Säugetiere wie Tiger, Nashörner und Orang-Utans, aber am meisten betroffen sind eigentlich die Insekten. Manche Insekten sind von bestimmten Pflanzen abhängig. Wenn diese Pflanzen verschwinden, sterben auch die Insekten aus.

Heute gibt es zwischen fünf und zwanzig Millionen Arten lebender Organismen. Die genaue Zahl ist ungewiss, da die Wissenschaftler bisher erst einen Bruchteil des Lebens auf unserer Erde erfasst haben. Alle Arten zusammen

Nachdem vor zwölftausend Jahren Menschen in Nordamerika eingewandert sind, sind fünfundsiebzig Prozent aller großen Tierarten verschwunden, darunter das Riesenfaultier und einige Riesenvögel. Vieles deutet darauf hin, dass der Mensch dafür die Ursache ist. Die Tiere hatten niemals zuvor Menschen gesehen und waren gegen die geschickten Jäger und ihre Schusswaffen hilflos.

Wissenschaftler verwenden den Begriff »Biodiversität« (Artenvielfalt), wenn es um die Ausrottung der Arten geht. Viele Mitgliedsländer der Vereinten Nationen haben ein »Biodiversitätsabkommen« unterzeichnet, in dem sie die Verpflichtung eingehen, sich um den Erhalt der Arten in ihrer Region zu kümmern.

genommen machen das aus, was wir »biologische Vielfalt« oder »Artenvielfalt« nennen. Die Massenausrottung der Arten auf der ganzen Welt führt zu einer Verringerung der Artenvielfalt.

Nun kann man natürlich denken, dass das eigentlich nicht so wichtig ist. Auch wenn jedes Jahr tausend Arten verschwinden, sind immer noch Millionen übrig. Viele der bedrohten Arten sind so klein, dass sie kaum wahrgenommen werden. Was bedeutet es schon für uns, wenn eine Froschart in Brasilien oder eine Käferart in Vietnam ausstirbt?

Es bedeutet viel, denn das Leben auf der Erde funktioniert so, dass alle Organismen von anderen abhängig sind. Alle sind Teil eines riesigen *Ökosystems*. Wenn sich die biologische Vielfalt verringert, wird das Ökosystem anfälliger.

In den reicheren Ländern der Welt sind wir so sehr von Technik umgeben, dass wir leicht vergessen, wie abhängig wir immer noch von der Natur sind. Auch wenn wir mit dem Auto zur Arbeit fahren und in unserer Freizeit im Internet surfen, sind wir nicht weniger abhängig von einem intakten Ökosystem als ein Eingeborenenstamm in Afrika. Denken wir nur daran, dass zum Beispiel Meeresfische eine der wichtigsten Nahrungsquellen sind. Jedes Jahr werden hundert Millionen Tonnen Fisch gefangen. Damit diese Fischarten weiterhin als Nahrung für den Menschen dienen können, müssen wir verhindern, dass wir zu viele fangen, und gleichzeitig dafür sorgen, dass das Meer sauber bleibt. Aber die düstere Wahrheit ist, dass wir in den Neunzigerjahren viel zu viel Fisch gefangen haben. Etliche Fischarten sind deshalb heute vom Aussterben bedroht. Wenn wir zudem das Meer als Müllhalde benutzen, verschärft sich die Situation noch.

Seit Jahrtausenden haben die Menschen der Natur nützliche Tiere und Pflanzen entnommen. Heute aber verwenden wir sie in großem Maß als Rohstofflieferanten. Das ist der Unterschied. Ein Viertel unserer heutigen Arzneimittel enthält Stoffe, die wir aus Wildpflanzen und wilden Tieren gewinnen. Viele der wichtigsten Arzneimittel gegen Krebs basieren auf Pflanzen. Nicht umsonst nennt man die riesigen Regenwälder auch »Medizinschrank der Natur«.

Aber langsam erkennen wir, dass es nicht so weitergehen kann wie bisher. Seit Jahrzehnten machen Wissenschaftler und Umweltschutzgruppen Kampagnen, um die letzten verbliebenen Urwälder der Erde zu schützen, und sie haben zum Glück auch manchmal Erfolg. Heute gibt es mehr als 30 000 Naturschutzgebiete auf der Welt. Fast ein Zehntel des gesamten Festlands wurde zu Naturparks erklärt, die vor dem Eingriff von Menschen geschützt werden.

Aber das ist noch nicht genug. Häufig wird in Naturreservaten verbotene Jagd betrieben. So werden auch geschützte Arten von der Ausrottung bedroht. Naturreservate werden ihrer lebenden Tiere beraubt. Tausende wilder Papageien, Schlangen, Schildkröten und Exemplare anderer Arten werden in Länder geschmuggelt, in denen sie als Haustiere begehrt sind. Dieser Handel ist zwar verboten, geht aber unvermindert weiter.

Im Grunde brauchen wir eine neue »Arche Noah«, einen Ort, an dem bedrohte Arten Zuflucht suchen können, während sich die Menschen zusammentun müssen, um ihre Probleme zu lösen. Tiergärten können diese Funktion nur bedingt erfüllen.

Früher wurden zoologische Gärten als bloße Unterhaltungsstätten angesehen, heute dienen sie dazu, bedrohte Arten zu schützen. Viele Tiergärten hoffen, dass sich seltene Tiere, etwa Pandabären oder Schneeleoparden, in Gefangenschaft vermehren. Aber das gelingt leider nicht besonders häufig. Pandabären sind so wenig willig, in Gefangenschaft Nachkommen zu zeugen, dass über ein geglücktes Resultat weltweit in den Nachrichten berichtet wird.

Wir können auch das Erbgut bedrohter Arten aufbewahren. Alles, was man benötigt, um ein Tier zu erzeugen, ist eine befruchtete Eizelle, und alles, was man für eine Pflanze braucht, befindet sich im Samen. Wissenschaftler haben längst damit begonnen, »Samenbanken« anzulegen, in denen von möglichst vielen Pflanzenarten Samen la

In den Neunzigerjahren wüteten Waldbrände in den Regenwäldern Indonesiens, Amerikas und Brasiliens. Eine Rauchschicht überzog weite Teile der betreffenden Länder und hunderte Menschen kamen ums Leben. Viele Brände waren von Menschen gelegt worden, die sich Platz zur Viehhaltung und zum Ackerbau verschaffen wollten. Dass der Regenwald überhaupt Feuer fing, bedeutet, dass der Wald bereits ernsthaft in Mitleidenschaft gezogen war. Normalerweise ist der Regenwald zu feucht, um zu brennen.

gern, oftmals tief in Stollen oder Höhlen verborgen. Und in Zukunft wird das noch stärker praktiziert werden.

Tier- und Pflanzenarten werden auch in den nächsten Jahrhunderten aussterben. Ein immer kleinerer Teil der Erde wird dann noch Wildnis sein und ein immer größerer Teil der biologischen Vielfalt wird tiefgefroren in großen »Genbanken« aufbewahrt werden. Dort liegen dann befruchtete Eizellen von Tigern, Nashörnern oder Elefanten und warten darauf, dass es eines Tages auf der Erde wieder genug Platz für wilde Tiere gibt. In der Zwischenzeit müssen sich die Menschen damit begnügen, exotische Tiere und Pflanzen in Filmen und auf Bildern zu bestaunen.

# 4  Die Bevölkerungsexplosion

Während ein großer Teil der Tier- und Pflanzenarten auf der Erde bedroht ist, breitet sich eine andere Art immer mehr aus – oder richtiger gesagt: zu sehr!

In der Zeit, die wir brauchen, um diesen Satz zu lesen, werden weltweit ca. zwanzig Menschen geboren. Innerhalb einer Minute wächst die Bevölkerung auf der Erde um 152 Menschen, im Lauf eines Tages hat sie sich um 219 000 erhöht – das ist die Einwohnerzahl einer mittelgroßen Stadt. Jedes Jahr nimmt die Bevölkerung um etwa achtzig Millionen Menschen zu, wovon man allerdings die Millionen Menschen abrechnen muss, die jährlich sterben.

Jeden Tag eine neue Stadt, jedes Jahr ein neues Land mit der Einwohnerzahl Deutschlands. Kein Wunder, dass die Forscher von einer Bevölkerungsexplosion sprechen. Im Jahre 2002 leben mehr als 6 200 000 000 Menschen auf der Erde.

Die Bevölkerungsexplosion ist eines unserer größten Probleme. Die Tatsache, dass es alljährlich achtzig Millionen Menschen mehr gibt, bringt enorme Probleme mit

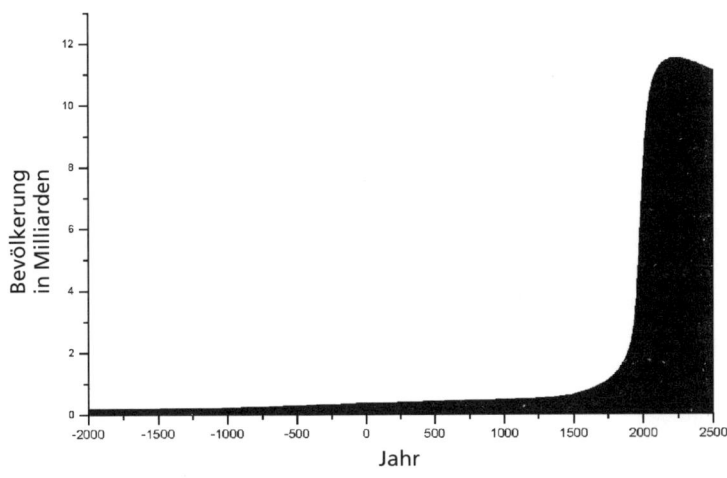

*Die Kurve zeigt die Anzahl der Menschen auf der Erde. Kurz vor dem Jahr 2000 ereignet sich die Explosion, dann »flacht« die Zahl allmählich wieder ab.*

sich. Achtzig Millionen neue Münder müssen gestopft werden, zusätzlich zu denen, die schon auf der Erde leben. Das heißt, es müssen Ackerboden und Weideland geschaffen werden. In einigen Jahren werden etwa achtzig Millionen weitere Schulplätze benötigt (es sind weniger, weil viele Kinder nicht zur Schule gehen bzw. vor Erreichen des Schulalters sterben), und ein paar Jahre später muss es für all diese neuen Menschen zusätzliche Arbeitsplätze, Häuser, Straßen und Energie geben.

In der Zwischenzeit nimmt die Erdbevölkerung um weitere achtzig Millionen zu, Jahr für Jahr. Das hört sich trostlos an, aber bisher haben die Menschen dieses Problem ganz gut gemeistert. In den letzten Jahrzehnten haben immer mehr Kinder die Möglichkeit zum Schulbesuch erhalten. Auch wenn ihr Haus oft nicht in gutem Zustand ist, haben die meisten Menschen doch ein Dach über dem Kopf. Ein großer Teil der Menschheit bekommt täglich mindestens einmal zu essen. Wenn Menschen hungern, dann liegt es in der Regel an Kriegen, Naturkatastrophen oder an einer ungerechten Verteilung der Nahrungsmittel.

Es sagt viel aus über unseren Einfallsreichtum und unsere Kreativität, dass es den meisten Menschen in den letzten Jahrzehnten besser gegangen ist, auch wenn die Bevölkerung schneller zugenommen hat als je zuvor. Aber auf lange Sicht wird es so nicht weitergehen. Die Vorräte an kultivierbarem Ackerland, sauberem Wasser, Wäldern, Mineralien, Metallen und anderen Naturressourcen, von denen wir abhängen, sind nicht unendlich. Je stärker wir uns vermehren, umso enger wird es auf der Erde und umso schwieriger wird es sein, die Ressourcen aufzuteilen.

Sollte die Entwicklung so weitergehen wie bisher, wird es im Jahr 2050 zwischen acht und zwölf Milliarden Menschen geben, meinen Wissenschaftler der UNO (United Nations Organization = Organisation der Vereinten Nationen; vgl. S. 105f.). Höchstwahrscheinlich werden es um die zehn Milliarden sein.

1798 schrieb der britische Geistliche und Wirtschaftswissenschaftler Thomas Malthus (1766–1834) ein Buch über die Bevölkerungsexplosion. Damals lebten ungefähr

Die Ansicht von Thomas Malthus, dass die vielen Kinder der Armen das größte Problem darstellen, findet heute noch Anhänger. Doch auch wenn in den ärmeren Ländern die meisten Kinder leben, verbraucht jedes dieser Kinder weniger Ressourcen. Ein norwegisches Kind fügt der Umwelt genauso viel Schaden zu wie fünfzehn Kinder in Tansania. Und einige der am dichtesten besiedelten Länder der Erde liegen in Europa. Es würde auch ihnen nicht schaden, ein paar Einwohner weniger zu haben.

eine Milliarde Menschen auf der Erde und die Bevölkerungszahl stieg ständig an. Malthus war einer der Ersten, die sich mathematischer Formeln bedienten, um herauszufinden, wie schnell die Bevölkerungszahl im Lauf der Zeit gestiegen war und wie stark sie in Zukunft steigen würde.

Er gelangte zu düsteren Ergebnissen. Malthus war der Meinung, die Bevölkerung werde viel schneller wachsen, als die nötigen Ressourcen wie Nahrungsmittel, Wasser, Metall und Holz erschlossen werden könnten. Auch wenn es uns gelingen sollte, neues Land urbar zu machen und neue Rohstoffvorkommen zu finden, schrieb er, würde die Bevölkerungszahl so schnell steigen, dass sich früher oder später alle lebenswichtigen Produkte erschöpften.

Das würde zwischen den Menschen zu Unruhen und Kriegen führen. Malthus sagte voraus, dass die Gesellschaft zusammenbräche, wenn die Bevölkerungszahl weiterhin zunähme. Um das zu vermeiden, riet Malthus den Politikern, den Armen das Kinderkriegen zu erschweren. Er sorgte sich besonders um die große Kinderschar, die damals in der ärmeren Bevölkerung üblich war.

Heute kann man schnell erkennen, dass sich Malthus in einigen wichtigen Punkten geirrt hat. Es ist nicht korrekt, allein den Armen die Schuld zu geben. Alle Menschen tragen zur Bevölkerungsexplosion bei, ob sie reich sind oder arm. Und heute, zweihundert Jahre später, sehen wir auch, dass die Gesellschaft *nicht* zusammengebrochen ist, obwohl sechsmal so viele Menschen auf der Erde leben wie zu seiner Zeit. Ein Großteil der Menschheit ist reicher, gesünder und wohlgenährter, als Malthus es sich hätte träumen lassen.

Malthus konnte die vielen Fortschritte nicht vorhersehen, die seitdem gemacht wurden. Neue Maschinen, Kunstdünger und Zuchtpflanzen haben die Landwirtschaft im 19. Jahrhundert effektiver gemacht. Heute ist ein Stück Acker wesentlich ergiebiger als zu seiner Zeit. Die Kühe geben mehr Milch und Kraftfutter sorgt dafür, dass die Tiere schneller wachsen. Malthus hat nicht mit der Findigkeit der Menschen gerechnet und lag mit seiner Vorhersage für unsere Zeit falsch.

Aber früher oder später wird Malthus dennoch Recht bekommen. Würde die Bevölkerung weiter im gleichen Maß wachsen wie heute, lässt sich schnell ausrechnen, dass es im Jahr 3500 für alle nur noch einen Stehplatz gäbe.

Das wird natürlich niemals eintreten. Lange vorher werden die Menschen allmählich verhungern, weil es nicht mehr genügend Platz gibt, um Nahrungsmittel anzubauen. Es gibt eine Obergrenze für die Zahl an Menschen, die auf der Erde leben können, bevor das Ökosystem zusammenbricht. Einige Wissenschaftler halten sie bei etwa fünfzehn Milliarden Menschen für erreicht, andere gehen von einer höheren Zahl aus. Aber alle sind sich einig, dass wir früher oder später etwas gegen die Bevölkerungsexplosion unternehmen *müssen*.

Hier geht es nicht allein um nackte Zahlen. Es geht auch um Lebensqualität und die Überlebensmöglichkeit für andere Lebewesen. Dazu schrieb der britische Philosoph John Stuart Mill (1806–1873):

»Eine Bevölkerung kann auch zu gedrängt werden, wenn sie gleich insgesammt mit Nahrung und Gewandung reichlich versorgt ist. Es thut dem Menschen nicht gut, wenn er nothgedrungen immerfort in Gegenwart seines Gleichen verbleiben muß. Eine Welt, aus welcher die Einsamkeit verbannt wäre, wäre ein sehr armes Ideal. ... Es liegt auch nicht viel Befriedigendes darin, wenn man sich die Welt so denkt, daß für die freie Thätigkeit der Natur nichts übrig bliebe, daß jeder Streifen Landes, welcher fähig ist, Nahrungsmittel für menschliche Wesen hervorzubringen, auch in Kultur genommen sei, daß jedes blumige Feld und jeder natürliche Wiesengrund beackert werde, daß alle Thiere, welche sich nicht zum Nutzen der Menschen zähmen lassen, als seine Rivalen in Bezug auf Ernährung vertilgt, jede Baumhecke oder jeder überflüssige Baum ausgerottet würde und daß kaum Platz übrig sei, wo ein wilder Strauch oder eine Blume wachsen könnte, ohne sofort im Namen der vervollkommneten Landwirthschaft als Unkraut ausgerissen zu werden.«

Als er das schrieb, im Jahr 1848, lebten etwas mehr als eine Milliarde Menschen auf der Erde.

Heutzutage stammt der größte Teil unserer Nahrung von nur fünfzehn Pflanzen. Reis, Weizen, Mais und Kartoffeln sind die wichtigsten davon. Viele Wissenschaftler machen sich Sorgen darüber, dass wir von so wenigen Pflanzen abhängig geworden sind, und suchen nach neuen Organismen, die wir in Zukunft essen können.

# Wie halten wir die Bevölkerungsexplosion auf?

Wir sind schon dabei, sie aufzuhalten. Zwar nimmt die Bevölkerung heute immer noch zu, aber nicht mehr so stark wie früher. In großen Ländern wie Indien oder China ist der Zuwachs schon viel geringer als vor dreißig Jahren. In anderen Ländern wächst die Bevölkerung sogar überhaupt nicht mehr an. Das gilt zum Beispiel für die meisten Länder Europas, wo viele Familien weniger Kinder haben. Im 19. Jahrhundert waren weltweit fünf oder mehr Kinder pro Familie üblich. Heute haben viele Familien in den reicheren Ländern nur noch ein oder zwei Kinder. Das ist kein Zufall. Im 20. Jahrhundert haben sich viele Institutionen für *Familienplanung* eingesetzt.

Familienplanung heißt festlegen, wie viele Kinder man haben möchte und wann sie auf die Welt kommen sollen. Ein wichtiger Teil der Familienplanung besteht aber auch darin, den Menschen Wissen über die Kindererziehung zu vermitteln. Menschen das Lesen beizubringen ist ebenfalls Bestandteil der Familienplanung. Wir wissen inzwischen, dass Mütter, die lesen können, im Durchschnitt weniger Kinder bekommen und sich deshalb ihrer Kinder besser annehmen können.

Es wurden außerdem auch Mittel zur Empfängnisverhütung entwickelt, die Frauen helfen, nicht schwanger zu werden. Mit ihnen wurde die Familienplanung in vielen Ländern erst möglich. Ein Vorteil der Empfängnisverhütung besteht auch darin, dass junge Paare mit ihrem Kinderwunsch warten können, bis sie ihre Ausbildung absolviert und eine Arbeit gefunden haben.

Dass Familienplanung in großem Umfang funktionieren kann, beweisen die Prognosen der UNO. Nach 2050 wird die Bevölkerungszahl weltweit langsamer zunehmen als heute und im Jahr 2200 wahrscheinlich sogar ganz aufhören zu wachsen. Vielleicht werden zu diesem Zeitpunkt zwölf Milliarden Menschen auf unserem Planeten leben.

In der Zwischenzeit müssen wir uns bemühen, die Probleme zu lösen, die durch die Überbevölkerung hervorge-

1998 wohnten auf einem Quadratkilometer in Bangladesch mehr als neunhundert Menschen. Das sind vierzigmal mehr als in Schweden. Bangladesch liegt in einer Gegend, in der es oft zu heftigen Stürmen kommt, und ein großer Teil des Landes liegt so knapp über dem Meeresspiegel, dass es leicht überschwemmt wird. Wenn Bangladesch von einem Sturm heimgesucht wird, sind Millionen Menschen in den Armenvierteln betroffen. Sie leben in baufälligen Hütten. Ist der Sturm vorbei, verbreiten sich sehr schnell Krankheiten, weil die Bevölkerung so dicht wohnt.

Übersicht über die Entwicklung der Erdbevölkerung vom Jahr 0 bis zum Jahr 2200. Wissenschaftler der Vereinten Nationen haben die jeweiligen Zahlen errechnet.

| Jahr | Millionen Menschen |
|---|---|
| 0 | 300 |
| 1250 | 400 |
| 1500 | 500 |
| 1804 | 1 000 |
| 1927 | 2 000 |
| 1960 | 3 000 |
| 1974 | 4 000 |
| 1987 | 5 000 |
| 1999 | 6 000 |
| 2009 | 7 000 |
| 2021 | 8 000 |
| 2035 | 9 000 |
| 2054 | 10 000 |
| 2093 | 11 000 |
| 2200 | 11 600 |

Nach Einschätzung der Vereinten Nationen wird die Bevölkerungszahl nicht höher als die letzte Zahl ansteigen, aber wir können uns nicht darauf verlassen, dass ihre Prognose zutrifft.

rufen werden. Alle Umweltprobleme werden sich verschlimmern. Mehr Menschen verursachen mehr Verschmutzung, verbrennen mehr fossile Brennstoffe und brauchen nicht zuletzt auch mehr Platz. Solange die meisten Menschen in niedrigen Häusern wohnen wollen, die viel Platz beanspruchen, solange wir Nahrungsmittel auf freiem Feld anbauen, Straßen für unsere Autos haben wollen und Grund und Boden für Fabriken bereitstellen, werden andere Organismen auf der Erde immer weniger Platz haben.

Die großen verbliebenen Regenwälder liegen allesamt in armen Ländern und in den meisten dieser Länder wächst die Bevölkerung immer noch rasch. Jeden Tag müssen sich zehntausende junger Menschen einen Ort zum Wohnen suchen und häufig ist die Rodung von Urwald die einzige Möglichkeit dazu. Es ist schwierig, ihnen das zu verweigern, wenn es um Menschenleben geht.

»Kinder sind der Reichtum der Armen«, sagt ein Sprichwort. Wir, die wir in reichen Ländern leben, können auf die Unterstützung der Gesellschaft zählen, wenn wir einmal alt sind. Aber arme Länder haben dafür kein Geld. Dort baut man darauf, dass sich die Familie um ihre Alten kümmert. Je mehr Kinder eine Familie hat, umso größer ist die Chance, dass sich eins von ihnen der Eltern im Alter annimmt. Je größer die Familie, desto sicherer ist die Versorgung der Alten. Dies ist einer der Gründe, weshalb Familien in Nigeria zum Beispiel im Durchschnitt acht Kinder haben.

1950 hatte Nigeria rund dreißig Millionen Einwohner. Im Jahr 2050 wird Nigeria, was die Bevölkerungszahl betrifft, das fünftgrößte Land der Erde sein und über dreihundert Millionen Einwohner haben. Somit hätte sich die Bevölkerung innerhalb von hundert Jahren verzehnfacht. Wenn die Bevölkerung in diesem Tempo weiter zunimmt, wird Nigeria im Jahr 2150 rund drei Milliarden Einwohner haben. Das wird aber nicht geschehen. Lange vorher würde das Land »zusammenbrechen«, weil nicht mehr für alle Einwohner Platz ist.

Das heftige Wachstum sorgt schon jetzt für große Probleme. In Nigeria kommen jedes Jahr vier Millionen Kinder auf die Welt und es gibt im Verhältnis dazu allmählich zu wenig Erwachsene. Es gibt zu viele Kinder und Jugendliche, die medizinische Versorgung, eine Schulausbildung und Arbeitsplätze brauchen, und zu wenig Erwachsene, die als Ärzte, Lehrer oder Arbeitgeber fungieren können.

Die meisten Einwohner in Nigeria sind Bauern. Die neu entstehenden Bauernfamilien brauchen immer mehr Platz und müssen Bäume abholzen und wilde Tiere verjagen. Es wird nahezu unmöglich sein, die Natur vor den Menschenmassen zu schützen. Aber die Zerstörung stellt den Menschen vor neue Probleme. Wenn die Bäume weg sind und die Nutztiere Wiesen abgrasen, droht fruchtbare Erde zu Wüste zu werden. Die Ausweitung der Wüstengebiete ist eine Folge der Bevölkerungsexplosion. Wenn sich die Wüste ausweitet, müssen die Menschen in Gegenden fliehen, in denen schon viele andere wohnen. Das führt dort zu neuen Problemen, weil Unfrieden zwischen den Bevölkerungsgruppen entsteht.

So kann die Bevölkerungsexplosion zu Bürgerkriegen führen. In diesen Kriegen wird es darum gehen, sich Ackerland, sauberes Wasser und andere natürliche Ressourcen zu sichern. Solche »Ressourcenkriege« werden vor allem arme, übervölkerte Länder treffen. Krieg hat aber meistens zur Folge, dass die Länder noch ärmer werden und die Bevölkerung noch größere Überlebensschwierigkeiten bekommt. Auf diese Weise wird die Bevölkerungsexplosion dazu beitragen, den Unterschied zwischen armen und reichen Ländern in den nächsten Jahren noch zu vergrößern.

## Erlaubnis zum Kinderkriegen

Sollten die Berechnungen der UNO zutreffen und die Erdbevölkerung auf etwa zwölf Milliarden Menschen anwachsen, ist diese Zahl eigentlich schon viel zu hoch. Eine übervölkerte Erde ist kein angenehmer Ort zum Leben, weder für uns noch für andere Organismen. Falls es einmal so viele Menschen geben wird, werden wir von technischen Erfindungen abhängig sein, um überleben zu können. Wenn uns die Technik irgendwann im Stich lässt, wird das zu einer Katastrophe führen. Deshalb müssen wir die Bevölkerungszahl der Erde deutlich verringern – vielleicht sogar auf eine Milliarde Menschen, um die Natur nicht noch weiter zu gefährden. Das wäre dann wieder die Anzahl Menschen, die um 1800 auf der Erde lebten, einer Zeit, in der es noch genug Platz für Menschen *und* Urwälder gab.

Es gibt Ideen, die Bevölkerungszahl zu senken, indem man Menschen in Kolonien auf den Mond oder auf einen andern Planeten schickt. Stellen wir uns vor, wir wollten auf diese Weise die Bevölkerung von zwölf auf elf Milliarden senken. Dazu müssten wir hundert Jahre lang täglich 30 000 Menschen transportieren. Unser modernstes Raumschiff kann wöchentlich nur sieben Menschen auf den Mond bringen. Auch wenn die Raumschiffe der Zukunft deutlich leistungsfähiger sein werden (vgl. S. 222–227), wirkt das ganze Unterfangen ziemlich aussichtslos.

Es gibt eine viel einfachere, doch gleichzeitig sehr schwierige Methode, die Bevölkerung zu verringern. Sie ist einfach, weil sie Menschen bewegen will, weniger Kinder zu bekommen. Wie wir gesehen haben, ist das schon in großen Teilen der Erde geschehen. Mit zwei Kindern pro Familie ändert sich die Bevölkerungszahl nicht, denn aus zwei Menschen (den Eltern) entstehen wieder genau zwei Menschen (die Kinder). Ist die Zahl größer als zwei, wächst die Bevölkerung. Damit sich die Bevölkerungszahl verringert, dürfte jede Familie nur noch ein Kind haben.

Aber die Methode ist schwierig, weil sich die meisten Eltern mehr als ein Kind wünschen. In China versuchen die Behörden seit langem, eine »Einkindpolitik« durchzusetzen. Dort müssen Paare mit mehr als einem Kind für jedes weitere Kind hohe Strafen zahlen. Viele bekamen allerdings mehr Kinder, ohne sie den Behörden zu melden, und wurden daraufhin von ihren Nachbarn angezeigt. Die Durchsetzung der Einkindpolitik ist also schwierig, weil sich die meisten Familien mehr Kinder wünschen.

Die Raumfähre kann nur sieben Menschen auf einmal befördern und wird das Bevölkerungsproblem deshalb nicht lösen.

Trotzdem kann es sein, dass viele Länder in Zukunft genauso strenge Gesetze einführen werden wie die Chinesen. Vielleicht müssen die Menschen um Erlaubnis bitten, wenn sie Kinder haben wollen. Es gibt Verhütungsmittel, die man unter die Haut pflanzen kann. Vielleicht werden sie in Zukunft allen Menschen eingesetzt und erst wenn der Antrag auf Erfüllung des Kinderwunsches bewilligt wurde, darf man das Verhütungsmittel entfernen lassen.

Wenn so wenig Kinder auf die Welt kommen, sollte dafür gesorgt werden, dass jedes Kind in einem angenehmen Umfeld aufwächst. Es kann daher sein, dass die Behörden vorab untersuchen wollen, ob sich die kinderwilligen Paare als Eltern eignen, bevor sie die Erlaubnis erhalten. Vielleicht müssen sie zuerst eine Schule besuchen, bevor sie Kinder bekommen dürfen. Derlei Gesetze scheinen heutzutage undenkbar. Das Kinderkriegen gehört zu den natürlichsten Dingen und es gilt als selbstverständliches Recht, dass man so viele Kinder bekommen darf, wie man will. Aber wenn wir an die Zukunft der Kinder denken, können wir nicht einfach so tun, als ginge uns dieses Problem nichts an. Je mehr Kinder heute geboren werden, umso schwerer wird es künftig für sie zu überleben.

# 5 Die Energiekrise

*Solarkraftwerk*

Denken wir einmal darüber nach, in welchen Situationen wir täglich Energie verwenden. Von dem Moment an, wenn wir am Morgen das Licht einschalten, bis zu dem Augenblick, wenn wir es abends wieder löschen, haben wir auf unzählige Weise Energie verbraucht. Fast alles, was wir brauchen, vom Essen über Kleider bis zu unseren Wohnungen, benötigt schon bei der Herstellung Energie.

Es gibt zahlreiche Energiequellen auf der Erde, aber ziemlich viele davon werden in naher Zukunft aufgebraucht sein. Dann kann es zu einer weltweiten Energiekrise kommen. Wir sind so abhängig von Energie, dass eine Energiekrise unsere ganze Lebensweise bedrohen würde. Was in Zukunft mit den Energiequellen passiert, wird über unsere zukünftige Art zu leben entscheiden.

## Wie wird es mit den heutigen Energiequellen in Zukunft aussehen?

Der größte Teil der Energie, die wir verbrauchen, wird heute durch das Verbrennen fossiler Brennstoffe wie Öl, Kohle und Gas gewonnen. Dabei spielt Öl eine besonders wichtige Rolle. Öl wird nicht nur benutzt, um elektrischen Strom zu erzeugen und Gebäude zu beheizen. Immer mehr Menschen haben einen Lebensstil mit hohem Energiebedarf. Sie fahren Auto, benutzen Wasch- und Spülmaschinen, Kühlschränke, Mikrowellenherde, elektrische Eierkocher usw. Deshalb wird immer mehr Energie benötigt und alle Wissenschaftler sind sich einig, dass es auf Dauer so nicht weitergehen kann. Die fossilen Brennstoffe werden eines Tages aufgebraucht sein.

Die Forschung spricht zwar von *Reserven*, aber es herrscht keine Einigkeit darüber, wie groß diese Energiereserven sind. Vielleicht werden wir noch bis zum Jahr 2050 ausreichend Öl haben. Viele Wissenschaftler meinen aber, dass wir schon ab dem Jahr 2015 allmählich die Ölknappheit zu spüren bekommen. Wenn die Ölreserven abnehmen, wird das verbliebene Öl teurer. Da die meisten Länder billiges Öl brauchen, um ihre Wirtschaft in Gang zu halten, können aus der Verteuerung große wirtschaftliche Probleme entstehen.

Nicht ganz so schlecht sieht es bei Erdgas und Kohle aus. Es gibt ausreichend Kohlereserven, um die Kohlekraftwerke der Welt noch jahrhundertelang zu füttern. Aber eines Tages werden auf jeden Fall alle fossilen Energiequellen erschöpft sein. Früher oder später müssen wir auf andere Energiequellen zurückgreifen. Wenn wir den Klimaforschern glauben, täten wir gut daran, sobald wie möglich damit zu beginnen.

Lange Zeit war man der Meinung, dass Atomkraft die fossilen Brennstoffe ersetzen kann. Es gibt ausreichend Uran auf der Erde, um in den nächsten Jahrtausenden Energie zu gewinnen. Uran befindet sich auch in den Atomwaffen, die heute ungenutzt irgendwo lagern.

Aber vieles deutet darauf hin, dass die Zukunft nicht der Atomenergie gehört. Zwar ist sie keine Energiequelle, die

Treibhausgase abgibt, aber wenn in einem Atomkraftwerk etwas schief läuft, hat das unter Umständen schreckliche Folgen. Einer der schwersten Atomunfälle war 1986 die Katastrophe von Tschernobyl in der Ukraine. Damals explodierte ein Atomreaktor, und eine Wolke, die radioaktive Teilchen enthielt, breitete sich rund um das Kraftwerk aus. Teile dieser Wolke wurden tausende Kilometer weit getrieben und schufen fast überall in Europa Probleme für die Menschen, auch dann, wenn sie in großer Entfernung vom Unglücksort wohnten.

Es hat nicht nur in Russland bereits mehrere schwerwiegende Unfälle gegeben (der letzte große Unfall, bei dem zig Menschen verstrahlt wurden, passierte 1999 im japanischen Tokaimura), sondern auch etliche »Beinah-Unfälle« in anderen Ländern. Das hat dazu geführt, dass die meisten Menschen Atomkraftwerken eher skeptisch gegenüberstehen. Es ist unmöglich, neue Atommeiler zu bauen, ohne dass es große Protestaktionen gibt. Hinzu kommt, dass wir für die Entsorgung des Atommülls noch keine Lösung gefunden haben. Deshalb haben die Wissenschaftler ihr Interesse inzwischen auf andere Energiequellen gerichtet. Was die neuen Energiequellen von den alten unterscheidet, ist die Tatsache, dass sie keine Materialien »verbrauchen«. Sie sind nicht auf begrenzte Reserven wie Kohle, Öl oder Uran angewiesen.

Falls sich das Klima im 21. Jahrhundert verschlechtert, kann die Atomenergie wieder verstärkt zum Einsatz gelangen. Schnelle Brüter sind viel leistungsfähiger als normale Atomkraftwerke. Während in einem der üblichen Reaktoren nur ein Prozent der Uranenergie genutzt wird, werden in einem Brutreaktor fünfundsiebzig Prozent ausgeschöpft. Das Problem ist allerdings, dass dabei hochgiftiges Plutonium produziert wird, das außerdem leicht zum Bau von Atomwaffen verwendet werden kann.

## Erneuerbare Energien

Erneuerbare Energien basieren auf natürlichen Ressourcen, die nicht zur Neige gehen, solange es Leben auf der Erde gibt. Die meisten erneuerbaren Energien greifen indirekt auf die Sonne zurück. Ein Beispiel ist Wasserenergie. Wasserkraftwerke werden von fließendem Wasser betrieben. Das Wasser strömt durch Turbinen, die wiederum Generatoren antreiben und dadurch elektrischen Strom erzeugen. In der Regel stammt das Wasser von einem künstlichen See, den man durch das Aufstauen eines Flusses angelegt hat.

Wellenenergie ist eine alternative Energiequelle, über die bereits viel geforscht wurde. Man kann Turbinen bauen, die die Wellenbewegung ausnutzen, aber bislang gibt es nur wenige Wellenkraftwerke.

Je weiter man ins Erdinnere vordringt, desto heißer wird es. Diesen Umstand macht man sich bei der Erzeugung von geothermischer Energie (Erdwärmeenergie) zu Nutze. In Ländern mit hoher geologischer Aktivität (vielen Vulkanen und Erdbeben) wird die Erdwärme bereits dicht unter der Oberfläche spürbar, wodurch sie sich leichter ausnutzen lässt. Island, Italien, Japan und die USA setzen sehr auf diese Energieform. Das Erdinnere ist aufgrund der Strahlung radioaktiver Stoffe sehr heiß und diese Energiequelle hält noch Milliarden Jahre vor.

Das Wasser hinter der Staumauer wird nie versiegen, weil die Flüsse immer wieder Nachschub liefern. Die Flüsse ihrerseits werden von Niederschlägen gespeist. Niederschläge kommen aus den Wolken. Wolken entstehen, wenn die Sonne Wasser und Land erhitzt. Somit können wir sagen, dass Wasserkraftwerke indirekt von Sonnenenergie betrieben werden. Wasserkraftwerke können noch Milliarden Jahre funktionieren. Das Beispiel Wasserkraft zeigt aber auch, dass erneuerbare Energien nicht ganz unproblematisch sind. Wenn Flüsse aufgestaut werden, kommt es zu Veränderungen und schwerwiegenden Folgen in der Natur.

Trotzdem glauben viele Wissenschaftler, dass wir auch künftig noch weitere Flüsse aufstauen werden. Dies gilt zum Beispiel für große Flüsse in Afrika und Asien. Für die wirtschaftliche Entwicklung eines armen Landes kann der Bau eines großen Wasserkraftwerks von entscheidender Bedeutung sein. Da ist es schwierig, Rücksicht auf Schäden zu nehmen, die das Kraftwerk der Natur zuführt.

Viele glauben, dass auch *Bioenergie* im nächsten Jahrtausend eine Rolle spielen wird. Das ist eine Energieform, bei der durch das Verbrennen natürlicher Stoffe – Biomasse – Energie erzeugt wird. Das Verbrennen von Holz ist eine Form der Bioenergie, die in armen Ländern ziemlich verbreitet ist. In einem afrikanischen Dorf kann die Entfernung bis zur nächsten Stromleitung sehr groß sein und die Menschen erzeugen die Energie zum Kochen selbst, indem sie Zweige und Holzscheite verbrennen. Die Verwendung dieser Brennmaterialien ist einer der Gründe für das Abholzen der Wälder in Afrika.

Ein Teil der zukünftigen Bioenergie muss wohl durch das Verbrennen von Holz gewonnen werden, dabei sollten jedoch nicht noch weitere Urwälder abgeholzt werden, sondern schnell wachsende Bäume, die eigens zur Energiegewinnung angepflanzt werden. Auch andere Pflanzen können als Biobrennstoff dienen. In vielen europäischen Ländern wurden Versuche mit Raps gemacht, einer kleinen Pflanze mit gelben Blüten. Raps enthält ein Öl, das Dieselkraftstoff ersetzen kann. In Europa gibt es schon etliche tausend Fahrzeuge, die problemlos mit Rapsöl fahren.

Bioenergie gibt es auch in Form von Gasen. Wenn menschlicher und tierischer Abfall verfault, entstehen große Mengen Methan. Wir können Energie gewinnen, indem wir dieses Gas verbrennen. So können Müllhalden in Zukunft zu wichtigen Energiequellen werden.

Der größte Vorteil von Biobrennstoffen besteht darin, dass sie fossile Brennstoffe ersetzen können, ohne den Treibhauseffekt zu verstärken. Wenn wir ständig dafür sorgen, als Ersatz für die verwendeten Pflanzen neue anzubauen, werden die neuen Pflanzen das Kohlendioxid aufnehmen, das beim Verbrennen der Pflanzen entsteht.

In diesem Leben gibt es jedoch nichts geschenkt, und so hat auch die Bioenergie ihre Nachteile. Biobrennstoff kann beim Verbrennen nämlich ebenfalls Schadstoffe erzeugen, aber das größte Problem ist der Platzmangel. Pflanzen brauchen viel Platz. Es wird schwierig sein, für Bäume und Rapsäcker zur Energiegewinnung im 21. Jahrhundert noch genügend fruchtbaren Boden zu finden, wenn die Welt von Nahrungsmangel bedroht ist (vgl. S. 69–72).

In den letzten Jahren hat aber eine neue Energiequelle buchstäblich Aufwind bekommen. Es geht um Windkraftwerke. Ein modernes Windkraftwerk besteht aus einem großen Propeller, einem Windrad, das an einen elektrischen Generator angeschlossen ist. Wenn Wind weht, drehen sich die Rotorblätter und erzeugen Strom. Moderne Windräder sind riesengroß mit Rotorblättern von zwanzig oder mehr Metern Länge. Ein solches Windrad kann für zwanzig bis dreißig moderne Haushalte Strom liefern.

Das Windrad hat zahlreiche Vorteile. Es kommt zu keinem Schadstoffausstoß und solange es auf der Erde Wind gibt, können wir immer weiter elektrische Energie erzeugen. Wissenschaftler haben ausgerechnet, dass es möglich ist, den größten Teil des Energiebedarfs in Europa durch Windenergie zu decken. Deshalb baut man bei uns neuerdings auch verstärkt auf Windkraft. Dänemark könnte man als »die Heimat der Windräder« bezeichnen. Die Hälfte aller Windräder, die in den Neunzigerjahren hergestellt wurden, kommt aus Dänemark und im Jahr 2000 stammte ein Zwanzigstel des elektrischen Stroms in Dänemark aus

Biogas kann man auch auf einem Bauernhof herstellen. Aus Tierexkrementen und Pflanzenresten lässt sich Methan gewinnen, das sofort verbrannt werden kann, um die Gebäude zu heizen.

1998 verbrauchte der europäische Durchschnittsbürger achtzigmal mehr Energie als ein Mensch in einem armen afrikanischen Land. In Europa stammt der größte Teil der Energie aus Kraftwerken, in Afrika wird die meiste Energie von offenen Holzfeuern bezogen.

*»Windparks« sind ein zunehmend vertrauterer Anblick.*

Eine große Windturbine produziert ausreichend Energie, um mehr als dreihundert europäische Haushalte mit Strom zu versorgen. Weil Strom in den meisten Ländern ansonsten aus Kohlekraftwerken kommt, wird der Kohlendioxidausstoß in die Atmosphäre durch ein Windrad um 1200 Tonnen pro Jahr verringert. In Carno in Wales befindet sich Europas größter »Windpark«, der 20 000 Menschen mit Strom beliefert.

dortigen Windkraftanlagen. Wenn die Entwicklung so weitergeht, kann im Jahr 2030 in Dänemark die Hälfte des elektrischen Stroms durch Windkraft erzeugt werden.

Eins der wenigen Probleme von Windkraftwerken ist, dass sie Platz brauchen. Zwischen den einzelnen Windrädern muss genügend Abstand sein, damit sie möglichst effektiv Energie erzeugen. Ein großer »Windpark« nimmt deshalb ziemlich viel Fläche ein. Allerdings brauchen die Windräder auf dem Boden nur wenig Platz, weil sie auf einer Betonsäule stehen, die tief in die Erde ragt. Insofern kann man sie gut auf Weideflächen aufstellen, wo Schafe und Kühe problemlos unter den rotierenden Propellern grasen können.

Außerhalb Europas werden allerdings wesentlich weniger Windräder aufgestellt. In den USA und Japan setzt man auf andere Energiequellen und für ärmere Länder sind Windkraftwerke immer noch viel zu teuer. Wir dürfen auch nicht vergessen, dass Windräder nur dort sinnvoll sind, wo es reichlich Wind gibt. Große Teile der Erde werden deshalb andere Energiequellen brauchen.

# Sonnenenergie

Tag für Tag erhält die Erde von der Sonne 200 000-mal mehr Energie, als wir Menschen täglich verbrauchen. Daraus können wir schließen, dass wir auf der Erde eigentlich keinen Energiemangel haben dürften. Es gibt für die Zukunft ausreichend Energie, wenn wir nur lernen, sie richtig zu nutzen.

Es gibt schon viele Möglichkeiten, die Energie der Sonnenstrahlen nutzbar zu machen. Eine einfache Methode besteht darin, das Sonnenlicht zum Erwärmen von Wasser einzusetzen, wofür wir sonst Öl oder elektrischen Strom verwenden.

Etwas anspruchsvoller sind Solarzellen. Solarzellen sind flache Platten, die aus dem Grundstoff Silizium (Kieselerde) hergestellt werden und elektrischen Strom produzieren, sobald Licht auf sie fällt. Solarzellen haben viele Vorteile. Sie geben keinerlei Schadstoffe ab, sind leicht zu handhaben und zuverlässig. Allerdings sind Solarzellen in der Anschaffung und Installation immer noch teuer. Ärmere Länder können sie nicht bezahlen und in den reicheren Ländern ist die Energie aus Kraftwerken immer noch billiger als der Strom aus den Sonnenkollektoren. Sonnenkollektoren brauchen viel Platz. Das bedeutet, dass man sie an dicht besiedelten Orten kaum einsetzen kann. Da Sonnenkollektoren aus flachen Platten bestehen, kann man sie aber an Gebäudeteilen anbringen, die sonst für nichts anderes gebraucht werden, zum Beispiel auf Dächern und an Wänden. In Japan oder in der Schweiz versucht man so viele »Sonnendächer« wie möglich zu bauen. Dächer können künftig zu einer unserer wichtigsten Energiequellen werden.

In den USA haben die Behörden das Projekt »Eine Million Sonnendächer« ins Leben gerufen. Geplant ist, bis zum Jahr 2010 eine Million Betriebe und private Haushalte mit Solarzellen auf den Dächern auszustatten. Wird das Ziel erreicht, können die USA im Jahr 2010 fünf große Kohlekraftwerke einsparen. Das wiederum würde den Ausstoß großer Mengen Kohlendioxids oder anderer Schadstoffe vermeiden.

In den Siebzigerjahren haben viele Wissenschaftler vorgeschlagen, riesige Sonnenkraftwerke im Weltall zu errichten. Dort ist die Sonne nie wolkenverhangen, wodurch es zu einer maximalen Ausnutzung der Sonnenenergie käme. Aus den Plänen ist jedoch niemals etwas geworden, unter anderem wohl deshalb, weil es sehr teuer ist, derartige Kraftwerke zu bauen und zu unterhalten.

Die meisten Menschen sind für die Nutzung der Sonnenenergie, nicht nur deshalb, weil sie umweltfreundlich ist, sondern auch weil sie den Menschen von den großen Kraftwerksbetreibern unabhängiger macht.

In sonnenstarken Zeiten können Hausbesitzer mit Sonnenkollektoren *mehr* Strom erzeugen, als in ihrem Gebäude gebraucht wird. Dann lässt sich der überschüssige Strom in das große Stromnetz einspeisen, das Energie an alle Haushalte liefert. Nach einem sonnenreichen Sommer erhält der Hausbesitzer dann von der Stromgesellschaft eine Rückzahlung für den Strom, den die Sonnenkollektoren den Sommer über ins große Netz eingespeist haben.

Wir wissen, dass das funktionieren kann, weil Ansätze dieser Art erfolgreich waren. Ein Beispiel ist das Dorf Xcalac in einem entlegenen Gebiet der Halbinsel Yukatan in Mexiko. Jahrelang hat die Stadt ihren gesamten elektrischen Strom aus dieselbetriebenen Generatoren bezogen. Die nächste Stromleitung war hundertzehn Kilometer entfernt und die Einwohner konnten es sich nicht leisten, die Stadt an das ferne Stromnetz anzuschließen. Aber Dieselkraftstoff ist ebenfalls teuer und motorbetriebene Generatoren sind sehr laut und verschmutzen die Umwelt. Deshalb beschlossen die Einwohner, Sonnenkollektoren und Windturbinen zu installieren, um die Dieselenergie weitestgehend zu ersetzen.

Die Einwohner wurden von den mexikanischen Behörden unterstützt und installierten sechs Windmühlen, 234 Sonnenkollektoren und 36 Batterien. Das war einfach und zugleich billiger, als eine Stromleitung bis in die Stadt zu verlegen. Tagsüber wird nun der größte Teil der Energie aus Sonnenkollektoren gewonnen. Nachts ist es in dieser Region sehr windig, dann werden die Windmühlen zum wichtigsten Energielieferanten. Überschüssige Energie wird in Batterien gespeichert. Es kommt aber auch vor, dass der Wind viele Tage lang ausbleibt und die Sonne nur wenig scheint. Dann kann der alte Dieselgenerator noch immer den Strombedarf decken.

Das größte Problem für alle, die sich in den Neunzigerjahren für erneuerbare Energien einsetzten, war, dass die aus fossilen Energiequellen gewonnene Energie billiger ist. Solange es für die meisten Menschen einfacher und preiswerter ist, ihren Strom aus Kraftwerken zu beziehen, werden es erneuerbare Energien weiterhin schwer haben sich durchzusetzen.

Wenn das Öl aber knapper wird, lohnt es sich wahrscheinlich, auf erneuerbare Energien zu setzen. Deshalb wird im Jahr 2050 ganz sicher ein großer Teil des Energiebedarfs auf der Erde von erneuerbaren Energiequellen gedeckt werden.

Der Nachteil von Solarzellen ist, dass sie in sonnenarmen Ländern, zum Beispiel im hohen Norden, wenig Energie erzeugen. Das Sonnenlicht dort ist schwach und im Winter ist es sogar tagsüber weitgehend dunkel. Umgekehrt brauchen aber gerade dort die Menschen viel Energie, um ihre Häuser warm zu halten.

Doch die Natur hat es nun einmal so eingerichtet, dass es auch Regionen mit viel Sonnenschein gibt. Das sind zum Beispiel die Wüstengebiete und Einöden in Afrika, dem Nahen Osten und Asien. Hier ist das Wetter oft klar und die Sonne scheint das ganze Jahr über ziemlich stark. In der gleichen Region gibt es einige der ärmsten Länder unserer Erde. Insofern besteht die merkwürdige Situation, dass die ärmsten Menschen der Welt zwar mit Sonnenlicht reich beschenkt werden, aber nicht das Geld haben, Sonnenkraftwerke zu bauen, die diesen Reichtum nutzen könnten.

Doch wenn das Öl teurer wird, kann es sein, dass bald in den Ländern nahe des Äquators Sonnenkraftwerke gebaut werden. Die Energie dieser Kraftwerke kann an die energiehungrigen Länder im Norden verkauft werden und den Sonnenländern eine solide Einnahmequelle bescheren, die niemals zur Neige geht und zudem der Umwelt nicht schadet. Sonnenkraftwerke werden auch viele neue Arbeitsplätze schaffen, woran es gerade in den armen Ländern fehlt.

Die Energie der Sonnenkraftwerke im Süden kann mithilfe von Stromleitungen nach Norden transportiert oder zur Wasserstoffherstellung verwendet werden. Aus elektrischem Strom und Wasser kann man Wasserstoff erzeugen.

Bei normalen Temperaturen ist Wasserstoff ein Gas. Aber wenn man ihn auf −250 Grad abkühlt, wird er flüssig und kann mithilfe großer Tankschiffe transportiert werden, genauso wie heute Öl.

Der große Vorteil ist, dass man Wasserstoff in Motoren »verbrennen« kann. Wasserstoff lässt sich ähnlich wie Benzin in einen Tank füllen. Aber alles, was ein Wasserstoffmotor ausstößt, ist Wasserdampf. Wasserstoff verbrennt nämlich, indem er sich mit dem Sauerstoff der Luft verbindet und Wassermoleküle bildet. Wasserstoff lässt sich überall dort einsetzen, wo wir heute Benzin verwenden, zum Beispiel in Autos, Booten, Flugzeugen und auch in Kraftwerken.

## Eine ringförmige Sonne

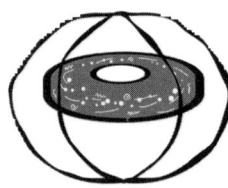

Viele Wissenschaftler bezweifeln jedoch, dass erneuerbare Energien in Zukunft ausreichend Strom spenden werden. Auch wenn wir fleißig Strom einsparen, Bäume anpflanzen, Windräder und Sonnenkraftwerke bauen, ist es nicht sicher, dass unser enormer Energiebedarf gedeckt werden kann, vor allem, wenn man bedenkt, dass wir nicht nur für diejenigen Energie erzeugen müssen, die heute leben. Im Jahr 2050 müssen wir ja für doppelt so viele Menschen Energie bereitstellen. Und wenn dann auch in den ärmeren Ländern der Lebensstandard gestiegen sein sollte, wird sich der Energieverbrauch vervielfachen.

Es kann passieren, dass wir bald effektivere Energiequellen benötigen. Wissenschaftler arbeiten zur Zeit daran, auf ganz andere Weise »Sonnenenergie« herzustellen, nämlich indem sie nachahmen, was sich im Innern der Sonne abspielt, wenn sie ihre Sonnenstrahlen erzeugt.

Die Sonne ist ein gigantischer, glühender Gasball, der im Großen und Ganzen aus den chemischen Elementen Wasserstoff und Helium besteht. Alle chemischen Elemente setzen sich aus Atomen zusammen. Das sind winzige Teilchen, in deren Innerem sich jeweils ein Kern befindet, der so genannte Atomkern. Sonnenenergie entsteht, wenn die Kerne des Wasserstoffs zu Heliumkernen verschmelzen. Wenn vier Wasserstoffkerne zusammentreffen, vereinen sie sich zu einem Heliumkern.

Beim Verschmelzen geschieht jedoch noch mehr: Energie wird freigesetzt. Diesen Prozess nennt man *Fusion*, in Anlehnung an das lateinische Wort für »Verschmelzung«. Pro Sekunde verschmelzen im Innern der Sonne sechshundert Millionen Tonnen Wasserstoff zu Helium. Die Energie, die in der Sonne entsteht, nehmen wir auf der Erde als Sonnenlicht wahr.

Es ist uns durchaus schon gelungen, Atomkerne miteinander zu verschmelzen. Wenn eine Wasserstoffbombe explodiert, kommt die dabei auftretende Energie größtenteils durch die Fusion des Wasserstoffs zu Stande. Diesen Vorgang aber in einem Fusionskraftwerk kontrolliert in Gang zu setzen, hat sich als erstaunlich schwierig erwiesen. Seit den Fünfzigerjahren versuchen Wissenschaftler, Wasserstoffkerne zum Verschmelzen zu bringen, ähnlich den Vorgängen in der Sonne. Enorme Geldsummen wurden in den Bau von Versuchskraftwerken investiert, ohne dass es jemandem gelungen wäre, Fusionsenergie zu erzeugen.

Das lässt sich leichter begreifen, wenn wir bedenken, dass es einer unglaublich hohen Temperatur bedarf, um Wasserstoffkerne zum Verschmelzen zu bringen. Der Wasserstoff muss auf hundert Millionen Grad erhitzt werden, damit Energie entsteht. Wenn aber der Wasserstoff so heiß wird, ist es unmöglich, ihn in festen Stoffen einzuschließen, die nicht schmelzen würden.

Wie ist es überhaupt möglich, Fusionen hervorzurufen? Es gelingt, weil das heiße Gas auch magnetische Eigenschaften hat. Man verwendet Magnetspulen, die sehr starke magnetische Felder erzeugen. In dieser so genannten »magnetischen Flasche« können die Fusionsgase eingeschlossen werden. Die Forschungsergebnisse haben gezeigt, dass eine effektive magnetische Flasche ringförmig ist. In der Fachsprache heißt dieser Ring »Torus«. Russische Wissenschaftler haben die Torus-Form entwickelt. Die Fusionsreaktoren dieses Typs werden »Tokamak« genannt.

Es bedarf großer Mengen an Energie, um das Gas zu er-

Eine der größten Energiereserven der Zukunft liegt im Energiesparen. Die Glühbirne in meiner Schreibtischlampe benötigt nur ein Fünftel der Energie, die normale Glühbirnen verbrauchen. Auf die Lebensdauer der Glühbirne umgerechnet, wird dabei die Menge Energie eingespart, die dem Ausstoß einer Tonne $CO_2$ in einem Kohlekraftwerk entspricht. Mit der eingesparten Energie könnte ein Auto 1500 Kilometer zurücklegen. Viele Wissenschaftler sind der Ansicht, dass wir unsere Energiequellen viermal so gut nutzen könnten, wenn wir veraltete Geräte durch neue ersetzen würden.

hitzen und in dem Tokamak gefangen zu halten. Der Sinn eines Fusionskraftwerks besteht nun darin, dass es mehr Energie erzeugt, als die Aufrechterhaltung der Fusion erfordert. Bis zum Erscheinungsdatum dieses Buches hat das noch kein Tokamak geschafft.

Fusionskraftwerke zu entwickeln, kostet so viel Geld, dass es sich nur die reichen Länder leisten können. Aber auch kein einziges reiches Land hat genug Geld, um allein solch ein Kraftwerk zu errichten. Im Moment sieht es so aus, dass selbst Gemeinschaftsprojekte von mehreren Staaten nicht zu finanzieren sind. Inzwischen steht fest, dass die so genannte ITER-Fusionsanlage, die ein Jahrzehnt lang von amerikanischen, japanischen und europäischen Wissenschaftlern geplant wurde, nicht gebaut wird. Die USA sind aus dem Projekt ausgestiegen, da der Kongress die notwendigen finanziellen Mittel nicht bewilligt hat. Daran sieht man, wie ungewiss auf diesem Forschungsgebiet Prognosen für die ferne Zukunft sind. Dennoch bleibt der Fusionsreaktor eine Hoffnung für die Welt. Denn im Gegensatz zu den erneuerbaren Energiequellen, die von Wind und Wetter abhängig sind, können wir mit Fusionskraftwerken so viel Energie erzeugen, wie wir wollen.

Den benötigten Rohstoff gibt es in ausreichender Menge, nämlich als gewöhnliches Meerwasser. Im Wasser befinden sich die Atome, die wir für eine Fusion brauchen. Aus einem Liter Meerwasser kann ein Fusionskraftwerk genauso viel Energie gewinnen, wie beim Verbrennen von dreihundert Liter Öl frei wird. Es gibt genug Wasser auf der Erde, um über Millionen Jahre Fusionskraftwerke zu betreiben. Fusionskraftwerke setzen keine Treibhausgase frei und die angewandte Technik ist relativ sicher. In einem Fusionskraftwerk können Störfälle, wie wir sie in Tschernobyl erlebt haben, nicht passieren.

Wenn die Wissenschaftler mit dem geplanten Supertokamak Erfolg haben, ist es möglich, dass die ersten Fusionskraftwerke in vierzig oder fünfzig Jahren in Betrieb genommen werden. Bis dahin sind dann hundert Jahre vergangen, seit die Wissenschaftler anfingen, sich mit dieser Energiequelle zu beschäftigen.

Aber bevor es so weit ist, werden wir sicher noch heftige Auseinandersetzungen erleben, denn natürlich hat auch die Fusionskraft Nachteile. Wenn Wasserstoff zu Helium verschmilzt, kommt es im Tokamak zu radioaktiver Strahlung. Deshalb muss das Kraftwerk mit dicken Mauern abgeschirmt werden, und in der Umgebung des Fusionsrings können nur Roboter arbeiten. Wenn ein Fusionskraftwerk stillgelegt wird, werden die Schutzmauern noch lange danach radioaktiv verstrahlt sein.

Zwar ist es möglich, Fusionskraftwerke zu bauen, in denen nur wenig Strahlung entsteht, doch die meisten Wissenschaftler bezweifeln, dass das in den nächsten Jahrhunderten gelingt. Aber jeder spätere Zeitpunkt wäre zu spät, um uns aus der drohenden Energiekrise zu retten.

Wenn wir irgendwann einmal zwischen der Fusionsenergie und anderen Energiequellen wählen müssen, wird sicherlich debattiert werden, wie sich die Gesellschaft entwickeln soll. Zwischen einer Gesellschaft, die ihre Energie aus Tokamaks bezieht, und einer, die von Windrädern und Sonnenkraftwerken Energie erhält, gibt es Unterschiede. Bei der Fusionsenergie kann der Energiebedarf eines Landes mit einer Hand voll Kraftwerken gedeckt werden, die entweder dem Staat oder großen Firmen gehören, wählen wir jedoch erneuerbare Energiequellen, werden wir eine Gesellschaft mit Millionen kleiner Kraftwerke bekommen, die jeweils im Besitz von Privatpersonen oder kleineren Gruppen sind.

Eine Gesellschaft, die auf Fusionsenergie setzt, wird Ähnlichkeit mit der heutigen Gesellschaft haben. Wir werden weiterhin sehr viel Energie verbrauchen und von komplizierter Technik abhängig sein. Eine Gesellschaft, die auf alternative Energiequellen setzt, also Wind und Sonnenkraft, muss mit weniger Energie auskommen als heute. Energiesparen und Vorausplanung werden eine größere Rolle spielen, dafür könnten wir aber sehr viel weniger von Technik abhängig sein.

## Lassen sich schwarze Löcher zähmen?

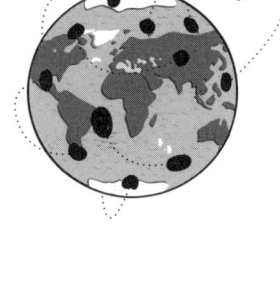

Selbst wenn wir niemals Fusionsenergie verwenden sollten, wird sie notwendig werden, sobald wir uns ins Weltall begeben. Im Weltall gibt es weder Wasser noch Wind. In Erdnähe könnte ein Raumschiff mit Solarzellen ausgestattet werden, aber wenn wir uns weiter von der Sonne entfernen, wird das Sonnenlicht zu schwach, als dass Solarzellen noch ausreichend Energie liefern würden.

Für lange Weltraumflüge und die Besiedlung ferner Planeten bedarf es anderer Energiequellen. Heute benutzt man in Raumsonden häufig Atomreaktoren. Später könnte sich im Weltall die Fusionsenergie durchsetzen. Das Sonnensystem ist voller Himmelskörper, von Monden bis zu Kometen, die Wasserstoff enthalten. Die größten Brennstoffreserven für Fusionskraftwerke liefert der Planet Jupiter mit einer enormen Atmosphäre, die fast ausschließlich aus Wasserstoff besteht. Eines Tages können wir auf dem Jupiter möglicherweise eine Art »Wasserstoff-Bergbau« betreiben.

Es waren Astronomen, die entdeckt haben, wie wir durch Fusion Energie erzeugen können. Und es waren

*So sieht ein schwarzes Loch aus, wenn man es sich von einem nahe gelegenen Planeten aus anschaut.*

ebenfalls Astronomen, die vorgeschlagen haben, wie wir auf noch effektivere Weise Energie gewinnen können. Weit draußen im Universum können wir Explosionen beobachten, die so gewaltig sind, dass sie genauso viel Energie erzeugen, wie von einer ganzen Galaxie mit Milliarden Sternen ausgestrahlt wird. Die ausgesandte Energie kommt von Orten, die kaum größer sind als unser Sonnensystem.

Vermutlich gehen die Explosionen auf *schwarze Löcher* zurück. Schwarze Löcher sind extrem verdichtete Himmelskörper. Bestimmte Arten von Sternen können zu schwarzen Löchern werden. Wenn das geschieht, kann ein Stern mit einem Durchmesser von mehreren Millionen Kilometern so zusammenschrumpfen, dass er nur noch wenige Kilometer misst. Wenn der Stern schrumpft, vergrößert sich die Schwerkraft auf seiner Oberfläche. Bei einem schwarzen Loch ist die Anziehungskraft so groß, dass das Licht nicht mehr entweichen kann. Genau deshalb nennt man es schwarzes Loch.

Wir wissen, dass viel Energie freigesetzt wird, wenn Materie in ein schwarzes Loch gerät. Das ist vermutlich auch der Grund dafür, dass Astronomen am Himmel Explosionen beobachten können. Die Energieausbrüche werden ausgelöst, wenn andere Sterne von einem gigantischen schwarzen Loch verschluckt werden. Das hat einige Wissenschaftler veranlasst, darüber nachzudenken, ob wir schwarze Löcher in Zukunft als Energiequellen nutzen könnten.

Schwarze Löcher gibt es in allen Größen. Die, die wir von der Erde aus wahrnehmen können, haben mindestens die Größe von Sternen. Schwarze Löcher dieser Größenordnung sind in der Lage, die ganze Erde zu verschlucken, und es ist wohl äußerst riskant, sie als Energiequelle zu nutzen.

Aber der britische Astrophysiker Stephen Hawking (geb. 1942) ist der Meinung, dass das Universum voller kleiner schwarzer Löcher ist, die nur einen Durchmesser von wenigen Metern oder Zentimetern haben. Diese Löcher wären weniger riskant. Wenn wir ein solches schwarzes Loch finden würden, könnten wir Materie hi-

Es könnte sein, dass schwarze Löcher Tore zu anderen Universen sind. Falls das zutrifft, könnte der Müll, den wir in ein schwarzes Loch in unserem Universum werfen, in ein anderes Universum gelangen. Wer weiß: Vielleicht sind einige der merkwürdigen Explosionen, die wir in unserem Universum beobachten, auf »Abfall« aus anderen Universen zurückzuführen, der aus den schwarzen Löchern kommt?

neinfallen lassen und die Energie, die dabei entsteht, nutzen. Und es spielt dabei überhaupt keine Rolle, welche Art von Materie wir hineinwerfen. Es wird so oder so Energie freigesetzt. Wir könnten unseren ganzen gefährlichen Abfall in das Loch werfen und heraus käme reine Energie. Ein schwarzes Loch kann gleichzeitig Müllkippe und leistungsfähiges Kraftwerk sein.

Es wird jedoch schwierig sein, ein schwarzes Loch zu finden, und es wird noch schwieriger sein, es so zu »zähmen«, dass es genutzt werden kann. Aber es ist gut möglich, dass Menschen in sehr ferner Zukunft an einem Ort Energie brauchen, der weitab von allen Sternen und Wasserstoffvorkommen liegt. In diesem Fall könnte sich ein gezähmtes schwarzes Loch als kluge Lösung erweisen.

# 6   Die Nahrungsmittelkrise

Jedes Jahr müssen wir zwanzig Millionen Tonnen mehr Getreide und Reis anbauen als im Vorjahr, um die wachsende Erdbevölkerung zu ernähren. Nutzpflanzen brauchen Erde, was bedeutet, dass wir auch mehr Ackerboden benötigen. Wissenschaftler haben ausgerechnet, dass wir bis zum Jahr 2010 rund neunzig Millionen Hektar neues Ackerland benötigen, um Lebensmittel für alle neu hinzugekommenen Menschen zu erzeugen. Das ist ein Gebiet von der Größe Frankreichs. Die Frage ist, ob es auf der Erde noch so viel fruchtbares Ackerland gibt. Wälder abzuholzen ist selten eine geeignete Lösung, da der Waldboden sich meist nicht für die Landwirtschaft nutzen lässt. Guter Mutterboden findet sich meist in flacheren Gegenden, die auch zum Bau von Häusern, Straßen, Flughäfen und anderem gebraucht werden. Bauern konkurrieren mit vielen anderen gesellschaftlichen Interessengruppen um den Boden.

Zudem ist der Boden auch noch im Begriff, einer *Bodenerosion* zum Opfer zu fallen. Viele Pflanzen halten die Erde mit ihren Wurzeln fest. Wird Wald gerodet oder Gras von Viehherden abgeweidet, kann sich der Mutterboden lösen und vom Wind weggeweht oder vom Regen weggespült werden. Der indische Fluss Ganges ist ein Beispiel dafür. Zu manchen Jahreszeiten hat er eine gelbbraune Farbe, die von weggeschwemmtem Mutterboden aus den Bergen Nepals stammt. In diesem armen Land muss die Bevölkerung Wälder abholzen, um Brennmaterial zu bekommen. Sind die Bäume aber weg, wird die Erde vom Regen fortgespült und landet im Ganges. Die Bodenerosion macht die nepalesischen Bauern noch ärmer.

Auch wenn zu viele Kühe das Gras in einer Gegend abweiden, kann es zur Erosion kommen, was zur Folge hat, dass sich fruchtbare Erde in karges Land verwandelt. Heute

Man benötigt tausend Tonnen Wasser, um eine Tonne Getreide anzubauen. Länder, in denen Wassermangel herrscht, können sehr gut Wasser sparen, indem sie im Ausland Getreide kaufen. Aber in Zukunft muss sich das ändern. Nicht alle Länder können Getreide nur importieren.

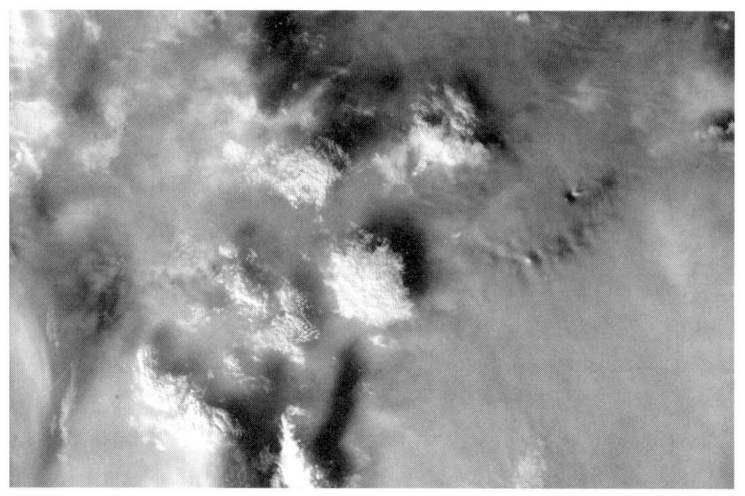

*Ende der Neunziger-jahre wüteten riesige Waldbrände im asiatischen Regenwald. Dieser Waldbrand wurde von einer Raumfähre aus aufgenommen.*

gibt es weltweit über eine Milliarde Rinder, Schafe und Ziegen. In Teilen Afrikas bringt das Vieh schon seit langem Probleme mit sich. Viele Volksstämme in Afrika leben traditionsgemäß von der Viehzucht. Wenn die Bevölkerung wächst, werden auch die Viehherden größer. Grasflächen werden abgegrast und die Erde trocknet aus.

Gleichzeitig sind viele Bauern von Wassermangel bedroht. Unsere Nutzpflanzen können ohne ausreichend Süßwasser nicht wachsen und Süßwasser ist eine Ressource, die ständig weniger wird. Viele der ergiebigsten landwirtschaftlichen Nutzflächen auf der Welt werden mit *Grundwasser* gewässert. Grundwasser ist Wasser, das unter der Erdoberfläche lagert und von Regenwasser gespeist wird, das im Boden versickert.

Weltweit gibt es riesige Grundwasserreservoirs, die schon seit langem unter der Erdoberfläche liegen, meist seit der letzten Eiszeit. Dieses *fossile Grundwasser* ist eine wichtige Wasserquelle. Solange wir nicht mehr fossiles Grundwasser verbrauchen, als Regenwasser durch die Oberfläche nachsickert, ist alles in Ordnung. Aber an den meisten Orten ist das heute nicht mehr der Fall. Das fossile Grundwasser wird stärker angezapft, als es aufgefüllt wird, und somit werden die Grundwasservorräte allmählich erschöpft. Saudi-Arabien ist ein Land, das schon jetzt große Grundwasserbestände geleert hat. In Zukunft wird sich das an anderen Orten wiederholen. Was die Wissenschaftler am meisten beunruhigt, ist, dass das Grundwasser im Mittleren Westen der USA bedrohlich abnimmt. Hier wird ein Großteil des weltweiten Getreidebedarfs angebaut.

Die Situation wird natürlich nicht besser, wenn wir auch noch unseren Abfall in Flüsse und Seen kippen. Wir verbrauchen den größten Teil des Süßwassers zum Wässern von Pflanzen, aber wir sind auch abhängig von ausreichend sauberem Wasser zum Trinken, Waschen und Kochen. Der Mangel an sauberem Trinkwasser ist in armen Ländern ein großes Problem. Jährlich sterben Millionen Kinder an Krankheiten, die durch verschmutztes Wasser hervorgerufen werden.

Zu allem Überfluss kommt auch noch die Klimaveränderung hinzu. Kein Mensch weiß genau, was geschehen wird, wenn sich das Klima erwärmt. An manchen Orten kann man vielleicht mehr Nahrungsmittel anbauen als heute, weil ein wärmeres Klima dafür sorgt, dass die Pflanzen mehr Zeit zum Wachsen haben. An anderen Orten werden wir vielleicht ein trockeneres Klima bekommen und deshalb große Schwierigkeiten haben, noch wichtige Nutzpflanzen wie Weizen oder Reis anzubauen. Auch in dieser Hinsicht sorgen sich Wissenschaftler um den Mittleren Westen der USA. Er ist durch die Austrocknung in besonderem Maß gefährdet, weil die Gegend auch früher immer wieder von Dürreperioden heimgesucht wurde. Aber wenn wir die »Kornkammer der Welt« verlieren, bekommen wir das weltweit zu spüren.

Da wir es immer besser verstehen, den Boden effektiv zu nutzen, sind Getreide, Reis und Mais in den letzten fünfzig Jahren stetig billiger geworden. Aber im 21. Jahrhundert wird sich das ändern. Wenn das Ackerland knapp wird, werden die Getreidepreise steigen. Für die Bewohner wohlhabender Länder ist es nicht ganz so entscheidend, ob Brot eine Mark mehr oder weniger kostet, aber für Millionen Menschen, deren Geld ohnehin schon kaum reicht, kann dieser Unterschied lebenswichtig sein. Auch heute schon gibt es in Afrika, Asien und Südamerika Demonstrationen gegen die Lebensmittelpreise.

Wasser gibt die Grenze vor für die Anzahl Menschen, die auf der Erde leben können. Wenn die Wissenschaftler berechnen, wie viel Regenwasser auf die Erde fällt und wie viel davon unterwegs verloren geht, kommen sie zu dem Ergebnis, dass jedem von uns siebentausend Kubikmeter Wasser (sieben Millionen Liter Wasser) pro Jahr zur Verfügung stehen. Diese sieben Millionen Liter sollen für alles reichen, vom Wässern der Pflanzen, die wir essen, über das Trinkwasser bis zum Putzwasser. Die Hälfte der Erdbevölkerung muss mit viel weniger Wasser auskommen.

Demonstrationen dieser Art könnten im 21. Jahrhundert an der Tagesordnung sein. Dann werden wir auch die ersten Hungerkatastrophen erleben, weil auf der Erde nicht mehr genug Nahrungsmittel produziert werden. Nimmt eine solche Katastrophe sehr große Ausmaße an, wird es der restlichen Welt nicht mehr möglich sein, helfend einzuspringen. Wenn es heute irgendwo zu wenig Lebensmittel gibt, können wir die Menschen dort aus riesigen Getreidelagern versorgen. Aber in den letzten Jahren haben diese Vorräte allmählich abgenommen. Ende der Neunzigerjahre wurden die Lebensmittellager, die als Sicherheit für schlechte Erntejahre dienen sollten, immer kleiner.

Es gibt nur eine Chance: Wir müssen das Ackerland, das wir zur Verfügung haben, noch besser nutzen. Das versuchen Wissenschaftler zur Zeit mithilfe der Biotechnologie zu erreichen.

## Biotechnologie

Im Lauf der Jahrhunderte hat der Mensch Pflanzen und Tiere »verbessert«. Wir haben uns die Arten von Getreide, Äpfeln, Kühen und Schafen »ausgesucht«, die unseren Bedürfnissen am ehesten gerecht wurden. Auf diese Weise wurde das Erbgut der Pflanzen und Tiere verändert, die dadurch immer »ergiebiger« wurden. Ein moderner Apfelbaum hat viel größere und süßere Äpfel als die Apfelbäume von früher. Eine moderne Kuh gibt ein Vielfaches an Milch, ein modernes Schaf viel mehr Wolle. Die heutigen Haustiere und Nutzpflanzen haben wenig Ähnlichkeit mit den wilden Tieren und Pflanzen, von denen sie abstammen. Vergleichen wir ein langes, rosafarbenes Mastschwein mit einem kurzen, dunkelbraunen Wildschwein, wird der Unterschied sofort klar.

Wir nennen das *Biotechnologie*. In der Biotechnologie geht es darum, Organismen so zu verändern, dass sie den Bedürfnissen der Menschen entsprechen. Wir wissen seit langem, dass die Biotechnologie Hungerkatastrophen verhindern kann. In den Sechzigerjahren wurde ein internationales Projekt ins Leben gerufen mit dem Ziel, auch in ärmeren Regionen neue Sorten Reis, Mais oder Weizen anzubauen. Das Projekt erhielt den Namen »grüne Revolution«, weil viele glaubten, es würde die Landwirtschaft der ärmeren Länder revolutionieren. »Wunderreis«, eine Reissorte, die viel mehr Reiskörner pro Ähre hervorbrachte und gegen Krankheiten besser geschützt war, wurde daraufhin in weiten Teilen Asiens angebaut.

Die grüne Revolution hatte denn auch zur Folge, dass zum Beispiel Indien hinsichtlich der Ernährung zum Selbstversorger wurde. Ein Land, das vorher unter großem Nahrungsmangel gelitten hatte, war plötzlich in der Lage, Getreide zeitweise sogar ins Ausland zu verkaufen. Aber die grüne Revolution hat auch dazu geführt, dass Bauern von Kunstdünger und Pflanzenschutzmitteln abhängiger wurden als früher. Derlei künstliche Hilfsmittel können in der Natur beträchtlichen Schaden anrichten und an vielen Orten zeigte sich, dass die herkömmlichen Getreidearten der dortigen Umgebung wesentlich besser angepasst waren.

Trotzdem gilt die grüne Revolution als einigermaßen geglückt, so dass viele Wissenschaftler an einer neuen Revolution in der Landwirtschaft arbeiten. Heute bedient man sich modernster verfügbarer Hilfsmittel. Bei der Gentechnologie (vgl. auch S. 197–209) geht es darum, das Erbgut von Pflanzen und Tieren zu verändern. Sobald das Erbgut in einem Organismus erforscht ist, wissen wir, wie der Organismus seine Eigenschaften entwickelt.

Die Gentechnologie kann einer Tier- oder Pflanzenart nun Eigenschaften von anderen Arten verleihen. Das liegt daran, dass die Erbmasse aller Organismen auf der Erde die gleiche »Sprache« spricht. Somit lassen sich zum Beispiel die Gene eines Fischs in das Erbgut einer Pflanze einschleusen. Was in der Natur unmöglich ist, nämlich einen Lachs mit einer Erdbeerpflanze zu »paaren«, ist für Gentechniker kein Problem.

Diese Art von Gentechnologie wurde in den Siebzigerjahren entwickelt, hat aber bis in die Neunzigerjahre hi-

Der bekannteste Wissenschaftler hinter der »grünen Revolution« war der Amerikaner Norman Borlaug (geb. 1914). Er entwickelte neue Mais- und Weizensorten, die einen größeren Ertrag erbrachten und mehr Protein enthielten. Für seine Arbeit wurde Borlaug 1970 mit dem Friedensnobelpreis ausgezeichnet.

nein kaum Anwendung gefunden. 1999 ist es Wissenschaftlern gelungen, einer Flunder, einem Fisch, der große Kälte verträgt, Gene zu entnehmen und sie in Pflanzen einzubauen, um diese kälteverträglicher zu machen. Gene, die beim Menschen das Wachstum auslösen, wurden in das Erbgut eines Fischs eingebaut, damit dieser rascher wächst.

Gentechniker haben auch das Erbgut von Pflanzen verändert, damit sie Angriffen von Käfern, Bakterien, Viren und Pilzen besser standhalten. Sie haben Pflanzen entwickelt, die Pflanzenschutzmittel sehr viel besser vertragen, als das normalerweise der Fall ist. So lassen sich Unkraut und Schädlinge effektiver bekämpfen.

Es gibt auch genmodifizierte (»genveränderte«) Pflanzen mit besonders langer Haltbarkeit. Das erste Beispiel dafür war eine Tomate, die in den Achtzigerjahren in den USA entwickelt wurde. Dass Pflanzen länger haltbar sind, ist von Vorteil, denn viele Lebensmittel verfaulen in Schiffscontainern oder Lastwagen und bis zu einem Drittel aller Nutzpflanzen verdirbt aufgrund von Krankheiten oder durch Insektenfraß, bevor sie den Verbraucher erreichen. Wenn wir die Gentechnologie einsetzen, um zu verhindern, dass Pflanzen verderben, gelingt es uns damit indirekt, die Lebensmittelproduktion auf der Erde zu steigern.

Das wird in Zukunft noch wichtiger sein. Die Wissenschaftler werden Pflanzen entwickeln, die extrem schwierigen Wachstumsbedingungen ausgesetzt werden können, zum Beispiel in den Randgebieten von Wüsten oder hoch oben in Gebirgen, so dass wir Boden urbar machen können, der heute noch als unfruchtbar gilt. Sie können auch Pflanzen hervorbringen, die den Klimaveränderungen des 21. Jahrhunderts angepasst sind. Wenn ein wichtiges landwirtschaftlich genutztes Gebiet von Trockenheit oder zu viel Regen bedroht ist, können die Wissenschaftler entsprechende Nutzpflanzen gewissermaßen so »maßschneidern«, dass sie genau dieses Klima vertragen.

Alle Pflanzen produzieren Energie mithilfe der Fotosynthese. Das ist ein ziemlich ineffektiver Prozess. Einige Genforscher glauben, dass wir »Superpflanzen« hervorbringen können, die Sonnenlicht, Kohlendioxid und

Nährstoffe viel effektiver in Nahrungsmittel umwandeln können. Die Superpflanzen könnten auch mehr Vitamine und andere wichtige Nährstoffe enthalten. Besonders in den ärmeren Ländern ist Proteinmangel in der Ernährung ein großes Problem. Wissenschaftler arbeiten zur Zeit daran, Gene von proteinreichen Erbsen auf Reispflanzen zu übertragen, die zwar weniger Proteine besitzen, aber leichter in großen Mengen anzubauen sind.

Die Gentechnologie kann für die Landwirtschaft der Erde eine viel wichtigere Rolle spielen, als die grüne Revolution sie je besaß – allerdings nur, wenn wir erlauben, dass die Gentechnologie eingesetzt wird. In vielen Ländern stehen aber heute die Menschen der Gentechnologie genauso skeptisch gegenüber wie der Atomkraft. Und es gibt gute Gründe, misstrauisch zu sein.

Eins der größten Probleme der Gentechnologie ist, dass dabei das Erbgut verändert wird. Wenn wir eine neue Pflanze mit besonderen Eigenschaften geschaffen haben, können diese Eigenschaften auch auf andere Pflanzen vererbt werden. Wenn eine genmodifizierte Pflanze auf einem Acker angebaut wird, ist sie von wilden Pflanzen umgeben, die Eigenschaften der neuen Pflanze übernehmen können. Wissenschaftler machen sich vor allem Sorgen bei Nutzpflanzen, denen man Widerstandskräfte gegen Insekten- und Unkrautvernichtungsmittel eingebaut hat. Auf dem Acker wachsen diese Pflanzen Seite an Seite mit Unkraut und es besteht durchaus die Gefahr, dass wir »Superunkraut« erhalten, das genauso widerstandsfähig wird wie die Nutzpflanze.

Wir wissen noch sehr wenig darüber, warum Menschen gegen bestimmte Nahrung allergisch sind und welche Stoffe genau Allergien hervorrufen. Manche Allergieformen sind ziemlich ausgeprägt, zum Beispiel Erdbeerallergien. Wenn ein Teil des Erbguts einer Erdbeere in anderen Pflanzen verwendet wird, ist es möglich, dass Allergiker auch auf die genmodifizierte Pflanze reagieren. Viele Lebensmittel, die wir kaufen, enthalten eine Vielzahl Inhaltsstoffe und wenn eine genmodifizierte Pflanzenart zu diesen Inhaltsstoffen gehört, sollten zum Beispiel Allergiker

Wenn man sich eine Erfindung patentieren lässt, bestimmt man zum Beispiel in Deutschland zwanzig Jahre lang über sie. Firmen, die im Bereich Biotechnologie forschen, melden Patente für genveränderte Organismen an. Viele Menschen sind jedoch der Ansicht, dass Wissenschaftler, wenn sie das Erbgut in einem Organismus verändern, nichts Neues schaffen. Sie machen sich die DNS zu Nutze, die Teil der Natur ist und somit uns allen gehört. Dem halten die Firmen entgegen, dass sie das Patent für die Entdeckung brauchen, um sicherzustellen, dass sie mit ihrer Forschung Geld verdienen.

Die Fischzucht wird in Zukunft eine wichtige Rolle spielen. Fischsorten wie Lachs und Forelle kann man sehr gut züchten, was uns von wildem Fisch unabhängiger macht, dessen Bestände weltweit zurückgehen. Genauso wie damals, als Menschen die ersten Haustiere zähmten, entdecken wir jetzt, dass sich einige Fische leichter zähmen lassen als andere.

auf der Hut sein. Deshalb wird in vielen Ländern gefordert, dass alle Lebensmittel, die genmodifizierte Pflanzen enthalten, gekennzeichnet werden, damit die Leute wissen, was sie kaufen.

Vielleicht ist das größte Problem der genmodifizierten Superpflanzen, dass sie von großen Firmen in reichen Ländern entwickelt werden. Die armen Länder haben nicht das Geld, Pflanzen gentechnisch zu verändern. So können Bauern in Afrika und Asien ganz davon abhängig werden, Samen im Ausland zu kaufen, während sie ihn bisher selbst herstellen konnten. Manche Firmen haben sich einen besonderen Trick einfallen lassen. Sie haben genmodifizierte Pflanzen entwickelt, die nur Pflanzenschutzmittel vertragen, welche von der gleichen Firma hergestellt werden. Deswegen haben viele Menschen Bedenken dagegen, dass nur wenige große Firmen die Kontrolle über die Produktion von Nutzpflanzen haben.

Aber es kann durchaus passieren, dass es den genmodifizierten Lebensmitteln so ergeht wie der Atomkraft, denn jeder von uns kann verhindern, dass diese Technik massiv weiterentwickelt wird. Wenn wir keine genmodifizierten Lebensmittel kaufen, wird die Entwicklung nicht lange weitergehen.

## Vegetarisches Essen und frei lebende Haustiere

Auch wenn wir immer noch mehr als genug Lebensmittel für alle Menschen auf der Erde produzieren, werden sie im Großen und Ganzen doch aufgebraucht. Wenn wir uns fragen, wo sie bleiben, brauchen wir uns nur umzusehen, sobald wir aus dem Haus gehen. In allen wohlhabenden Ländern gibt es Menschen, die viel zu viel essen und deshalb übergewichtig sind. Ende der Neunzigerjahre drohte Übergewicht zu einem der größten gesundheitlichen Probleme der Welt zu werden. Gleichzeitig erhielt aber ein Fünftel der Bevölkerung in den ärmeren Ländern zu wenig lebensnotwendige Nährstoffe.

*Um ein Gramm Getreide zu erzeugen, braucht man einen Liter Wasser.*

Übergewicht bedeutet, dass Menschen mit ihrer Nahrung mehr Energie zu sich nehmen, als der Körper verbrauchen kann. Dann versucht der Körper, die Energie in Form von Fettpolstern für später zu lagern. Übergewicht wird auch dadurch verursacht, dass immer mehr Menschen in den reicheren Ländern ihre Arbeit im Sitzen verrichten, ohne sich ausreichend zu bewegen. Ein Mensch, der sich wenig bewegt, braucht viel weniger Nahrung als jemand, der körperlich harte Arbeit leistet. Auch viele schlanke Menschen essen zwar zu viel, aber sie brauchen den Überschuss an Energie beispielsweise durch Sport wieder auf. Es ist schon ein merkwürdiger Gedanke, dass wir in den reicheren Ländern einerseits Unsummen für Schlankheitskuren und Fitnessstudios aufwenden, andererseits aber gleichzeitig Unsummen für Lebensmittel ausgeben, die uns übergewichtig machen.

Das liegt nicht nur an der Menge, die wir essen, sondern auch an dem, *was* wir essen. In den westlichen Ländern, etwa den USA oder den EU-Ländern, essen wir sehr viele Lebensmittel, die aus Fleisch und Milch bestehen. Das kann gesundheitliche Problem hervorrufen. Forscher haben nachgewiesen, dass der Verzehr von zu viel Fleisch und Milchprodukten zu Krebs und Herzkrankheiten führen kann. Aber es kommt auch einer Verschwendung von Ressourcen gleich. Heute ist es üblich, Schweinen und Rindern Futter zu geben, das aus Getreide und anderen menschlichen Nahrungsmitteln besteht. Der größte Teil der Energie, der sich im Getreide befindet, geht aber verloren, wenn man ihn an Tiere verfüttert. Das liegt daran, dass das Tier selbst Energie zum Leben braucht. Man braucht ganze sieben Kilo Futter, um ein Kilo Rindfleisch zu erhalten.

In Indien und China, wo ein Drittel der Erdbevölkerung lebt, haben die Menschen bis jetzt wenig Fleisch und viel mehr pflanzliche Nahrungsmittel gegessen. In China, weil die Menschen es sich nicht leisten können, Fleisch zu kaufen, in Indien, weil viele einer Religion angehören, die es ihnen verbietet, Rinder zu töten. Dass die Menschen in diesen riesigen Ländern wenig Fleisch verzehren, hat große Auswirkungen auf die Lebensmittelproduktion der Welt. Die pflanzliche Ernährung hat dafür gesorgt, dass die Länder ausreichend Lebensmittel für ihre eigene Bevölkerung produzieren konnten. Aber viele Wissenschaftler beunruhigt, dass die Chinesen immer mehr Geld verdienen. Wir wissen nämlich: Je mehr Geld die Menschen verdienen, umso mehr Fleisch essen sie. Und kein Mensch weiß genau, was passieren wird, wenn mehr als eine Milliarde Chinesen deutlich mehr Fleisch essen. Heute gelingt es China gerade noch, ausreichend Nahrungsmittel für die Menschen und Tiere im eigenen Land zu erzeugen. Die Bevölkerung Chinas wächst aber schnell und falls die Bevölkerung zusätzlich Fleisch isst, kann das rasch zu einem Nahrungsmittelengpass im Land führen.

Immer mehr Menschen in den reicheren Ländern verzichten mittlerweile freiwillig auf Fleisch. Sie fragen sich, ob es *richtig* ist, Tiere zu verzehren. In Großbritannien nahm die Zahl der Vegetarier Ende der Neunzigerjahre stark zu. Das mag auch daran gelegen haben, dass viele Menschen Abscheu empfanden über die Art und Weise, wie Tiere in modernen Farmen ernährt werden und deshalb an Krankheiten wie Rinderwahnsinn (BSE) elend zu Grunde gehen.

Ausreichend Fleisch für fast eine Milliarde fleischhungriger Menschen in Europa, den USA und Japan zu produzieren, hat in der Regel einen hohen Preis. Riesige »Tierfabriken« sind entstanden, in denen Kühe, Schweine oder Hühner unter unwürdigen Bedingungen dahinvegetieren. Sie können sich kaum bewegen und ihr Dasein erinnert in nichts mehr an ein natürliches Leben. Bis zu den Achtzigerjahren waren wenige Menschen darüber beunruhigt, aber seitdem sind Organisationen entstanden, die für die Rechte der Tiere kämpfen und der Meinung sind, dass sie ein Anrecht auf artgerechte Haltung haben.

Zum Beispiel ist es mittlerweile üblich, zwischen Hühnern aus »Bodenhaltung mit Auslauf« oder »Freilandhaltung«, das heißt Hühnern, die frei herumlaufen können, bevor sie geschlachtet werden, und Hühnern aus »Käfighaltung« zu wählen, die in einem kleinen Käfig still sitzen müssen. Man braucht mehr Platz und mehr Futter, um Tiere aufzuziehen, die sich bewegen dürfen. Dadurch wird das Fleisch zwar teurer, aber immer mehr Menschen sind bereit, diesen höheren Preis zu zahlen.

Insgesamt ist Fleisch in den letzten Jahrzehnten billiger geworden, weil auch Getreide billiger geworden ist. Aber wenn Getreide im 21. Jahrhundert teurer wird, wird der Preis für Fleisch wieder ansteigen, vielleicht sogar so stark, dass selbst wir in den reicheren Ländern anfangen, weniger Fleisch zu essen, so dass mehr Getreide für die ärmeren Länder bereitsteht.

Oder es werden vielleicht auch »Ökosteuern« auf Nahrungsmittel erhoben. Es ist heute immer noch so, dass Nahrungsmittel, die auf umweltfreundliche oder artgerechte Weise hergestellt werden, teurer sind als Lebensmittel aus Fabrikherstellung. Das könnte sich in Zukunft ändern. In fünfzig Jahren kann sich vielleicht kaum noch jemand vorstellen, dass es sich der Durchschnittsbürger in den reicheren Regionen der Welt leisten konnte, jeden Tag Fleisch oder Fisch zu essen!

Jäger und Sammler sind wahre Meister darin, die Nährstoffe in der Natur auszunutzen. Die Ureinwohner Australiens haben im Verlauf von fünfzigtausend Jahren gelernt, von dem zu leben, was die Natur zu bieten hat, und sie können jahrelang an Orten überleben, an denen wir in wenigen Wochen verhungern oder verdursten würden.

# Kleine Tiere sind besser als große!

**W**ir wissen seit langem, dass es effektiver ist, kleine Tiere zu halten als große. Man braucht für ein Kilo Hühnerfleisch weniger Getreide als für ein Kilo Rindfleisch. Das liegt unter anderem daran, dass Hühner schnell wachsen. Vom Schlüpfen eines Kükens bis zum Schlachttermin vergehen nur wenige Wochen.

Im Grunde kann man sagen, dass man im Verhältnis mehr Fleisch erhält, je kleiner ein Tier ist. In Asien und Afrika nimmt man diese Regel beim Wort und verzehrt Insekten. Sie enthalten viel Protein, wovon der Mensch leicht zu wenig bekommt, wenn er wenig Fleisch isst. Heuschrecken sind seit Jahrtausenden eine beliebte Speise. Sie waren es auch schon für Johannes den Täufer, wie in der Bibel nachzulesen ist. Auch Larven sind häufig essbar. Im Süden Afrikas sind knusprig gebratene Larven eine begehrte Delikatesse.

*Zwei Exemplare effektiver, nährstoffreicher Kost*

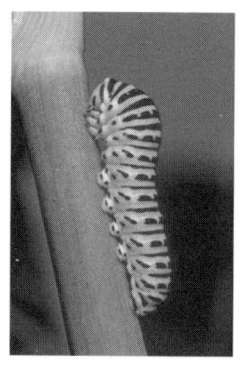

Beim Gedanken, Insekten zu essen, werden die meisten Menschen in Europa oder Amerika von Ekel erfüllt. Bei einem Besuch in Afrika wurden mir Insektenlarven angeboten, die ich allerdings höflich abgelehnt habe! Aber das liegt nur an kulturellen und traditionellen Unterschieden. Für einen Vegetarier in Indien ist ein saftiges Steak Ekel erregend und gläubige Juden und Moslems könnten sich niemals vorstellen, Schweinefleisch zu essen.

Wenn wir unsere Vorbehalte überwinden könnten und uns mit dem Gedanken anfreunden würden, Insekten zu essen, würden wir sehr davon profitieren. Insekten lassen sich nämlich leicht in Gefangenschaft züchten. Sie fressen alle Arten von Pflanzen, auch solche, die größere Tiere nicht vertragen, und vermehren sich rasch. Es ist natürlich nicht nötig, dass wir Insekten so essen, wie sie sind. Insektenmehl, hergestellt aus getrockneten und gemahlenen Insekten, könnte ein wichtiger Lebensmittelzusatz werden. In der Tat essen die meisten von uns schon heute ohne es zu wissen gelegentlich Insekten. In Obst, Gemüse und Getreide haben sich oft kleine Insekten, Larven und Insekteneier eingenistet, die wir in glücklicher Unwissenheit verzehren.

Ich erzähle dies, weil die Nahrungsmittel der Zukunft in unseren Augen vielleicht recht seltsam erscheinen. Einige Wissenschaftler spielen mit dem Gedanken, *Mikroorganismen* als Nahrungsmittel einzusetzen. Ein Mikroorganismus ist so klein, dass er mit bloßem Auge nicht zu erkennen ist, enthält aber im Grunde die gleichen Nährstoffe wie große Organismen. Es versteht sich eigentlich von selbst, dass das so ist. Alle großen Organismen setzen sich aus Zellen, also Mikroorganismen, zusammen.

Hefe besteht aus mikroskopisch kleinen, einzelligen Pilzen, die viele nützliche Eigenschaften besitzen. Menschen verwenden Hefe seit tausenden von Jahren. Manche Hefearten eignen sich sehr gut zum Brotbacken, weil sie bewirken, dass der Brotteig aufgeht. Wenn sie Nahrung erhalten, setzen sie Kohlendioxid frei, was im Brot kleine Hohlräume schafft. Andere Hefearten geben Alkohol ab, wenn ihnen Zucker zugesetzt wird. Das hat sich der Mensch bei der Weinherstellung und beim Bierbrauen zu Nutze gemacht.

Viele Menschen essen Hefe pur, weil sie reich an Vitamin B ist. Auch als Tierfutter wird Hefe eingesetzt. Und es lässt sich eine Art »Hefemasse« herstellen, die die Beschaffenheit von Fleisch hat. Das ist sehr wichtig, denn Fleischersatz aus Hefezellen könnte in Zukunft durchaus üblich werden.

Wir könnten auch Organismen aus dem Meer holen und essen. Algen und Plankton wachsen sehr schnell und im Meer gibt es viel mehr Platz als auf dem Land. Algenfarmen am Äquator, wo die Sonnenstrahlung das ganze Jahr über intensiv ist, könnten ohne weiteres unseren kompletten Bedarf an pflanzlicher Nahrung decken.

Die kleinsten Organismen in der Natur sind Bakterien. Das Wort lässt uns zuerst an Krankheiten denken, aber es gibt tausende Bakterienarten, die für den Menschen nützlich sind. Bakterien zu züchten, lohnt sich. Sie schwimmen in dem, was sie fressen, und brauchen wenig Energie, um zu überleben. Bakterien bilden sich innerhalb weniger Stunden und können von den unappetitlichsten Stoffen leben. Denken wir nur an die Bakterienarten, die sich bei

Viele Menschen essen aus gesundheitlichen Gründen Hefe. In England schmiert man sich »Marmite« aufs Brot. Marmite ist ein Brotaufstrich, der aus der Hefe hergestellt wird, die beim Bierbrauen entsteht. Für alle Nichtengländer ist Marmite allerdings keine gute Werbung für Hefekost. Den Geschmack können wir wohlwollend als »ausgefallen« bezeichnen!

uns im Darm wohl fühlen! Viele Bakterienarten enthalten Proteine und andere Nährstoffe, die der Mensch braucht. Dass Bakterien essbar sind, wissen wir alle, denn täglich nehmen wir Milliarden zu uns, ohne irgendwelchen Schaden davonzutragen.

Als Bakterienfarm könnte eine große Badewanne gefüllt mit nährstoffreichem Wasser dienen, in dem die Bakterien herumschwimmen und sich vermehren können. Wenn die Wanne voll ist, holt man die Bakterien heraus. Dann werden sie erhitzt, bis sie absterben. Übrig bleibt ein proteinreiches Pulver, das man *Bakterienmehl* nennt. Bakterienmehl kann man als Tierfutter einsetzen oder zu Lebensmitteln für Menschen verarbeiten.

Im 20. Jahrhundert haben Wissenschaftler aus den unterschiedlichsten Fachgebieten – Chemie, Biologie, Physik – und Ingenieure fortschrittliche Techniken entwickelt, um Nahrungsmittel haltbarer und nährstoffreicher zu machen und ihre Zubereitung zu erleichtern. Im 21. Jahrhundert wird es eine der wichtigsten Aufgaben für die Forschung sein, wohlschmeckende Gerichte aus Rohwaren herzustellen, die die wenigsten von uns heute mit Essen verbinden!

## Nahrungsmittel ohne Bauern

Die Großstädte dieser Welt produzieren unglaubliche Mengen an Essensabfall und Abwasser. Heute ist dieser Abfall ein Problem. In Städten, die es sich leisten können, wird das Abwasser gereinigt, meist jedoch wird es direkt in nahe gelegene Gewässer geleitet. Verseuchtes Trinkwasser kostet jedes Jahr Millionen Menschen das Leben. Abwasser wirkt auf Wasserpflanzen wie Dünger. Nach und nach wird dadurch sämtlicher Sauerstoff im Wasser verbraucht, wodurch Fische und andere Meerestiere absterben.

Aber menschliche und tierische Fäkalien sind eigentlich eine wertvolle Ressource. In China verwenden Bauern seit Jahrtausenden auf Reisfeldern menschliche und tierische Ausscheidungen als Dünger. Doch bei uns, wo die Entfer-

Früher nahm man an, die Menschen der Zukunft würden Nahrung aus der Tube und in Form von Pillen zu sich nehmen. Die ersten Astronauten in den Sechzigerjahren ernährten sich so. Aber wir haben mittlerweile gelernt, dass eine Ernährung ohne Ballaststoffe nicht gesund ist. Wer keine ballaststoffreiche Nahrung zu sich nimmt, ist anfälliger für Krankheiten im Verdauungstrakt.

nung zwischen den Bauernhöfen, die die Lebensmittel erzeugen, und den Städten, in denen die meisten Menschen wohnen, relativ groß ist, lassen sich Exkremente nur schwer als Dünger nutzen.

Sollten einmal Lebensmittel aus Mikroorganismen hergestellt werden, könnte sich das ändern. Mikroorganismen lassen sich nämlich überall züchten, sogar mitten in der Stadt. Dann könnte man die Exkremente in Fabriken bringen, wo sie mithilfe von Bakterien und anderen Mikroorganismen zu Lebensmitteln verarbeitet werden. Das würde Rohstoffe sparen und hätte den Effekt, dass sich die Menschen, sollte es ihnen gelingen, den größten Teil ihrer Nahrungsmittelproduktion auf diese Weise zu gewährleisten, sicherer fühlen könnten als heute.

Auch wenn viele von uns inmitten modernster Technologie leben, entsteht ein großer Teil unserer Lebensmittel immer noch unter freiem Himmel. Getreide, Mais und Kartoffeln sind nur ein paar Pflanzen, deren Wachstum von unvorhersehbaren Wetterverhältnissen abhängig ist. Auch die Zunahme der Bevölkerung macht uns anfälliger als je zuvor. Ein Dürresommer mit katastrophalen Ernteausfällen kann schon ausreichen, um vielerorts Lebensmittelmangel auszulösen.

Wenn wir aber Mikroorganismen bei künstlichem Licht in großen Wannen züchten, haben wir die Kontrolle über unsere Lebensmittelversorgung besser in der Hand. Wir können bestimmen, wie viel Nahrung wir erzeugen wollen und wann. Derartige Techniken werden nicht nur auf der Erde nützlich sein. Sollten wir jemals ins Weltall ausschwärmen, wird es umso notwendiger werden, Nahrung auf diese Weise herzustellen. Auf langen Raumflügen durch das Weltall sowie zu möglichen Weltraumsiedlungen auf fernen Planeten wird es nötig sein, den Abfall wieder zu verwerten und zu Nahrungsmitteln zu verarbeiten.

# Die Nahrungsmittelmaschine

Wenn man Pflanzen ohne Erde wachsen lässt, sprechen wir von *Hydroponik*, erdeloser Wasserkultur. Sie kann bei Weltraumflügen eingesetzt werden, die Monate oder Jahre dauern. Auf diese Weise können die Astronauten sowohl ihre eigene Nahrung als auch lebenswichtigen Sauerstoff herstellen. Die Pflanzen stehen in Gefäßen und ihre Wurzeln hängen in einer Lösung, die unter anderem Nährstoffe aus den Exkrementen der Raumfahrer enthält.

Die Herstellung von Lebensmitteln läuft im Grunde darauf hinaus, dass wir Organismen dazu bringen, die Stoffe zu erzeugen, die wir brauchen. Weizen verwandelt Sonnenlicht, Wasser und Dünger zu lebensnotwendigen Kohlenhydraten. Wir erzeugen Protein, indem wir Schweinen Getreide zu fressen geben, was uns dann wieder als proteinreiches Schweinefleisch zugute kommt.

Die vom Menschen benötigten Nährstoffe haben die Form von Molekülen, die wiederum aus Atomen bestehen. Atome, die sich zu Molekülen verbinden, gibt es überall um uns herum. Erde, Luft, Wasser und Sonnenenergie ist alles, was eine Pflanze benötigt, um aus Atomen die langen Molekülketten herzustellen, die man Kohlenhydrate nennt. Im Körper des Schweins werden Atome und Moleküle aus seiner Nahrung zu Proteinmolekülen.

Etwas überspitzt formuliert können wir sagen, dass wir den Weizen und das Schwein als »biologische Maschinen« einsetzen, um aus Atomen Moleküle anzufertigen, die wir zum Leben brauchen. Aber vielleicht können wir die gleichen Moleküle auch auf andere Weise herstellen. Wenn es uns gelingt, Nanomaschinen (vgl. S. 168–178) zu bauen, die zulassen, dass wir jedes einzelne Atom kontrollieren, können wir genau die Moleküle »bauen«, die wir haben wollen. Wir brauchen nicht länger den Umweg über Pflanzen und Tiere zu nehmen, um Nahrungsmittel zu erzeugen.

Solche »Nahrungsmittelmaschinen« könnten dem Hunger für alle Zeit ein Ende bereiten. Wir brauchen uns dann nicht mehr länger darum zu kümmern, wie wir die Tiere mästen. Haben wir Appetit auf ein Steak, können wir es herstellen, indem wir alle Moleküle zusammensetzen, die sich in einem Steak befinden. Und man wird es von einem echten Steak nicht unterscheiden können!

Gelingt es uns, aus Mikroorganismen Nahrungsmittel herzustellen oder eine Nahrungsmittelmaschine zu bauen, brauchen wir keine Nutzpflanzen und -tiere und somit auch keine Bauern und keine Landwirtschaft mehr.

Die ersten Menschen waren Jäger und Sammler. Sie zogen umher und ernährten sich von Pflanzen und Tieren, die sie in der Natur fanden. Heute gibt es nur noch sehr wenige Völker, die auf diese Weise leben. Vor ca. zehntausend Jahren wurde der Ackerbau erfunden. Das ermöglichte den Menschen, große Vorräte an Nahrungsmitteln anzulegen. Mehrere Menschen lebten jetzt von dem gleichen Stück Land. Die Bevölkerung nahm zu.

Für den Rest der Natur war die Ackerbaugesellschaft allerdings eine Katastrophe. Ackerbau ist ein ewiger Kampf gegen die Natur. Wald muss gerodet und Erde gepflügt werden. Dann müssen alle unerwünschten Pflanzen beseitigt und wilde Tiere erlegt werden, die die Ernte und das Vieh bedrohen. Der Ackerbau hat Pflanzen und Tiere aus den für sie ergiebigsten Lebensräumen vertrieben und unzählige Arten mussten sich mit schlechteren Bedingungen abfinden.

Lange vor dem Jahr 3000 könnten wir die nächste umwälzende Veränderung erleben. Nahrungsmittel werden in der Nähe menschlicher Ballungsgebiete erzeugt und die riesigen Acker- und Weideflächen zu Naturparks umgestaltet, in denen nur wilde Tiere und Pflanzen leben. Menschen, die dort hinziehen wollen, müssen ein naturverbundenes Leben führen, während alle, die sich ein modernes Leben wünschen, in den großen Städten wohnen.

Vielleicht gibt es derzeit schon die ersten Anzeichen für diese Entwicklung. In Kanada, den USA und Australien erhalten die Ureinwohner – also die ersten Menschen, die in einem Land gelebt haben – nach und nach große Gebiete zurück, die ihnen von den Europäern weggenommen worden waren, um sie in Weideland und Ackerflächen zu verwandeln.

Die Ureinwohner lebten im Einklang mit der Natur und betrieben in der Regel keinen Ackerbau. Dort, wo sie nun das Land erneut übernehmen, wird die Natur vielleicht ihre ursprüngliche Form wieder annehmen. Das hat zu großen Konflikten zwischen Bauern und Ureinwohnern geführt. Aber hier sind es die Ureinwohner, die die Zukunft auf ihrer Seite haben.

# 7 Lassen sich die Gefahren der Zukunft umgehen?

*Asteroideneinschlag*

Vor fünfundsechzig Millionen Jahren schlug ein kilometergroßer Asteroid in der Gegend der heutigen Karibik ein. Der Asteroid traf die Erde mit großer Wucht. Innerhalb von Sekunden erzeugte er einen zweihundert Kilometer breiten Krater, sorgte für kilometerhohe Flutwellen und wirbelte unzählige Milliarden Tonnen pulverisierter Gesteinsbrocken und Wassertropfen durch die Luft. Die Hitze des Einschlags entfachte gigantische Waldbrände. Der Rauch bewirkte, gepaart mit dem pulverisierten Gestein, dass die Erde jahrelang von einer dichten schwärzlichen Wolkenschicht umgeben war. Unter den Wolken war es dunkel und viel kälter als normal.

Die niedrige Temperatur und das schwache Licht ließen viele Pflanzen im Meer und an Land sterben. Damals wie heute bildeten Pflanzen die Grundlage sämtlicher *Nahrungsketten* in der Natur. Sie waren die Nahrungsgrundlage für alle Pflanzenfresser, die wiederum die Grundlage für alle Fleischfresser bildeten. Weil viele Pflanzen infolge des Asteroideneinschlags starben, verendeten auch massenhaft

Tiere mangels Nahrung. Vermutlich verschwanden nach der Katastrophe die Hälfte bis zwei Drittel aller Arten auf der Erde. Die bekanntesten gehörten der Gattung Dinosaurier an, aber auch unzählige Pflanzen, Insekten und Meerestiere starben für immer aus. Die Biologen nennen das *Extinktion*, also Auslöschung.

Vielleicht kommt es im 21. Jahrhundert zu einem neuen Massensterben. Das würde sich für das Leben auf der Erde genauso dramatisch auswirken wie das letzte, aber dieses Mal wäre es von Menschen ausgelöst. Wir wissen nicht, wie viele Arten verschwinden werden, aber Wissenschaftler rechnen immer mit dem »schlimmsten denkbaren Fall«, also dem, was nach äußerstem menschlichen Ermessen passieren könnte.

Zu dem schlimmsten denkbaren Fall kann es auch kommen, weil viele der Schäden, die wir der Umwelt zufügen, einander verstärken. Wir holzen Wälder ab und sorgen gleichzeitig für einen höheren Kohlendioxidausstoß ($CO_2$-Ausstoß). Durch die Abholzung gibt es weniger Pflanzen, die diesen Stoff binden können, und die $CO_2$-Menge in der Atmosphäre nimmt gewaltig zu, so dass die Temperatur allmählich steigt. Die $CO_2$-Gase, die in die Luft gelangen, werden zum größten Teil vom Meer aufgefangen. Wahrscheinlich ist es aber so, dass das Meer als $CO_2$-Senke (eine Art Schwamm) an Wirksamkeit verliert, wenn es sich erwärmt. Das hat zur Folge, dass die Temperatur noch mehr steigt und das Meer dadurch noch weniger $CO_2$ aufnehmen kann.

Die höheren Temperaturen werden auch Gegenden im hohen Norden beeinflussen. Wissenschaftler machen sich vor allem Sorgen um Sibirien. Ein großer Teil Sibiriens besteht heute aus Permafrostgebieten, Flächen, deren Boden unter der Oberfläche dauerhaft gefroren ist. Wenn der Dauerfrostboden auftaut, wird sich Sibirien in eine Moorlandschaft verwandeln. Wir wissen, dass Moorgebiete viel Methan ausstoßen, ein noch stärkeres Treibhausgas als $CO_2$. Geschieht dies, kann der Treibhauseffekt »völlig aus den Fugen geraten«. Temperatur und Meeresspiegel werden gewaltig ansteigen, extreme Wetterlagen einander ab-

Das große Artensterben vor fünfundsechzig Millionen Jahren war nur das letzte von vielen. Bei der größten Extinktion vor 280 Millionen Jahren verschwanden fast neunzig Prozent aller Arten, darunter die Trilobiten (Urkrebse), eine Tierart, die mehrere hundert Millionen Jahre auf der Erde gelebt hatte.

lösen, auf heftige Regenstürme werden große Dürreperioden folgen.

Das alles zusammen wird eine Situation schaffen, in der der Mensch ums Überleben kämpfen muss, während gleichzeitig ein Großteil aller Tier- und Pflanzenarten ausstirbt. Milliarden Menschen verhungern, da sehr viel fruchtbares Ackerland verloren geht. Auch die reicheren Länder werden Schwierigkeiten haben, ausreichend Nahrungsmittel anzubauen. Ohne diese aber bricht die Gesellschaft zusammen und wird nicht mehr alle Hungernden versorgen können. Die Menschen werden alles Erdenkliche tun, um sich Essen zu beschaffen, Gewalt und Chaos werden an der Tagesordnung sein. In Panik werden die Menschen die Städte verlassen, um sich auf die Suche nach Lebensmitteln zu machen.

Vielleicht wird der größte Teil der Weltbevölkerung der Katastrophe zum Opfer fallen. Die Überlebenden werden um die Vorräte der verfallenden Staaten kämpfen und sich um Maschinen, Treibstoff und Nahrungsmittel prügeln. Es wird nicht leicht sein zu überleben. Die Natur wird nach der Katastrophe nicht mehr zu vergleichen sein mit der, die sie einmal war. Überall werden sich Müll- und Giftlager befinden und viele Rohstoffe aufgebraucht sein. In den Gruben wird es keine Metallvorkommen mehr geben und Öl, Kohle und Gas werden von der Erde verschwunden sein.

Unsere Staaten wurden von Menschen geschaffen, die Zugang zu großen natürlichen Ressourcen hatten. Sollten wir eine große Katastrophe erleben, wird es für die Überlebenden in der Zukunft sehr viel schwerer sein, neu anzufangen. Ihnen wird es an nahezu allem fehlen, was eigentlich nötig wäre.

Das Leben auf der Erde wird aber trotzdem irgendwie weitergehen. Es hat auch frühere Katastrophen überstanden. Eine andere Frage ist es, ob das Leben nach solch einer Katastrophe noch interessant sein wird. Viele Tierarten, die überleben werden, gehören zu denen, die wir nicht sonderlich schätzen. Ratten und Kakerlaken werden sich wahrscheinlich an die neuen Gegebenheiten anpas-

Wir haben schon einmal altes Wissen verloren. Das war im Mittelalter, als ein Großteil der griechischen Philosophie und Wissenschaft in Vergessenheit geriet. Es gibt keine Garantie, dass so etwas nicht noch einmal geschieht.

*Vielleicht werden die Kakerlaken die Erde in ferner Zukunft einmal erben.*

sen, Elefanten und Schimpansen vermutlich verschwinden.

Es ist auch nicht ausgeschlossen, dass der Mensch zu den vom Aussterben betroffenen Arten gehören wird. Im Schnitt überlebt eine Tierart einige Millionen Jahre, bevor sie von selbst ausstirbt. Der moderne Mensch existiert seit knapp hunderttausend Jahren. Wir gehören also einer verhältnismäßig jungen Art an, aber wenn wir so weitermachen wie bisher, haben wir gute Chancen, dass unsere Art nicht mehr sehr viel älter wird.

Macht das nicht Angst? Ich hoffe schon, denn auch wenn dieses Szenario nicht sonderlich wahrscheinlich ist, ist es doch nicht unmöglich. Aus diesem Grund ist es gut zu wissen, dass mittlerweile viele Leute darüber nachdenken, wie die menschliche Gesellschaft verändert werden kann, damit wir einer Katastrophe entgehen. Doch dazu reicht es nicht aus, ein kleines bisschen mehr auf die Natur zu achten. Wollen wir langfristig überleben, müssen wir unser Verhalten ganz gewaltig ändern. Bereits eine geringfügige negative Entwicklung kann sich in ein paar hundert Jahren zu einer Katastrophe auswachsen.

Wie schon gesagt, wächst die Erdbevölkerung heute jährlich um etwa zwei Prozent. Das bedeutet, dass sie sich bei gleich bleibendem Wachstum in weniger als fünfzig

Jahren verdoppelt. Deshalb reicht es auch nicht aus, das Bevölkerungswachstum auf ein Zehntel zu verringern – die Verdopplung würde nur länger dauern, nämlich ungefähr 500 Jahre. Selbst bei einer Reduzierung des Bevölkerungswachstums auf ein Tausendstel des heutigen Wachstums würde sich die Bevölkerung innerhalb von 50 000 Jahren verdoppeln. Das scheint zwar ein langer Zeitraum, aber entwicklungsgeschichtlich ist es nur eine kurze Zeit.

## Die alternative Zukunft

Es ist nicht schwer zu erkennen, dass unsere moderne Lebensweise Ursache für die größten Probleme ist. Die Menschen in den reicheren Ländern verbrauchen sehr viel Rohstoffe und Energie und produzieren riesige Mengen Müll. Bislang war es so, dass unser Lebensstil umso moderner war, je mehr Ressourcen wir beanspruchten und die Umwelt verschmutzten.

Manche Leute sind deshalb der Meinung, dass wir auf moderne Technologie verzichten und wieder so leben sollten, wie es vor 1800 üblich war. Für diese Theorie spricht eine Reihe guter Argumente. Die Menschheitsgeschichte hat bewiesen, dass eine solche ursprüngliche Lebensweise möglich ist, und es ist eine Binsenweisheit, dass die Natur früher noch intakt war.

»Alternative Bewegungen«, die sich für solche Rückveränderungen einsetzen, haben in den letzten etwa fünfzehn Jahren in Europa deutlich zugenommen. Viele Bauern bewirtschaften ihren Boden wieder ohne Einsatz von Kunstdünger und Pflanzenschutzmitteln. Dieser *ökologische Anbau* findet in den letzten Jahren auch wachsenden Zuspruch bei den Konsumenten. Nahrungsmittel aus ökologischem Anbau haben den Ruf, gesünder zu sein als fabrikmäßig hergestellte, und viele Menschen sind bereit, dafür mehr Geld zu bezahlen.

Aber nicht alle Bauern in Europa können ihre Arbeitsweise ändern. Die Entwicklung ist schon zu weit fortgeschritten, als dass wir uns ohne schmerzhafte Einschränkungen wieder einer vergangenen Lebensweise zuwenden könnten. Und zur Zeit leben so viele Menschen auf der Erde, dass der ökologische Anbau nicht ausreichen würde, die Menschheit satt zu bekommen.

Ein großer Teil der Nahrungsmittel, die wir heute essen, stammt von extrem effektiv bewirtschafteten Landwirtschaftsbetrieben in den wohlhabenden Ländern. Bauern in England und Frankreich erwirtschaften einen Ertrag, der um ein Vielfaches größer ist als der der Bauern in Asien und Afrika. Würden diese Landwirtschaftsbetriebe auf neue Technologie verzichten, würden sie deutlich weniger Nahrungsmittel produzieren.

Wollten die Menschen wirklich wieder »zurück zur Natur«, würde es nicht ausreichen, die Bevölkerungsexplosion zu stoppen. Wir müssten die Erdbevölkerung deutlich reduzieren – am besten auf weitaus weniger als eine Milliarde Menschen, so viele wie zu Beginn des 19. Jahrhunderts –, damit wir wieder eine einfachere Lebensweise annehmen könnten.

Falls wir tatsächlich versuchen sollten, auch alle Fabriken zu beseitigen, würden wahrscheinlich ohnehin nur wenige Menschen überleben. Millionen sind heute von maschinell hergestellten Waren abhängig. Arzneimittel gegen zahlreiche gefährliche Krankheiten können nur in Fabriken hergestellt werden. Wir können nicht darauf hoffen, neue Arzneimittel zu entwickeln, wenn die Arzneimittelindustrie nicht weiter forschen kann. Im 21. Jahrhundert wird es auf der Welt mehrere Milliarden ältere Menschen geben, von denen viele eine moderne medizinische Versorgung brauchen.

Einwände wie diese machen es unwahrscheinlich, dass die meisten Menschen freiwillig »in die gute alte Zeit« zurückkehren wollen. Das heißt aber nicht, dass dies niemals geschehen wird. Wenn wir unsere verschwenderische Lebensweise beibehalten, bis die moderne Zivilisation zusammenbricht, wird danach eine primitivere Lebensweise die einzige Möglichkeit zum Überleben bieten, ob wir es wollen oder nicht. Und wir werden einen ziemlich hohen Preis dafür zahlen müssen. Mehrere Milliarden Menschen

Die Bevölkerungsexplosion bewirkt, dass einige afrikanische Länder ärmer werden, obwohl sie wirtschaftliches Wachstum zu verzeichnen haben. In Simbabwe haben die Menschen schwer gearbeitet und ein gewisses wirtschaftliches Wachstum erzielt. Da jedoch in den Achtziger- und Neunzigerjahren die Bevölkerung schneller gewachsen ist als der Reichtum des Landes, wurde jeder einzelne Simbabwer etwas ärmer.

Viele der großen und wichtigen Projekte, die ich in diesem Buch beschreibe, sind von wirtschaftlichem Wachstum abhängig, um verwirklicht zu werden. Es ist heute viel zu teuer, eine Siedlung auf dem Mars zu bauen. Aber in weiteren fünfzig Jahren mit wirtschaftlichem Wachstum können Wunder geschehen und um das Jahr 2050 könnten wir die finanziellen Mittel für ein derartiges Projekt zur Verfügung haben.

werden verhungern oder an Krankheiten sterben, bevor wir die Bevölkerungszahl erreicht haben, die auf ursprüngliche Weise überleben kann.

Aber ist es denn wirklich so, dass wir uns entscheiden müssen zwischen weitermachen wie heute oder zurück zur Natur?

## Können wir die Güter teilen?

Eine dritte Alternative wurde von den Wissenschaftlern des Club of Rome vorgeschlagen (vgl. S. 13f.). Die Autoren des Buchs »Die Grenzen des Wachstums« waren der Meinung, dass wir die moderne Gesellschaft durchaus bewahren könnten, wenn wir unseren Lebensstil ändern. Viele Probleme gehen auf *übermäßigen Konsum* zurück, darauf, dass Menschen mehr verbrauchen, als eigentlich nötig wäre.

In den reichen Ländern essen viele Menschen täglich mehr, als sie tatsächlich zu sich nehmen müssten. Sie verschwenden Energie, Wasser und andere Ressourcen und besitzen Dinge, die sie eigentlich nicht haben müssten. In Europa ist es mittlerweile längst üblich, dass eine Familie mehrere Autos, Fernsehgeräte und Computer besitzt. In Norwegen oder auch in Deutschland haben viele sogar ein Wochenendhaus, das aber die meiste Zeit über leer steht. Für die Millionen Armen dieser Welt ist das völlig unbegreiflich.

Doch der Reichtum in unseren Ländern verleiht uns auch viele Möglichkeiten. Wir sind reich genug, um mit anderen zu teilen, ohne dass wir selbst deswegen schlechter leben müssen. Die meisten reichen Länder leisten in ärmeren Ländern *Entwicklungshilfe*. Zur Entwicklungshilfe tragen in diesen Ländern alle erwachsenen Menschen bei, indem sie Steuern zahlen. Fast alle zahlenden Länder geben allerdings weniger als ein Hundertstel ihrer Einkünfte für die Entwicklungshilfe aus. Und leider macht es auch nicht den Eindruck, als hätte sie in den meisten armen Ländern viel gebracht. Der Unterschied zwischen armen und reichen Ländern ist heute sogar größer als zu dem Zeitpunkt, da mit der Entwicklungshilfe begonnen wurde. Einer der Gründe ist, dass die ärmeren Länder für ihre Waren relativ wenig Geld bekommen. Sie verkaufen vor allem Rohstoffe wie Kaffee, Tee, Baumwolle und Mineralien. Der Preis für diese Waren ist in den letzten Jahren jedoch meist stetig gesunken. Wenn wir bereit sind, mehr zu zahlen, sorgen wir dafür, dass wir etwas von unserem Reichtum an die ärmeren Länder abgeben.

Wir können ihnen auch dabei helfen, ihre Schulden zu bezahlen. Viele arme Länder haben im Ausland Kredite aufgenommen, um ihre eigene Entwicklung zu finanzieren. Geplant war, dass sie die Kredite im Lauf einiger Jahre zurückzahlen sollten. Aber dazu reichte ihre wirtschaftliche Kraft nicht aus. Stattdessen wuchsen die Schulden immer mehr an und bald erstickten diese Länder unter einer enormen *Schuldenlast*. Viele arme Länder verwenden inzwischen mehr Geld darauf, ihre Schulden zu bezahlen, als sie an Entwicklungshilfe erhalten. Heute haben Politiker weltweit einzusehen begonnen, dass das ein Teufelskreis ist, und einen Teil der Schulden erlassen.

## Nullwachstum

Die Verfasser des Buches »Die Grenzen des Wachstums« waren auch der Meinung, wir müssten etwas daran ändern, dass unsere Gesellschaft so abhängig von wirtschaftlichem Wachstum ist. Wirtschaftliches Wachstum bedeutet, dass eine Gesellschaft jedes Jahr reicher wird. In vielen wohlhabenden Ländern ist ein jährliches Wachstum von drei Prozent üblich. Das heißt, dass die Gesellschaft am Jahresende drei Prozent mehr verfügbare Werte hat als am Jahresanfang. Zum Teil werden diese Werte von Betrieben oder den Behörden eines Landes verwaltet und teilweise in Form von höheren Löhnen an die Bevölkerung weitergegeben.

Wenn ein Land im Lauf eines Jahres um drei Prozent reicher wird, verdoppelt sich der Reichtum in weniger als

Dass sich Länder wie Südkorea und Taiwan in wenigen Jahrzehnten von armen zu reichen Ländern entwickelt haben, ist auf ihr schnelles wirtschaftliches Wachstum zurückzuführen. Oft lag das Wachstum bei zehn Prozent. Wenn die Wirtschaft um zehn Prozent wächst, dauert es nur sieben Jahre, bis der Gesellschaft doppelt so viele Werte zur Verfügung stehen.

fünfundzwanzig Jahren. Wirtschaftliches Wachstum aber macht es erst möglich, dass wir beispielsweise Krankenhäuser, Schulen oder Straßen bauen können.

Das Problem jedoch ist: Nimmt der Wohlstand der Menschen zu, kaufen sie auch mehr, zum Beispiel Autos. Das führt zu einem größeren Ausstoß von Schadstoffen und zum weiteren Ausbau des Straßennetzes. Gleichzeitig essen immer mehr Menschen täglich Fleisch, kaufen mehr elektrische Geräte und schaffen sich größere Wohnungen an. Das erfordert mehr Rohstoffe und Energie, mehr Produktion und mehr Platz. Da es Grenzen für die Belastbarkeit der Erde gibt, muss unser Wachstum früher oder später ein Ende haben.

Deshalb strebten die Wissenschaftler von »Die Grenzen des Wachstums« eine Gesellschaft an, die auf »Nullwachstum« beruht. Das heißt, dass ein Land nicht jedes Jahr reicher wird, sondern nur den Wohlstand des Vorjahrs beibehält. Die Menschen, denen es gut geht, bekommen nicht jedes Jahr mehr Lohn und die Industrie stellt nur noch her, was für ein angenehmes Leben nötig ist.

Das hört sich merkwürdig an, aber tatsächlich haben die meisten Menschen in der Vergangenheit so gelebt. Vor dem Industriezeitalter konnten die Menschen nicht davon ausgehen, jedes Jahr mehr Geld zu bekommen. Die meisten mussten sich mit dem Nötigsten für die Familie begnügen und darauf hoffen, dass es ihnen im laufenden Jahr nicht schlechter ging als im Jahr zuvor. Generation um Generation wuchs heran, ohne dass die nächste Generation wesentlich bessere Lebensbedingungen hatte als die vorhergehende.

In einer Welt des Nullwachstums müsste der Wohlstand besser verteilt werden als heute. Wir in den reicheren Ländern müssten bescheidener leben, als wir es heute tun — aber ob wir dadurch wesentlich unglücklicher wären? Wenn man beurteilen will, wie Menschen leben, spricht man von ihrem *Lebensstandard*. Der Lebensstandard sagt etwas darüber aus, wie wohlhabend Menschen sind, und er wird deshalb an dem gemessen, was Menschen verdienen und ausgeben.

Aber der Lebensstandard besagt wenig darüber, wie es den Menschen tatsächlich geht, ob sie mit ihrem Wohlstand glücklich sind. Viele glauben, dass die Menschen der reicheren Länder in den Neunzigerjahren nicht glücklicher waren als in den Sechzigern, wo sie nur die Hälfte des Geldes zur Verfügung hatten (wobei man berücksichtigen muss, dass damals auch alles billiger war). Wenn wir reicher werden, schaffen wir uns mehr Dinge an. Um sie bezahlen zu können, müssen wir in der Regel härter arbeiten und haben weniger Zeit. In vielen Ländern hat der zunehmende Wohlstand dazu geführt, dass Eltern ihre Kinder nur noch wenige Stunden am Tag sehen.

Aber ist Nullwachstum überhaupt möglich? Wir sind so daran gewöhnt, jedes Jahr reicher zu werden, dass unsere Gesellschaft ganz von wirtschaftlichem Wachstum abhängig geworden ist. Wenn die Wirtschaft nicht wächst, sprechen wir von einer Wirtschaftskrise. Im 20. Jahrhundert hatten wir viele Wirtschaftskrisen und alle haben sie dazu geführt, dass Betriebe stillgelegt wurden und Menschen ihren Arbeitsplatz verloren.

Deshalb lässt sich schwer sagen, was passieren wird, falls wir versuchen sollten, das Wachstum aufzuhalten. Sicher ist nur eins: Falls die Nullwachstums-Gesellschaft misslingt und es zu einer riesigen Wirtschaftskrise kommt, sind es vor allem die Armen, die den Preis dafür bezahlen müssen.

Auch die Bevölkerungsexplosion schafft Probleme für die Wirtschaft. Um mit dem Anstieg der Bevölkerungszahl Schritt zu halten, muss die Erde jährlich um etwa 1,5 Prozent reicher werden. Hätten wir ein Nullwachstum, würden wir Jahr für Jahr ein bisschen ärmer werden. Das ist eine ganz einfache Rechnung. Wenn die Geldmenge die ganze Zeit über gleich bleibt, die Bevölkerungszahl aber ständig wächst, bleibt für jeden Einzelnen jedes Jahr etwas weniger Geld übrig. Und nicht nur das, auch viele der wichtigsten Projekte, zum Beispiel die Ermöglichung des Schulbesuchs für alle, die Bekämpfung tödlicher Krankheiten oder auch die Umstellung auf umweltfreundliche Energiequellen, kosten viel Geld. Um eine Welt mit umweltfreundlichem Nullwachstum zu errei-

Nach Ansicht von UN-Wissenschaftlern wäre nicht viel Geld nötig, um die Armut zu beseitigen. Vermutlich reicht bereits ein Prozent (ein Hundertstel) der Einkünfte der reicheren Länder aus, um die wichtigsten Bedürfnisse der armen Länder zu decken.

chen, brauchen wir zuerst eine Zeit des ökonomischen Wachstums.

Dabei wird schnell deutlich: Die Welt ist ungemein kompliziert geworden. Deshalb haben Politiker und Wissenschaftler in den letzten Jahren angefangen umzudenken: Wenn wir schon kein System erreichen, das in perfektem Gleichgewicht ist, müssen wir versuchen, unser heutiges System so zu verbessern, dass es der Umwelt weniger schadet. Der Begriff, den man für eine solche Gesellschaft benutzt, heißt *nachhaltige Entwicklung.*

## Was bedeutet nachhaltige Entwicklung?

Die Idee ist eigentlich ganz einfach. Wirtschaftliches Wachstum ist im Großen und Ganzen in Ordnung, ebenso die Entwicklung von Wissenschaft und Technik. Offensichtlich brauchen wir Wachstum, damit alle Menschen ein angenehmeres Leben führen können. Aber Wachstum und Entwicklung müssen auf eine Art und Weise erfolgen, dass wir zukünftigen Generationen nicht die Lebensgrundlage rauben.

Unser Wachstum von heute sollte nicht dazu führen, dass zukünftiges Wachstum unmöglich wird. Wir sollten keine Energiequellen verwenden, die zur Neige gehen können. Fossile Brennstoffe und Uran lassen sich schlecht mit nachhaltiger Entwicklung vereinbaren. Wir sollten nicht mehr Arten ausrotten, als die Natur jährlich erschafft. Wenn wir einen Baum fällen, müssen wir einen neuen pflanzen. Angeln wir einen Fisch, müssen wir dafür sorgen, dass ein neuer heranwachsen kann.

Die Stadt Curitiba (vgl. S. 27 f.) ist ein Beispiel für nachhaltige Entwicklung. Und wir wissen inzwischen auch, dass es möglich ist, Energie zu erzeugen, ohne dass die Natur dadurch Schaden erleidet (vgl. S. 55–62). Es ist möglich, den Schadstoffausstoß zu verringern, weniger verschwenderisch mit Ressourcen umzugehen und sie besser auszunutzen, als wir es heute tun.

Am wichtigsten aber ist, dass wir ein Bewusstsein für

Umweltschäden gewinnen und nicht länger die Augen vor den Gefahren verschließen. Schon in den Sechzigerjahren entstanden die ersten großen Umweltbewegungen. Aber das reichte nicht aus, um das allgemeine Bewusstsein der Gesellschaft und ihrer Politiker zu schärfen. Deshalb beschloss die UNO, sich über die aktuelle Situation und Handlungsmöglichkeiten eine bessere Übersicht zu verschaffen und gründete 1983 die »Weltkommission für Umwelt und Entwicklung«.

Die Mitglieder dieser Kommission bereisten die ganze Welt, sprachen mit den verschiedensten Menschen, von Bauern über Wissenschaftler bis hin zu Politikern, und verfassten einen Bericht mit dem Titel »Unsere gemeinsame Zukunft«. Dieser Bericht setzt sich in aller Gründlichkeit damit auseinander, was wir brauchen, um eine nachhaltige Entwicklung zu erreichen.

Zum ersten Mal wurde die Öffentlichkeit mit dem Begriff der nachhaltigen Entwicklung vertraut gemacht. Ob die Menschen dem Inhalt zustimmten oder nicht, sie mussten den Bericht ernst nehmen. Und als Konsequenz aus dem Bericht organisierte die UNO 1992 eine große Umweltkonferenz in Rio de Janeiro. Zum ersten Mal kamen Politiker der ganzen Welt zusammen, um über die Bedrohung der Umwelt zu diskutieren.

Auch wenn auf diesem Treffen keine Beschlüsse von entscheidender Bedeutung gefasst wurden, wurde doch ein Plan vorgelegt, der besagt, was in Zukunft getan werden muss, um eine nachhaltige Entwicklung zu erzielen. Dieser Plan mit dem Titel »Agenda 21« (was so viel wie »Tagesordnung für das 21. Jahrhundert« bedeutet) umfasst neunhundert Seiten und enthält Anregungen, was wir tun können, damit die Entwicklung in die richtige Richtung geht.

# Was können wir tun?

Die Wissenschaftler der UNO erstellen jedes Jahr eine Liste, in der vermerkt ist, was die einzelnen Länder in der Wirtschaft, im Gesundheitswesen und in der Ausbildung erreicht haben. Sie wird »Übersicht über die menschliche Entwicklung« genannt. Nachfolgend sind die Länder, die 2001 ganz oben bzw. ganz unten auf der Liste zu finden waren, aufgeführt.

| Nr. | Land | Lebensalter | Alphabetisierung in Prozent |
|---|---|---|---|
| 1 | Norwegen | 78,4 | 99 |
| 2 | Australien | 78,4 | 99 |
| 3 | Kanada | 78,7 | 99 |
| 4 | Schweden | 79,6 | 99 |
| (...) | | | |
| 171 | Burkina Faso | 46,1 | 23 |
| 172 | Burundi | 40,6 | 46,9 |
| 173 | Niger | 44,8 | 15,3 |
| 174 | Sierra Leone | 38,3 | 32 |

Das Lebensalter bezeichnet das durchschnittliche Lebensalter von Frauen und Männern. In den Ländern, in denen viele Kinder sterben, bleibt das Lebensalter im Durchschnitt niedrig. Die Alphabetisierung besagt, wie viele Menschen lesen können. Es ist deutlich zu erkennen, dass in Ländern mit einer geringen Lebenserwartung auch relativ wenige Menschen lesen können.

Das Motto der Agenda 21 lautet: »Global denken, lokal handeln«. Das soll heißen, dass alle dafür verantwortlich sind, die Umwelt zu retten. Wir sollten verlangen, dass die Politiker ihren Teil dazu beitragen und internationale Abkommen aushandeln, aber wir müssen gleichzeitig auch selber etwas in unserer unmittelbaren Umgebung unternehmen. Viele Menschen haben nicht die Möglichkeit zu entscheiden, wie sie leben wollen – sie sind vollauf damit beschäftigt zu überleben –, aber ein großer Teil der Weltbevölkerung *kann* entscheiden, wie er leben will. Ich gehe davon aus, dass die Leser meines Buches vermutlich zur zweiten Gruppe gehören und es nützlich finden zu erfahren, dass sie selber etwas dazu beitragen können, die Umwelt zu schonen. Die einfachste Lösung ist, von vornherein umweltbewusst zu handeln. Man kann zum Beispiel wieder verwendbare Waren kaufen, sich, falls möglich, aktiv an der Mülltrennung beteiligen oder zur Verringerung des Stromverbrauchs Energiesparlampen verwenden. Wer ein Auto besitzt, sollte es nicht mehr als unbedingt notwendig benutzen. Wir können Organisationen unterstützen, die sich für eine bessere Umwelt einsetzen oder Not und Armut bekämpfen. Einige empfinden es als richtig, aus Rücksicht auf die Tiere kein Fleisch zu essen. Andere werden davon Abstand nehmen, Kinder zu bekommen, weil die Welt ohnehin schon unter der Überbevölkerung leidet.

Ich habe in diesem Kapitel äußerst negative Zukunftsaussichten ausgemalt. Ich glaube nicht, dass sich die Welt so entwickeln wird. Wir lernen aus der Geschichte, dass Menschen die Fähigkeit besitzen, sich zu ändern und anzupassen, häufig innerhalb kürzester Zeit. Die meisten überleben gesellschaftliche Krisen, weil es ihnen gelingt, sich an neue Lebensbedingungen zu gewöhnen. Es gibt immer noch Millionen Menschen, die sich daran erinnern können, wie ihr Leben während des Zweiten Weltkriegs auf den Kopf gestellt wurde. Binnen weniger Monate mussten sie sich an einen ganz anderen Lebensstil gewöhnen, ohne die Waren, die vor dem Krieg üblich waren. Die Menschen mussten plötzlich mit kleinen Essensrationen auskommen und Fleisch wurde zur Luxusware, aber den meisten ist es gelungen, sich in dieser Situation verblüffend schnell zurechtzufinden.

Ich bin sicher, dass wir uns in einer Welt der nachhaltigen Entwicklung an eine neue Lebensweise anpassen müssen, und ich bin genauso sicher, dass es uns gelingen wird. Die Wahrscheinlichkeit ist groß, dass wir in Zukunft auf viele Waren verzichten müssen, die wir heute im Überfluss haben. Vieles wird aufgrund von Ökosteuern teurer werden, als es heute ist. Wir werden den eigentlichen Preis für Erzeugnisse bezahlen müssen, also nicht nur die Herstellungskosten, sondern auch den Preis für die Entsorgung. Wir werden mehr bezahlen müssen für Dinge, die die Umwelt verschmutzen. Ein mit Benzin betriebenes Auto zu fahren, kann viel teurer werden, wenn es überhaupt noch zulässig ist. Vielleicht werden wir, die wir im reichen Norden leben, weniger oft ins Flugzeug steigen, weniger Fleisch und Süßigkeiten essen und weniger energieschluckende Hilfsmittel besitzen. Wir müssen uns vielleicht auch damit abfinden, dass wir nicht so viele Kinder bekommen dürfen, wie wir gern wollen.

Aber das bedeutet nicht, dass das Leben nicht mehr lebenswert sein wird. Wir müssen unsere Gewohnheiten in einer Welt der nachhaltigen Entwicklung sicher völlig ändern, aber wir werden auch die angenehmen Seiten eines einfacheren Lebens zu schätzen lernen.

# 8 Eine vereinte Welt

Der Vorratsschrank in meiner Küche sagt viel über unsere Welt aus. In ihm stehen Reis aus Indien, Kaffee aus Brasilien, Kakaopulver aus Afrika, Kichererbsen aus dem Nahen Osten, Knäckebrot aus Schweden, Maismehl aus den USA, Haferflocken aus Norwegen, Zucker aus Dänemark, Nudeln aus Italien und Olivenöl aus Spanien. Gehe ich ins Wohnzimmer, ist die Vielfalt nicht geringer. Dort gibt es ein Fernsehgerät von einer niederländischen Firma, eine japanische Stereoanlage und einen amerikanischen Computer. Stelle ich den Fernseher an, sind die Chancen groß, dass ich Bilder aus weit entfernten fremden Ländern sehen kann, beispielsweise aus Peru, Kenia oder Korea.

Ich kann aber auch nach draußen gehen und der Welt auf den Straßen meiner norwegischen Heimatstadt begegnen. Die liegt so weit nördlich, dass wir einen langen eiskalten Winter haben, aber trotzdem leben Menschen aller Hautfarben hier. Die vielen verschiedenen Nahrungsmittel in meinem Küchenschrank habe ich in unzähligen Läden gekauft, die Waren aus aller Welt anbieten.

Für mich ist diese Situation völlig normal, aber gelegentlich denke ich daran, wie es vor fünfzig Jahren war. Damals gab es kaum jemanden in Norwegen, der je einen dunkelhäutigen Menschen zu Gesicht bekommen hat. Fernsehen gab es nicht und Kaffee und Tee gehörten zu den exotischsten Waren, die in wenigen Läden angeboten wurden. Zwischen dieser und meiner Zeit hat es eine der wichtigsten Entwicklungen unserer Geschichte gegeben: die Globalisierung.

# Globalisierung

Das Wort Globalisierung kommt von »Globus«, was wiederum »Erdball« bedeutet. Von Globalisierung spricht man bei Ereignissen, die alle Menschen auf dem Erdball betreffen und die Länder und Menschen miteinander verbinden. Es gibt viele Arten von Globalisierung. Politiker reden häufig von einer Globalisierung des Handels. Und der ist die Ursache für meinen interessanten Küchenschrank.

Anfang des 20. Jahrhunderts war es schwierig, Waren in ein anderes Land zu exportieren. Viele Produkte waren im Ausland viel zu teuer, weil sie mit hohen Zöllen belegt wurden. Es war üblich, Fleisch, Gemüse und Obst aus dem Ausland zu verbieten, weil diese Waren mit den Produkten der heimischen Bauern konkurrierten. Heute gibt es jedoch »Freihandelsabkommen«, die von den meisten Ländern unterzeichnet wurden. Sie erleichtern den An- und Verkauf von Waren und versorgen uns mit einem riesigen Angebot aus aller Welt.

Auch die Wirtschaft wird globaler. Riesige Geldsummen werden heute über Landesgrenzen hinweg verschoben. Computer haben es möglich gemacht, dass innerhalb von Sekunden Millionenbeträge von Taiwan nach Deutschland überwiesen werden können. Es ist nicht ungewöhnlich, dass Menschen in einem Betrieb arbeiten, dessen Zentrale sich im Ausland befindet. Das heißt, es ist gar nicht mehr so wichtig, *wo* eine Firma ihre Zentrale hat. Zum Beispiel haben japanische Autofirmen viele Fabriken in Europa und den USA und amerikanische Computerfirmen lassen das Innenleben ihrer Computer in Asien herstellen.

Diese Seite der Globalisierung wird allerdings nicht so gern gesehen. Wenn es so einfach ist, irgendwo auf der Welt Arbeitsplätze zu schaffen, können sie leicht in Länder verlagert werden, wo die Löhne niedrig sind. Es ist verständlich, dass das den gut bezahlten Arbeitern in Europa nicht gefällt. Aber die Globalisierung führt dazu, dass die großen Konzerne sehr viel Macht haben. Sie haben hun-

Überlegen wir mal, welche Firmen wir kennen, die Autos, Elektronik oder Erfrischungsgetränke herstellen. Wir können fast sicher sein, dass Menschen auf der ganzen Welt diese Namen kennen. Überall sehen die Menschen die gleichen Werbeplakate für die gleichen Produkte. Wir leben in einer Zeit der Globalisierung.

Um den Welthandel zu vereinfachen, müssen die Zollbestimmungen für Wareneinfuhren in ein Land vereinfacht werden. Dafür ist die Welthandelsorganisation WTO (World Trade Organisation) verantwortlich. Es gibt große Wirtschaftsregionen, in denen bereits kein Zoll mehr erhoben wird, wenn Waren die Landesgrenzen überqueren, so zum Beispiel die NAFTA, Mercosur und die EU.

derttausende Angestellte auf der ganzen Welt und verbuchen Einnahmen wie ein kleiner Staat. Indem solche Firmen drohen, Arbeitsplätze und Geld in andere Länder zu verlagern, beeinflussen sie die Politik eines Landes.

Viele Menschen gehen davon aus, dass die großen Firmen in Zukunft immer größer werden. In den Neunzigerjahren gab es viele Firmenzusammenschlüsse und es sieht ganz danach aus, als würde es auch in Zukunft so weitergehen. Setzt sich der Trend fort, gibt es im Jahr 2050 vielleicht nur noch eine Hand voll Firmenriesen, die die Macht über die gesamte Weltwirtschaft haben. Da die Geschäftsleitung privater Firmen nicht vom Volk gewählt wird, liegt künftig sehr viel Macht in den Händen von wenigen Menschen, die keine Rücksichten nehmen müssen.

Das beunruhigt die Wettbewerbshüter in Europa und den USA. In den USA können Firmen gezwungen werden, sich aufzuspalten, wenn sie zu groß werden (1999 gab es dort ein Verfahren gegen die weltweit größte Softwarefirma, weil sie zu viel Macht an sich reißen wollte). Aber die Erfahrung hat gezeigt, dass es heute kaum mehr gelingt, die Macht großer Konzerne wirklich in Schach zu halten.

Die Globalisierung hat auch zur Folge, dass immer mehr Menschen aus ihrem Land auswandern. Heute machen sich mehr Menschen als je zuvor auf den Weg in ein anderes Land, nicht zuletzt, um Arbeit zu finden. Auch das ist eine Seite der Globalisierung, die Konflikte schafft. Wenn Menschen aus dem Ausland kommen, um Arbeit zu suchen, bekommen die einheimischen Arbeitnehmer Angst um ihre Arbeitsplätze. Das ist verständlich, vor allem, wenn wir bedenken, dass es heute in Europa etwa siebzehn Millionen Arbeitslose gibt.

Aber es ist nicht sicher, dass die Entwicklung so weitergehen wird. Noch vor dem Jahr 2020 könnten die meisten reichen Länder an einer Überalterung ihrer Bevölkerung leiden (vgl. S. 154f.). Das bedeutet, dass es in Europa einen Mangel an Arbeitskräften gäbe. Falls diese Entwicklung eintrifft, wird die Globalisierung von großem Nutzen sein. Innerhalb kürzester Zeit kann man Millionen Menschen aus allen Teilen der Erde anwerben, um den Arbeitskräftemangel auszugleichen. Insofern kann die Einwanderung von Menschen aus fernen Ländern künftig noch viel üblicher werden. Aber global orientierte Firmen können eben auch jederzeit ihre Betriebe dorthin verlagern, wo es genug geeignete Arbeitskräfte gibt.

## Das globale Dorf

Die Globalisierung unserer Gedanken und Lebensgewohnheiten bemerken wir am deutlichsten. Nehmen wir unsere Essgewohnheiten. In Norwegen haben die meisten Menschen jahrhundertelang einfache Kost zu sich genommen, bestehend aus Fleisch, Fisch und Kartoffeln. Sie haben wenig Kräuter und wenig Gemüse verwendet. Seit den Siebzigerjahren hat sich das völlig verändert. Heute ist es genauso üblich, amerikanische Hamburger, italienische Pizzen und mexikanische Tacos zu essen wie einheimische Gerichte. So ist es fast überall auf der Welt. In dieser Form der Globalisierung sehen die wenigsten Menschen eine Gefahr, im Gegenteil.

Das Fernsehen hat für die Globalisierung eine größere Rolle gespielt als irgendeine andere Erfindung. Überall sehen die Menschen dieselben Sportereignisse und dieselben Fernsehserien. Es ist kaum vorstellbar, dass sich zwei Milliarden Menschen dasselbe Fußballspiel anschauen. Dass die ganze Welt über dasselbe Ereignis spricht, ist neu. Heute gibt es globale Berühmtheiten, zum Beispiel Musiker, Sportler oder Politiker, die jeder aus dem Fernsehen kennt.

Viele kritisieren am Fernsehen, dass der Zuschauer passiv ist und nur auf einen Kasten starrt, aber das stimmt nicht ganz. Fernsehen kann etwas bewirken. Millionen Touristen reisen an exotische Orte, die sie im Fernsehen gesehen haben. Millionen Arbeit Suchende aus armen Ländern versuchen in die reichen Länder zu gelangen, die sie aus dem Fernsehen kennen.

Wenn die Menschen etwas Ergreifendes im Fernsehen sehen – Bilder von einem Krieg oder einer Naturkatastrophe –, haben sie den Wunsch zu helfen. Fernsehberichte

Es wurde schon häufig versucht, eine »Weltsprache« zu entwickeln, die in allen Ländern verwendet wird. Die bekannteste davon ist Esperanto, eine weitere ist Volapük. Sie sind beide nicht sehr verbreitet. Die Sprache, die von den meisten Menschen gesprochen wird, ist eine bestimmte Variante des Chinesischen. Aber die, die sie sprechen, sind fast ausschließlich Chinesen. Englisch gilt als die am meisten verbreitete Sprache – mit ihr kann man sich fast überall in der Welt verständigen. Auch Spanisch und Französisch wird in vielen Ländern gesprochen.

*Der Hamburger ist ein Beispiel für Lebensmittel, die überall gegessen werden.*

Heute ist es üblich, das Internet zu benutzen, um andere Menschen kennen zu lernen. Es gibt zigtausend Diskussionsgruppen im Internet, die sich mit allen möglichen Themen beschäftigen, und alle Anwender können dabei mitmachen. Dies ist ein schönes Beispiel für die Globalisierung von Ideen: Im Internet kann niemand sehen, wer man ist oder wo man wohnt. Wichtig ist, was man zu sagen hat.

haben in den reicheren Ländern große Spendenaktionen ausgelöst. Das Fernsehen trägt dazu bei, eine Art »globales Bewusstsein« zu schaffen. Kein Mensch kann so tun, als existierten weder Umweltprobleme noch Armut. Das Fernsehen zeigt uns Abend für Abend, dass es diese Probleme gibt. Und es zeigt uns, wie ähnlich die Menschen im Prinzip einander sind, egal wo sie wohnen.

Wenn Menschen aus aller Welt durch das Fernsehen näher zusammenrücken, spricht man gelegentlich vom »globalen Dorf«, nach dem Buch eines amerikanischen Wissenschaftlers. In einem Dorf kennt jeder jeden und alle Neuigkeiten verbreiten sich rasch von Mund zu Mund. Im globalen Dorf »kennen« wir Menschen auf dem ganzen Erdball. Das Fernsehen zeigt uns, wie andere Menschen leben und macht uns mit ihnen vertraut.

Der Unterschied zwischen einem wirklichen und dem globalen Dorf besteht darin, dass man sich mit den Leuten im Fernsehen nicht unterhalten kann. Die Information fließt nur in eine Richtung. Wenn man keine Möglichkeit hat, mit den Leuten, die man sieht, ins Gespräch zu kommen, kann schnell ein Gefühl der Leere und des Alleinseins entstehen.

Gespräche führen kann man aber heute im Internet. Das Internet verbindet Millionen Computer auf der ganzen Welt ohne Rücksicht auf Landesgrenzen. Wer einen Internetzugang hat, kann sich überall auf der Welt bequem Freunde suchen. Wer wie ich meint, dass Sport im Fernsehen etwas Langweiliges ist, kann sich leicht ausgeschlossen fühlen, wenn alle Welt im globalen Dorf die Olympischen Spiele verfolgt. Das Internet macht es aber möglich, Sporthasser auf der ganzen Welt zu treffen, Menschen, die die gleichen Interessen haben wie ich, ohne dass die Entfernung zwischen uns von Bedeutung ist.

## Wird es gar keine Länder mehr geben?

Landesgrenzen sind eine relativ moderne Einrichtung. Fast die ganze Menschheitsgeschichte hindurch haben wir uns frei bewegt, ohne dass wir einen Pass vorzeigen mussten. Und wenn nun Informationen, Menschen, Waren und Geld leicht über Grenzen bewegt werden können, wird es schwieriger, Landesgrenzen von der Art, wie wir sie heute haben, beizubehalten.

Das wird dort besonders deutlich, wo unsere größten Probleme globaler Art sind. Der Treibhauseffekt, die Bevölkerungsexplosion und das Artensterben betreffen uns alle, egal welche Staatsangehörigkeit wir haben. Das gilt auch für Veränderungen in der globalen Wirtschaft. 1998 kam es zu einer großen Wirtschaftskrise, die sich von Asien rasch über den Rest der Welt ausbreitete. Keine Grenzen können ein Land schützen, wenn die restliche Welt in eine schwere wirtschaftliche Krise gerät.

Schon 1945 waren die Weltpolitiker vorausschauend genug, dies zu begreifen. Damals gründeten sie eine Organisation, die sich Problemen annimmt, die den ganzen Erdball betreffen. Die Vereinten Nationen (UNO; vgl. S. 44) sind in den letzten Jahren immer wichtiger geworden. Die UNO organisiert wichtige Umweltkonferenzen, um die es weiter vorn im Buch schon ging. Die UNO trägt die Verantwortung, Kinder in der Dritten Welt gegen gefährliche Krankheiten zu impfen. Der UNO kommt auch die Rolle zu, in Kriegsfällen zu schlichten, Flüchtlingen zu helfen und Länder nach einer Naturkatastrophe beim Wiederaufbau zu unterstützen.

Fast alle Länder der Erde sind Mitglied der UNO. Für kleine Länder ist die Mitgliedschaft in der UNO besonders

Der dänische Physiker Niels Bohr (1885–1962) begriff, dass die Welt nach der Atombombe völlig anders aussehen würde und dass die Großmächte sich dann entscheiden müssten, ob sie in Frieden miteinander leben oder untergehen wollten. Bohr baute auf die Vernunft der Menschen. Er hoffte, dass sie eine Weltregierung einsetzen würden, die die Kontrolle über die gefährlichen Atomwaffen innehat.

wichtig. Sie gibt ihnen Gelegenheit, ihre Sicht der Dinge darzulegen und politisches Gehör zu finden. Der Generalsekretär der UNO ist einer der wichtigsten Politiker der Welt und bei fast allen Verhandlungen beteiligt, wenn es um die Lösung wichtiger Probleme geht.

Die Streitkräfte der UNO setzen sich aus Soldaten der Mitgliedsländer zusammen und werden in Regionen entsandt, in denen Krieg führende Parteien einen Waffenstillstand vereinbart haben. Die UNO-Streitkräfte dienen der Friedenssicherung, d. h., sie sollen verhindern, dass neue Kriege ausbrechen. In der Menschheitsgeschichte ist dies ein neuer und interessanter Gedanke.

Noch immer gibt es viele Kriegsherde auf der ganzen Welt. Solange sich zwei Kriegsgegner nicht darauf einigen können, Frieden zu schließen, kann die UNO keine Soldaten entsenden. Deshalb stellen sich viele eine Zukunft vor, in der die UNO-Streitkräfte eine Art »Weltpolizei« darstellen, die immer dann eingreift, wenn ein Krieg ausbricht. Aber die meisten Länder sind gegen ein solches Eingreifen. Noch heute meinen viele Politiker, dass das, was im eigenen Land geschieht, eine »innere Angelegenheit« ist, die die UNO oder andere Organisationen nichts angeht.

In Zukunft wird die UNO hoffentlich eine noch größere Rolle spielen als heute. Ohne eine gestärkte UNO werden wir die globalen Probleme nicht lösen. Wenn sich das Klima auf der Erde erwärmt und der Lebensmittelmangel zunimmt, kann es sich keine Regierung leisten, so zu tun, als könne sie ohne Zusammenarbeit mit anderen Ländern überleben.

Die Frage ist nicht, ob die Länder künftig zusammenarbeiten wollen, sondern wie weit die Zusammenarbeit gehen soll. In Europa ist der Gedanke der Zusammenarbeit inzwischen sehr weit gediehen. Dort werden die Ländergrenzen allmählich ganz aufgelöst.

# Europas vereinte Staaten

Während ich dies schreibe, findet in Europa gerade ein großes Experiment statt. Die meisten Länder Europas beteiligen sich am Aufbau der Europäischen Union (EU). Alles begann mit einem Handelsabkommen zwischen ein paar wenigen Ländern Mitteleuropas in den Fünfzigerjahren. Zur Zeit setzt sich die EU aus fünfzehn Ländern zusammen, die immer mehr Angelegenheiten einheitlich regeln. Mittlerweile können die Europäer in den Ländern der EU reisen, ohne dass sie einen Pass mit sich führen müssen. Einwohner eines EU-Landes haben das Recht, in einem anderen EU-Land Arbeit anzunehmen. Außerdem haben sie einen Anspruch auf Hilfe von den Behörden des betreffenden Landes, genau wie die eigentlichen Einwohner des Landes. Auch Waren können von einem EU-Land über die Grenzen in alle anderen EU-Länder ausgeführt werden, ohne dass Zölle oder Steuern erhoben werden.

Im Jahre 2002 wurde in der EU eine neue Währungseinheit eingeführt, der Euro. Geld, das die Menschen ihr ganzes Leben lang benutzt haben – zum Beispiel die Mark, den Franc, die Lira und die Peseta – verschwand für immer. Die Einführung des Euro bringt viele Vorteile mit sich. Das Reisen in Europa wird leichter, weil man in jedem Land mit dem gleichen Geld bezahlt, also ohne es vorher umtauschen zu müssen. Geschäftsleute, die in anderen Ländern Waren kaufen und verkaufen, sparen Geld, weil es nicht in unterschiedliche Landeswährungen umgerechnet werden muss. Der Euro wird dazu führen, dass die EU-Länder zu einem gemeinsamen Wirtschaftsraum zusammenwachsen. Da die Wirtschaft in modernen Ländern so eine große Rolle spielt, wird dies die EU-Länder noch enger aneinander binden.

Viele glauben, dass infolge des Euro ein riesiges Staatengebilde entsteht, ähnlich wie die USA, die sich aus fünfzig Einzelstaaten zusammensetzen. In den USA hat jeder Einzelstaat seine eigene Regierung, während der Kongress über alles entscheidet, was für das ganze Land wichtig ist.

Der 18. Juli 1998 war ein historisch wichtiger Tag. Damals wurde in Den Haag in den Niederlanden ein internationales Kriegsverbrecher-Tribunal eingerichtet. Soldaten aus der ganzen Welt können vor dieses Gericht gestellt und wegen »Verbrechen gegen die Menschlichkeit« angeklagt werden. Davor war es eher üblich, dass sich die Welt nicht sonderlich um das kümmerte, was innerhalb der Grenzen eines Landes geschah. Aber jetzt kann kein Politiker, Offizier oder Soldat mehr sicher sein, dass seine Verbrechen nicht gerichtlich bestraft werden. Das hat unter anderem der frühere jugoslawische Präsident, Slobodan Milosevic, zu spüren bekommen.

Wenn sich die EU zu den »Vereinigten Staaten Europas« entwickelt, kann das heutige Europaparlament die Rolle des amerikanischen Kongresses übernehmen. Die einzelnen Regierungen der EU werden dann über die wichtigsten Angelegenheiten in ihrem Land selbst entscheiden, während Fragen, die ganz Europa betreffen, im Europaparlament behandelt werden. Und der Präsident der EU wird zum höchsten Politiker Europas, ungefähr so wie der Präsident der USA.

Zur Zeit gibt es nur eine »Supermacht« auf der Welt: die USA. In Europa glauben viele, dass die EU bis zum Jahr 2050 zu einer neuen Supermacht heranwachsen könnte. Schon jetzt hat sie mehr Einwohner und ist wirtschaftlich stärker als die USA. Mehr als zehn Länder stehen auf der »Warteliste«, um als Mitglied in die EU aufgenommen zu werden. Wenn die Entwicklung so weitergeht, kann es sein, dass wir im Jahr 2050 die »Vereinigten Staaten Europas« haben. Die USE (United States of Europe) werden aus mehr als dreißig Einzelstaaten bestehen.

Skeptiker bezweifeln, dass es so weit kommen wird. Die meisten Europäer sind immer noch sehr stark an das Land gebunden, in dem sie geboren und aufgewachsen sind. Die europäischen Länder sind auch in kultureller Hinsicht sehr verschieden, denken wir nur an die unterschiedlichen europäischen Sprachen. In den USA sprechen fast alle Englisch, in der EU gibt es allein elf offizielle Sprachen. Das größte Problem für diesen Riesenstaat besteht darin, dass die Menschen das Gefühl haben werden, kein wirkliches Mitspracherecht zu besitzen, denn die wichtigen Entscheidungen werden in einer fernen Großstadt getroffen, von Politikern, die die Verhältnisse der einzelnen Länder kaum kennen.

## Der Weltstaat

Es gibt jedoch auch Menschen, die glauben, dass sogar die ganze Welt einmal zu einer Staatengemeinschaft zusammenwächst. Aber die Probleme, die man in der EU hat, verblassen vor den Problemen, die der »Weltstaat«

haben wird. Man kann sich nur schwer vorstellen, dass zum Beispiel das kleine Island zu dem gleichen Staat gehören soll wie das riesige China. Dass sich Indien und Pakistan, die heute unversöhnliche Feinde sind, eines Tages zusammenschließen, scheint ebenfalls unvorstellbar.

Aber vor gerade mal hundert Jahren wäre es unmöglich gewesen, sich die UNO vorzustellen. Kein Mensch hat damals geglaubt, dass große und kleine Länder gemeinsame Lösungen für weltweite Probleme finden könnten. Heute heißt der Generalsekretär der UNO Kofi Annan, der aus dem kleinen und weltpolitisch unbedeutenden afrikanischen Land Ghana stammt. Die Staatsmänner der mächtigsten Länder der Welt sind gezwungen, ihn ernst zu nehmen, wenn er das Wort ergreift, weil er im Namen der ganzen Welt spricht.

Was heute noch undenkbar scheint, kann sich in Zukunft als vernünftig herausstellen. Wenn sich die Globalisierung fortsetzt wie bisher – mit immer mehr grenzüberschreitenden Reisen und internationalem Handel mit Waren und Geld –, werden sich die Menschen an den Gedanken einer Welt ohne Grenzen gewöhnen. Und wenn immer mehr globale Beschlüsse von allen Staatsmännern gemeinsam getroffen werden müssen, wird es seltsam wirken, wenn sie andererseits so tun, als seien ihre Länder noch völlig unabhängig.

Die Raumfahrt kann bewirken, dass der Weltstaat schneller kommt, als wir ahnen. Astronauten waren die ersten Menschen, die unseren Planeten aus dem All gesehen und begriffen haben, dass Landesgrenzen nur eine Erfindung der Menschen sind. In der Raumfahrt werden Länder zur Zusammenarbeit gezwungen, weil sie sehr kostspielig ist. Wollen wir Menschen auf den Mars schicken, kann kein Land der Erde dies allein tun. Ein Flug zum Mars wird eine internationale Gemeinschaftsanstrengung sein.

Viele Wissenschaftler glauben, dass im Jahr 2100 Menschen dauerhaft auf dem Planeten Mars leben können. Stellen wir uns vor, was in ein paar hundert Jahren passieren kann, wenn die Siedlung auf dem Mars beschließt, sich von der Erde abzuspalten. Vielleicht wird die »Unabhän-

Es kommt zu Kriegen, wenn eine große Gruppe Menschen geplant oder organisiert Gewalt gegen eine andere Gruppe von Menschen ausübt. Im Großen und Ganzen gibt es Kriege nur bei uns Menschen. Aber das stimmt nicht ganz. Die Affenforscherin Jane Goodall (geb. 1934) hat entdeckt, dass Schimpansenhorden benachbarte Horden angreifen, um deren Gebiet zu erobern. Schimpansenkriege können viele Schimpansenleben fordern. Auch Ameisen und Termiten sammeln sich zu großen Heeren, die andere Ameisenhaufen oder Termitenbauten angreifen. Was uns von Affen und Termiten unterscheidet, ist, dass wir es eigentlich besser wissen sollten!

*Menschen sind nicht die Einzigen, die Krieg führen. Auch einige Ameisenarten können in den Krieg ziehen.*

gige Republik Mars« als gefährlicher Konkurrent oder gar als Bedrohung der Erdbewohner angesehen. Dann werden die Anhänger des Weltstaats ein gutes Argument für die Durchsetzung ihrer Überzeugung haben. Eine vereinte Erde kann ganz anders handeln als mehrere hundert einzelne Länder.

Vielleicht entdecken wir andernorts im Universum intelligentes Leben. Wir wissen nicht, wann und wie das geschehen wird, aber solange wir danach suchen, kann es jederzeit passieren. Die meisten Wissenschaftler, die an Leben im Universum glauben, gehen davon aus, dass die fremden Lebewesen friedlich gestimmt sind. Aber das ist keineswegs *sicher*. Und wenn wir Lebewesen entdecken, die nicht friedlich sind? Oder wenn wir die fremden Lebewesen nicht verstehen, so dass wir nicht wissen, ob sie uns freundlich gesinnt sind oder nicht?

Dann kann es auch passieren, dass sich alle Länder zusammenschließen, denn nichts wirkt auf Menschen so vereinigend wie ein gemeinsamer Feind. Der Feind muss nicht einmal lebendig sein. Eine sich anbahnende Naturkatastrophe, zum Beispiel ein Komet, der auf Kollisionskurs zur Erde ist, kann die Länder ebenfalls zusammenschweißen.

Viele Menschen glauben, dass der Weltstaat Kriege zwischen Ländern beenden wird. Wenn Länder miteinander zusammenarbeiten, bedarf es größerer Konflikte, damit

Kriege ausbrechen. Aber der Weltstaat kann keine Bürgerkriege verhindern, d.h. Kriege zwischen Volksgruppen eines Landes. Ich gehöre zu den Menschen, die glauben, wir müssen jederzeit darauf vorbereitet sein, dass Menschen zur Waffe greifen, um aufeinander loszugehen. Wir werden auch in Zukunft Kriege erleben, aber sie können ganz anders aussehen als die Kriege heute.

## Krieg und Frieden in der Zukunft

Kriege gehören zu den Ereignissen, die schwer vorherzusagen sind. Wo und wann genau Kriege ausbrechen werden, können wir nicht sagen. Aber die Wissenschaft weiß ziemlich genau, warum es zu Kriegen kommt. Da wir die Ursachen von Kriegen kennen, können wir etwas darüber sagen, mit welcher Art von Kriegen wir künftig häufiger zu tun haben werden und mit welcher nicht.

Kriege zwischen Großmächten, wie der Erste und der Zweite Weltkrieg, werden in Zukunft seltener sein. In diese Kriege waren die mächtigsten Länder der Erde verwickelt. Die Länder setzten alle Waffenarten gegeneinander ein. Der Zweite Weltkrieg war besonders blutig. Er dauerte sechs Jahre und forderte fünfzig bis hundert Millionen Menschenleben.

Der Zweite Weltkrieg war es auch, der dieser Art von Kriegen ein Ende gesetzt hat. Im August 1945 wurden über den Städten Hiroschima und Nagasaki in Japan zwei Atombomben abgeworfen. Das hat die Kriegführung für immer verändert. Die Atombombe ermöglichte es, eine ganze Stadt auf einmal auszulöschen. Und seit in den Fünfzigerjahren die Wasserstoffbombe und Raketen mit atomaren Sprengköpfen hinzukamen, wurde es möglich, innerhalb von wenigen Stunden das Leben eines ganzen Landes auszulöschen.

Die zwei Großmächte, die es nach dem Zweiten Weltkrieg gab, die USA und die Sowjetunion, konnten keinen Krieg gegeneinander führen. Es wäre sonst darauf hinausgelaufen, dass am Ende beide Länder Atomwaffen einge-

In seinem Buch »Paris im 20. Jahrhundert« (vgl. S. 12) beschreibt Jules Verne, dass die Welt in den Sechzigerjahren den Krieg abgeschafft hat, weil er unvernünftig ist. Wenn es nur so wäre! Mehr als hundert Millionen Menschen sind im Krieg gefallen, seit Verne seinen Roman geschrieben hat. Und es sieht nicht so aus, als ob das Elend vorbei wäre. Während ich dies schreibe, werden weltweit ein Dutzend Kriege geführt. Wir haben zwar bislang keinen neuen Weltkrieg erlebt, trotzdem blieb kein Kontinent von Krieg verschont.

111

Mahatma Gandhi (1869–1948), der indische Vorkämpfer für den Frieden, hat einmal gesagt: »Auge um Auge macht die ganze Welt blind.« Damit meinte er, dass die Menschen früher oder später aufhören müssen, sich für Unrecht zu rächen, weil sonst die Gewalt immer weitergehen wird. Dieses Prinzip wurde 1994 in Südafrika umgesetzt. Damals übernahm die schwarze Mehrheit die Macht im Land, nachdem die weiße Minderheit das Land jahrhundertelang brutal regiert hatte. Es gab keine Racheakte von der schwarzen Bevölkerung. Stattdessen setzte sie auf Vergebung und Versöhnung, weil das der Zukunft des Landes diente. Dass gerade hier Gandhis Worte Wirklichkeit wurden, war insofern passend, als er seine Laufbahn als Anwalt in Südafrika begonnen hatte.

setzt hätten, und selbst wenn eins der Länder danach hätte behaupten können, den Krieg gewonnen zu haben, wäre das Land so zerstört gewesen, dass der Sieg keinen Sinn ergeben hätte. Ein Atomkrieg hätte praktisch zum Untergang unserer gesamten Zivilisation führen können. Albert Einstein formulierte es so: »Der Vierte Weltkrieg wird mit Steinäxten ausgetragen.«

Diese Situation nannte man »atomares Patt« oder »Gleichgewicht des Schreckens« und sie war der Grund, weshalb die USA und die Sowjetunion es mehr als vierzig Jahre lang unterließen, sich gegenseitig mit Waffen anzugreifen. Sie war auch der Grund dafür, dass wir in Europa keinen neuen kontinentalen Krieg mehr erlebt haben. Vom Ende des Ersten bis zum Beginn des Zweiten Weltkriegs waren gerade mal einundzwanzig Jahre vergangen. Bald liegt das Ende des Zweiten Weltkrieges sechzig Jahre zurück und es ist fast unmöglich, sich einen Krieg in Europa vorzustellen, in den alle Länder des Kontinents verwickelt sind.

Das nukleare Patt war für die beiden Großmächte gefährlich, zwang sie aber dazu, Abrüstungsverhandlungen zu führen. Es wurde zu kostspielig, mit Unmengen von Waffen dazusitzen, die nie benutzt werden sollten. Abkommen wurden getroffen, um möglichst viele der gefährlichen Atomraketen zu beseitigen, aber sowohl die USA als auch Russland haben mehrere tausend behalten und andere Länder sind im Besitz von Atomwaffen, ohne sie abschaffen zu wollen.

Solange es Atomwaffen gibt, wird es keine Kriege mehr wie den Ersten und Zweiten Weltkrieg geben. Auch wenn wir alle Atomwaffen verbieten, wissen Wissenschaftler, wie sie hergestellt werden können. Ein Land mit fähigen Wissenschaftlern, ausgebauter Industrie und ein paar Tonnen der entsprechenden Rohstoffe kann Atomwaffen produzieren.

Allmählich sehen wir aber, wie die Kriege der Zukunft aussehen könnten. Sie spielen sich nicht zwischen zwei reichen Großmächten in Europa ab, sondern zwischen einzelnen widerstreitenden Volksgruppen, die um ihre Vormacht kämpfen. Beispiele kennen wir aus Ost-Timor in Südostasien, aus Ruanda in Afrika und bei uns in Europa in Nordirland oder Ex-Jugoslawien. Bei vielen dieser Kriege geht es oft um religiöse, sprachliche oder kulturelle Unterschiede.

Wenn die Bevölkerung weiterhin wächst und die Natur in großen Teilen der Erde zerstört wird, wird das Überleben immer schwieriger. Dann werden noch mehr Kriege ausbrechen, weil die Menschen um die Ressourcen in einer Region kämpfen werden, zum Beispiel um Wasser.

Ein englisches Sprichwort besagt: »Leere Hände machen dem Teufel die Arbeit.« Es sagt etwas über eine wichtige Kriegsursache aus. Wenn junge Menschen jahrelang arbeitslos sind, ist es nicht schwer sie aufzuhetzen und für einen Krieg zu gewinnen. Jemand, der nicht an die Zukunft glaubt, hat auch nicht das Gefühl, etwas zu verlieren.

In den reicheren Ländern glauben viele, dass fortschrittlichere Waffentechnik künftig für kürzere und vernichtendere Kriege sorgen wird. Schon jetzt verfügen die Großmächte über »Superwaffen«. Die Waffen der Zukunft werden noch viel leistungsfähiger sein als die heutigen. Weiter hinten kann man lesen (vgl. S. 162, S. 189), wie neue Erfindungen in Kriegen ausprobiert und eingesetzt werden können, unter anderem leistungsfähigere Computer, Roboter, Nanomaschinen und Superbakterien, die mithilfe von Gentechnologie und Replikatoren hergestellt werden.

Die beste Methode, zukünftige Kriege zu verhindern, besteht deshalb darin, die Bevölkerungsexplosion zu bremsen und eine nachhaltige Entwicklung zu mehr Wohlstand durchzusetzen. Auch müssen wir uns mehr als jetzt darauf konzentrieren, Konflikte zu lösen. Friedensvermittler zu sein, also jemand, der zwischen zwei Kriegsparteien steht und sie dazu bewegen will, sich einig zu werden, ist der schwierigste Beruf der Welt. Trotzdem haben Friedensvermittler in den letzten Jahrzehnten viel erreicht. Im Nahen Osten wie in Nordirland haben sie verfeindete Parteien an den Verhandlungstisch gebracht. Auch wenn die Friedensarbeit schwere Zeiten erlebt, lässt sich hoffen, dass die

Es gibt eine Vereinbarung darüber, wie sich die Länder im Weltall zu verhalten haben. Das Abkommen wurde von der UNO erwirkt und trägt den Titel »Friedliche Nutzung des Weltraums«. Es wurde 1967 von Ländern wie den USA und der Sowjetunion (jetzt Russland) unterzeichnet. Das UN-Abkommen kann in Zukunft eine wichtige Rolle spielen, weil es die Anwendung von Massenvernichtungswaffen im Weltall verbietet.

Kriege der Zukunft gleich nach ihrem Beginn beendet werden können oder vielleicht gar nicht erst entstehen, weil wir bei der Suche nach Lösungen immer mehr Fortschritte machen.

# 9  Informationen und Atome transportieren

*Der deutsche Superzug »Transrapid«*

Die Globalisierung begann vor zehntausenden von Jahren, als die Menschen lernten, miteinander zu sprechen. Das Wort »Kommunikation« stammt von einem lateinischen Wort mit der Bedeutung »gemeinsam«, und genau darum geht es. Kommunikation bedeutet, Gedanken mit einem oder mehreren Menschen zu teilen. Es bedeutet, Informationen zu übermitteln. Von den wichtigsten Erfindungen, die im Lauf der Zeit gemacht wurden, haben viele mit Kommunikation zu tun.

Und wir tauschen nicht nur Ideen aus. Wir verschieben Atome, Menschen, Gegenstände. Das nennen wir »Transport«, ein Begriff, der vom lateinischen Wort für »etwas tragen« kommt. Transport und Kommunikation gehören zu den wichtigsten Wirtschaftszweigen der Welt. Milliarden Menschen benutzen täglich Transport- und Kommunikationsmittel.

# Drei Milliarden Autos sind zu viel!

Wenige Zukunftsvorhersagen sind so sicher wie diese: Das benzinbetriebene Auto wird verschwinden. Nicht nur, weil es wenig umweltfreundlich ist, sondern auch weil das Öl zur Neige gehen wird. Heute sind Millionen Menschen von benzinbetriebenen Autos abhängig. Für sie gilt es eine Alternative zu finden, lange bevor die letzten Ölquellen um das Jahr 2100 versiegen.

In den reicheren Ländern ist es üblich, dass eine Familie mindestens ein bis zwei Autos besitzt. Würden alle auf der Welt so leben, hieße das, wir hätten im Jahr 2050, mit zehn Milliarden Menschen auf der Erde, mindestens drei Milliarden Autos auf den Straßen. Das wird nicht passieren. So viele Autos würden unglaubliche Mengen Energie benötigen, entweder in Form von Benzin oder in Form von Strom. Man bräuchte auch verheerende Mengen Energie und Rohstoffe für die Herstellung und außerdem Parkraum und neue breite Straßen in Regionen, die heute noch relativ unzerstört sind. Autobahnen bedecken schon jetzt viel fruchtbares Land, aber es wird noch viel mehr verloren gehen, wenn sich alle Menschen auf der Welt Autos anschaffen.

Wäre die Chemie auf unserer Seite, hätte ich diesen Abschnitt nicht schreiben müssen. Um das Jahr 1900 wurden sowohl elektrische als auch benzinbetriebene Autos angeboten. Das erste Auto, das schneller als 100 km/h fuhr, wurde mit Strom angetrieben. Allerdings fehlten gute Batterien. Elektrisch angetriebene Autos bezogen ihre Energie von Batterien, die, kaum aufgeladen, schnell wieder leer waren. Nach einigen Kilometern blieben die Elektroautos stehen und die Batterien mussten stundenlang aufgeladen werden.

Das Elektroauto war zum Scheitern verurteilt, weil es den Technikern nicht gelang, Batterien mit großer Kapazität und kurzer Ladezeit zu entwickeln. Bis zum heutigen Tag müssen die meisten Elektroautos nach hundert Kilometern eine Pause einlegen und eine Stunde oder länger aufgeladen werden. An diesem Umstand tragen aber nicht

Computergesteuerte Autos können viele Verkehrsprobleme lösen. Die meisten Unfälle passieren, weil ein Autofahrer einen Fehler macht, den ein Computer niemals gemacht hätte. Computergesteuerte Autos kommen leichter voran, weil sie mit anderen Autos kommunizieren und deshalb wissen, wo der Verkehr am dichtesten ist. Heute ist es für uns noch unvorstellbar, das Steuer einer Maschine zu überlassen. Wenn wir aber an die vielen Menschen denken, die jedes Jahr bei Verkehrsunfällen ums Leben kommen, stellt sich die Frage, wie wir es wagen können, Menschen hinters Lenkrad zu lassen.

etwa unfähige Techniker die Schuld. Im Innern einer Batterie spielen sich chemische Reaktionen ab. Diese chemischen Reaktionen begrenzen die Kapazität und die Ladezeit einer Batterie. Elektroautos sind nach wie vor selten, auch wenn sie billiger im Unterhalt, leiser und umweltfreundlicher sind.

Es bestünde die Möglichkeit, anstelle von Batterien auch Brennstoffelemente zu verwenden. Brennstoffelemente sind gewissermaßen Batterien, die durch die Zufuhr von Wasserstoff »aufgeladen« werden. Wenn eine Brennstoffzelle Strom erzeugt, kommt aus dem Auspuffrohr Wasserdampf. Brennstoffzellen werden seit den Sechzigerjahren in der Raumfahrt eingesetzt, stellen uns aber vor ein großes Problem. Alle Autos und Tankstellen der Welt müssten umgerüstet werden.

Wir wissen, dass eine Erfindung, die sich als zu umständlich entpuppt, von den Menschen abgelehnt wird. Deshalb setzen einige Wissenschaftler inzwischen lieber ihr Vertrauen in ein »Hybridauto«. Das Wort *Hybride* bedeutet »Mischung«. Ein Hybridauto hat sowohl einen elektrischen als auch einen Benzinmotor. Wenn das Auto aus sehr leichten und robusten Materialien gebaut wird und ein Computer dafür sorgt, dass die beiden Motoren effektiv eingesetzt werden, kann es mit einem Liter Benzin zehnmal so weit fahren wie die Autos unserer Zeit.

Wird das Benzin durch Biobrennstoff ersetzt, kann das Hybridauto ohne fossile Brennstoffe auskommen. Aber das Hybridauto löst nicht die anderen Umweltprobleme, die Autos mit sich bringen, und es macht das Fahren nicht einfacher. Und es wird auch noch mehr Verkehrsstaus geben, je mehr Menschen sich Autos anschaffen.

Von meinem Platz aus kann ich mehrmals pro Stunde das Rumpeln einer vorbeifahrenden Straßenbahn hören. Oslo gehört zu den wenigen Städten Europas, die ihre alten elektrischen Straßenbahnen behalten haben. In vielen Ländern verschwand die Straßenbahn aus den Städten, als der Autoverkehr zunahm. Die Schienen auf den Straßen wurden als problematisch angesehen und die Straßenbahn wurde von U-Bahnen und Bussen ersetzt. Aber nach und

Vielleicht gehört die Zukunft dem Schwungrad. Ein Schwungrad ist ein großes schweres Rad, das sich schnell dreht und dadurch viel Energie speichert. Geplant ist, das Schwungrad waagrecht unter ein Auto zu montieren, wo es einen Generator antreibt, der den Motor in Gang hält. Zum »Auftanken« braucht man nur ausreichend Elektrizität, um die Geschwindigkeit des Schwungrads wieder zu erhöhen. Das größte Problem bei einem Schwungrad ist: Was geschieht mit dem Rad, falls das Auto einen Zusammenstoß hat?

Intelligente Ideen können das Verkehrsaufkommen verringern. An vielen Arbeitsplätzen gibt es kostenlose Parkplätze für die Angestellten. Wenn sich der Arbeitgeber die Parkplätze bezahlen lässt und gleichzeitig den Lohn um den Betrag erhöht, den ein Parkplatz kostet, kann, wer immer möchte, weiterhin mit dem Auto zur Arbeit kommen, ohne einen Unterschied im Gehalt zu spüren. Wer sich jedoch ein höheres Gehalt wünscht, kann sich billigere Anfahrtsmöglichkeiten suchen und das Parkgeld in die eigene Tasche stecken. Parkplätze, die auf diese Weise frei werden, können wiederum an andere Autofahrer vermietet werden, wodurch auch der Arbeitgeber an dieser Regelung verdient.

nach taucht die Straßenbahn wieder auf. Busse verschmutzen die Umwelt und der Bau von U-Bahnen ist teuer. Dagegen sind Straßenbahnen eine billige und umweltfreundliche Alternative für alle, die kein Auto benutzen möchten.

Für kurze Entfernungen ist aber immer noch das Fahrrad das geeignetste und umweltfreundlichste Transportmittel. Es gibt Fahrräder mit Elektroantrieb, der dem Radfahrer hilft, Steigungen leichter zu bewältigen und weitere Strecken zurückzulegen, bevor er ermüdet. Straßenbahnen und Fahrräder zeigen uns, dass wir viele intelligente Lösungen für die Zukunft bereits aus der Vergangenheit kennen.

## Superflugzeuge und Superzüge

Heute befördern Fluggesellschaften weltweit Millionen Menschen pro Tag. In den letzten Jahrzehnten hat der Flugverkehr unaufhaltsam zugenommen und wird auch noch weiter ansteigen. Fast alle Fluggäste werden mit Passagierflugzeugen befördert, die sich seit den Sechzigerjahren kaum noch verändert haben, und eine Atlantiküberquerung dauert heute genauso lange wie 1969.

Ende der Sechzigerjahre wurde ein neues »Superflugzeug« gebaut, die Concorde, die doppelt so schnell fliegt wie ein gewöhnliches Passagierflugzeug. Viele glaubten, die Concorde würde sich zum Passagierflugzeug der Zukunft entwickeln, aber diese Vorhersage hat sich nicht bewahrheitet. Die Concorde wurde in ihrem Unterhalt nie so preiswert, dass sie mit langsameren Passagierflugzeugen konkurrieren konnte. Heute beschäftigen sich die Forscher mit »Raumfahrzeugen«, die in einer Stunde um die halbe Erde fliegen sollen (vgl. S. 226f.), aber diese Flugzeuge werden niemals so billig werden wie langsamere Passagierflugzeuge.

Wahrscheinlich werden aus diesem Grund die meisten Flugreisenden auch weiterhin mit 900 km/h durch die Luft fliegen. Zur Zeit ist das größte Passagierflugzeug der

Welt die Boeing 747. Es kann 450 Passagiere befördern. Der so genannte Jumbo-Jet wurde erstmals 1968 gebaut und wird vermutlich noch viele Jahrzehnte lang fliegen. Die heutigen Passagierflugzeuge sind so effektiv gebaut, dass einiges passieren müsste, bevor wir uns von anderen Bauweisen überzeugen ließen.

*Das Elektroauto »Think«*

Sollte das heutige Passagierflugzeug ernsthafte Konkurrenz erhalten, dann auf dem Boden. In Europa und Japan gibt es Züge, die schneller als 300 km/h fahren. Diese Züge werden mit Strom betrieben und sind deshalb viel umweltfreundlicher als benzinbetriebene Flugzeuge. Liegt der Abstand zum Reiseziel unter tausend Kilometer, sind die Reisenden in solchen Zügen schneller am Ziel als die Fluggäste. Auch wenn das Flugzeug dreimal so schnell ist, müssen die Passagiere zum Flughafen fahren, einchecken, am Zielort auf ihr Gepäck warten und vom Flugplatz zu ihrem eigentlichen Ziel fahren. Der Zug fährt in der Regel mitten ins Zentrum der großen Städte.

Wir wissen inzwischen, dass Flugzeuge erheblich zum Treibhauseffekt beitragen. Wir wissen außerdem, dass es zu immer größeren Verkehrsstaus in der Luft kommt. Wissenschaftler gehen davon aus, dass im 21. Jahrhundert mehr Flugzeugunglücke passieren werden als heute, weil zu viele Flugzeuge in der Luft sein werden. Dann wären Superzüge eine durchaus brauchbare Alternative.

Aber auch der Superzug ist nicht ohne Probleme. Während ich das schreibe, diskutieren Politiker und Wissenschaftler in Deutschland, ob sie den modernsten Zug der Welt bauen sollen, die *Magnetschwebebahn*. Dieser Zug hat technisch keinerlei Ähnlichkeit mit früheren Zügen. Er bewegt sich direkt über einer flachen, breiten Schiene. Elektromagnetische Kräfte lassen den Zug schweben (daher auch sein Name). Die Schwebebahn hat keine Räder und keinen normalen Motor, ihr Antrieb erfolgt durch elektromagnetische Kräfte. Da die Schwebebahn keinen Bodenkontakt hat, kann sie sich theoretisch fast genauso schnell fortbewegen wie ein Passagierflugzeug.

Es kann sein, dass der Flugverkehr im Jahr 2050 weitestgehend von Zügen wie der Magnetschwebebahn abgelöst ist, aber es kann auch sein, dass sich die Schwebebahn nicht rechnet. Die Produktion ist teuer, der Antrieb hat einen sehr hohen Energieverbrauch und die flache, breite Schiene, die auf hohen Stelzen verläuft, erfordert genauso viel Platz wie eine Autobahn und zerstört erheblich das Landschaftsbild. Es ist nicht sicher, dass sich die Magnetschwebebahn als Transportmittel durchsetzt.

Vielleicht ist das aber gar nicht so schlimm. Wenn wir den Zukunftsforschern Glauben schenken, werden die Menschen künftig weniger reisen als heute. Anstatt Menschen werden nämlich in erster Linie Informationen transportiert.

## Digitale Information

In den reicheren Ländern haben die Menschen ein riesiges Angebot an Information: Bücher und Zeitungen, Radio und Fernsehen sowie neuerdings das Internet. Immerzu müssen dabei Informationen bewegt werden. Die Nachrichten im Fernsehen und in den Zeitungen werden uns von Fernsehsendern und Zeitungsredaktionen übermittelt. Jedes Jahr werden mehr Informationen transportiert, zigtausende neuer Bücher werden veröffentlicht, Zeitungen und Zeitschriften erscheinen in Millionenauflagen und hunderte neuer Fernseh- und Radiokanäle entstehen neu.

Wir leben in einer Informationsgesellschaft, in der es immer schwieriger wird, all diese vielen Informationen zu bewältigen. Niemand kann alle Zeitungen, Zeitschriften und Bücher lesen, die neu erscheinen. Selbst dem Fernsehsüchtigsten gelingt es nicht, mehr als einen Bruchteil des täglich über Satellit oder Kabel erreichbaren TV-Angebots zu nutzen. Der moderne Mensch wird bisweilen von einem fürchterlichen Gefühl geplagt: Draußen in der Welt gibt es interessante Dinge, die schon erforscht sind, über die wir aber nichts erfahren, weil die Informationen für uns unerreichbar irgendwo gedruckt oder über irgendeinen fremden Fernsehsender ausgestrahlt werden!

Wir steuern gerade mit Volldampf in die »Informationsgesellschaft«, in der Informationen wichtiger werden als Waren. Heute gehören einige der weltweit größten Firmen der Informationsbranche an. Der Anteil an Firmen, die in diesem Bereich tätig sind, wächst ständig.

| Zahl | Buchstabe | Zahl | Buchstabe | Zahl | Buchstabe |
|------|-----------|------|-----------|------|-----------|
| 65 | A | 74 | J | 83 | S |
| 66 | B | 75 | K | 84 | T |
| 67 | C | 76 | L | 85 | U |
| 68 | D | 77 | M | 86 | V |
| 69 | E | 78 | N | 87 | W |
| 70 | F | 79 | O | 88 | X |
| 71 | G | 80 | P | 89 | Y |
| 72 | H | 81 | Q | 90 | Z |
| 73 | I | 82 | R | | |

In Computern werden Buchstaben als digitale Zahlen gespeichert. Der ASCII-Code ist eine gängige Methode für dieses Verfahren.

Wären wir nicht in der Lage, Informationen zu digitalisieren, gäbe es keinen Ausweg aus dieser Situation. Informationen zu digitalisieren bedeutet, Informationen in Form von Zahlen zu speichern. Ein gutes Beispiel für Informationen, die sich leicht digitalisieren lassen, sind Buchstaben. Ich habe dieses Buch mit einem Textverarbeitungssystem auf einem Computer geschrieben. In Computern werden Buchstaben in Form von Zahlen gespeichert. Jedem Buchstaben wird eine bestimmte Zahl zugeordnet. Alle Buchstaben in diesem Buch waren anfänglich digitale Zahlen, die im »Gedächtnis« des Computers gespeichert wurden. Nachdem ich den Text fertig hatte, wurde er zu dem, was er jetzt ist. Der Text in einem Buch ist *nicht* digital. Die Buchstaben auf dieser Seite wurden durch den Druck von Druckerschwärze auf Papier erzeugt. Ob ich die Buchstaben auf einem Bildschirm oder in einem Buch sehe, ist normalerweise nicht weiter von Bedeutung (außer, dass es natürlich praktischer ist, ein Buch zu lesen). Aber wenn ich den Text noch weiter nutzen möchte, lässt sich der digitale Text vielfältiger verarbeiten.

Wenn ich von dem Text in diesem Buch eine Kopie erstellen möchte, ist das mit einem Buch aus Papier ziemlich umständlich. Da der Text in Form von kleinen Bildern (nämlich den Buchstaben) auf Papier gespeichert ist, muss ich die Seite komplett als Bild neu erfassen. Ich kann dazu einen Kopierer benutzen, aber ein ganzes Buch zu kopie-

Das Wort digital stammt vom lateinischen Wort für »Finger«: *digitus*. Es wirkt vielleicht witzig, dass etwas, das mit Zahlen zu tun hat, mit einem Wort für Finger benannt worden ist. Aber denken wir daran, wie wir zählen gelernt haben, als wir klein waren!

ren dauert lange, ist teuer und unpraktisch. Zudem ist die Fotokopie immer von schlechterer Qualität als das Buch.

Der digitale Text lässt sich in einem Computer per Tastendruck kopieren. Blitzschnell liest der Computer alle Zahlen (die eigentlich Buchstaben sind) und speichert sie wieder in der richtigen Reihenfolge. Die digitale Kopie ist völlig identisch mit dem Original. Computer sind bestens dafür geeignet, Zahl für Zahl, also Buchstabe für Buchstabe, zu kopieren, weshalb es beim Kopieren digitaler Texte auch fast nie zu Fehlern kommt.

Wenn ich eine Kopie des Textes verschicken möchte, ist auch das mit dem digitalen Text einfacher. Ein Stapel fotokopierter Seiten wiegt viel, ist teuer im Versand und kann Tage unterwegs sein, um zum Empfänger zu gelangen. Die digitale Kopie wiegt überhaupt nichts und kann über das Internet durch die Telefonleitung verschickt werden. So habe ich es übrigens mit diesem Buch gemacht. Ich habe eine digitale Kopie des Textes an den Verlag geschickt, wo sie in weniger als einer Minute ankam.

Da man digitale Informationen in elektrische Signale umwandeln kann, lassen sie sich einfach, schnell und billig an einen anderen Ort verschicken. Wenn der digitale Text ankommt, kann er auf unterschiedliche Weise gespeichert werden. Viele der Möglichkeiten sind äußerst Platz sparend. Auf eine normale Diskette passt der Text von drei bis vier dicken Büchern. Heute ist es möglich, zweihundert Bücher auf einem Mikrochip von der Größe einer Briefmarke zu speichern. Eine Büchersammlung von viertausend Büchern kann in einem Computer von der Größe eines Taschenbuchs Platz finden, und der ganze Text sämtlicher ca. 40 000 Bücher einer durchschnittlichen öffentlichen Bibliothek lässt sich auf einer einzigen CD-ROM speichern (ROM ist die Abkürzung für »Read Only Memory«, also für einen Nur-Lese-Speicher).

Ist ein Text digitalisiert, kann man viel leichter etwas darin suchen. Stellen wir uns vor, wir seien auf der Suche nach einer Auskunft, einem Satz aus einem Buch zum Beispiel. Wenn man nicht weiß, wo man mit der Suche beginnen soll, ist man ziemlich hilflos. Alle Seiten sämtlicher

Bücher einer öffentlichen Bibliothek durchzuforsten ist unmöglich. Selbst wenn wir es schaffen, in einer halben Minute eine Seite zu lesen, müssten wir fünfzehn Jahre lang täglich acht Stunden lesen, um 40 000 Bücher zu bewältigen. Wären die Bücher hingegen auf einer CD-Rom gespeichert, würden wir den Computer beauftragen, alle Texte der Reihe nach zu durchsuchen. Er liest zigtausend mal schneller als jeder Mensch und braucht weder Schlaf noch Pausen.

Wer schon einmal das Internet benutzt hat, weiß, wie die Suche nach Informationen auf Millionen »Homepages« vonstatten geht. Das Internet enthält nur digitale Informationen und zeigt, wie wir Computer in unserer zukünftigen Informationsgesellschaft einsetzen werden.

Texte machen nur einen kleinen Teil der Informationen aus, die wir heutzutage zur Verfügung haben. Auch Musik, Fernsehprogramme und Filme lassen sich digitalisieren. Heute ist fast alles, was es an Musik gibt, auf CDs digitalisiert. Die Videokassette ist auf dem besten Wege, vom digitalen Videofilm abgelöst zu werden, und alle großen Fernsehanstalten haben Pläne, im Verlauf der nächsten zehn bis fünfzehn Jahre zum digitalen Fernsehen überzuwechseln. Auch diese Form der Digitalisierung erleichtert das Verschicken von Information. Digitale Musik und Filme können über das Internet verschickt werden. In wenigen Jahren wird die Videothek an der Ecke möglicherweise von Internetläden ersetzt, die digitale Filme verleihen.

Digitalisierte Informationen können von Computern gelesen werden. Mein Computer kann digitale Fotos zeigen und digitale Musik und Videos abspielen. Auf diese Weise kann er das Fotoalbum, die Stereoanlage und den Videorecorder ersetzen.

Es hört sich jetzt so an, als wäre die Digitalisierung schon weit fortgeschritten, aber das ist nicht der Fall. Von der Musik einmal abgesehen, sind die wenigsten Informationen digitalisiert. Im Internet gibt es ungefähr dreitausend digitale Bücher, aber es gibt mindestens fünfzig Millionen verschiedene Bücher weltweit, die *nicht* digitalisiert sind. Nur wenige der Bücher, die heute erscheinen, wer-

1999 fanden digitale Kameras zunehmend Verbreitung. Eine digitale Kamera fotografiert auf einen kleinen Computerchip. Anschließend wird das Bild auf einen Computerbildschirm übertragen, wo es bearbeitet werden kann. Man kann das Bild heller machen, wenn man es zu dunkel findet, man kann einen Pickel vom Kinn entfernen oder die Augenfarbe ändern. Das Bild lässt sich auf Papier ausdrucken, im Fernsehgerät zeigen oder ins Internet stellen.
Die Bilder auf S. 77, 104 und 135 wurden mit einer digitalen Kamera aufgenommen.

den digitalisiert sein. Trotzdem glauben die meisten Wissenschaftler, die Digitalisierung bringe so viele Vorteile, dass sie sich früher oder später durchsetzen wird.

Das heißt vermutlich, dass das Buch und die Zeitung aus Papier im Jahr 2050 vielerorts vom digitalen Buch ersetzt worden sind. Das *elektronische Buch*, wie es auch genannt wird, wird große Ähnlichkeit mit den heutigen Büchern haben. Es wird einen schwarzen Text auf weißem Grund zeigen und in Größe und Gewicht heutigen Büchern nahezu entsprechen. Aber da hört es mit der Ähnlichkeit auch schon auf, denn das elektronische Buch wird nur eine Seite haben. Geblättert wird durch Knopfdruck.

Das elektronische Buch wird alle Vorteile eines digitalen Textes bieten. Man kann im Text nach Wörtern und Sätzen suchen, es bietet in seinem Gedächtnis Platz für tausende von Büchern und man kann sich immer neue Bücher aus dem Internet herunterladen. Da auch Zeitungen und Zeitschriften von einem elektronischen Buch gelesen werden können, werden sie in Papierform ebenfalls verschwinden. Das ist praktisch, billig und umweltfreundlich. Jährlich bleiben Millionen Bäume erhalten, wenn wir aufhören, Papier zu benutzen.

Im Jahr 2050 werden Fernsehsendungen, Videos, Musik und Fotografien digitalisiert vorliegen. Da die Digitalisierung es zulässt, dass Maschinen vielseitig verwendbar sind, wird das elektronische Buch mehr können, als nur Texte zu lesen. Man kann in ihm Videos anschauen und fernsehen, Texte schreiben, Musik abspielen oder im Internet surfen.

Stellen wir uns einmal vor, wie das im Jahr 2050 aussehen könnte: Ein Schüler muss eine Hausarbeit über die Neunzigerjahre des 20. Jahrhunderts schreiben (ich glaube, dass Schüler leider auch künftig Hausaufgaben machen müssen) und verfügt nicht über genug Material für seinen Aufsatz. Den Aufsatz soll er, wenn möglich, mit einem Videoclip veranschaulichen. Das lässt sich mithilfe der kleinen Videokamera in seinem elektronischen Buch bewerkstelligen. Dann findet er alte Nachrichtenbeiträge vom Ende des vergangenen Jahrhunderts und erstellt eine Re-

Auf eine DVD, eine Art »Super-CD« mit dem Speicherplatz von dreißig normalen CDs, passt ein abendfüllender Spielfilm in digitaler Form. Man kann darauf auch alle Bücher einer durchschnittlichen Stadtbibliothek unterbringen, das heißt etwa vierzigtausend Stück.

portage, in der er Bilder von sich selbst mit Bildern aus früheren Zeiten mischt. Möchte er auch noch Musik einspielen, lädt er sich ein Musikstück, etwa eines zeitgenössischen Popmusikers, aus dem Internet herunter. Ist er mit dem Ergebnis zufrieden, verschickt er elektronisch den ganzen Aufsatz an den Computer des Lehrers.

Hat er die Hausaufgaben erledigt, wählt er sich einen Film aus der Videothek im Internet aus. Der Bildschirm ist so klein und leicht, dass unser Schüler sich den Film überall anschauen kann. Mit einem solchen Bildschirm kann man sich natürlich auch in einen Sessel verkriechen und ein Buch lesen. Und Bücher wird es im Jahr 2050 viele geben. Zusätzlich zu den fünfzig Millionen von heute werden zig Millionen weitere Bücher existieren, Bücher aus allen Zeiten, in allen Sprachen zu allen denkbaren Themen.

Einige Wissenschaftler waren bisher der Meinung, dass das Buch in Zukunft verschwinden würde, weil Töne und Bilder einen viel stärkeren Eindruck hinterlassen als Texte.

Es wird sicher niemanden überraschen, wenn ich sage, dass meiner Meinung nach Bücher auch im Jahr 2050 noch genauso wichtig sein werden wie heute.

Manche Arten von Wissen lassen sich nämlich am leichtesten durch Lesen erwerben. Aber wir werden mit Sicherheit auch zur Unterhaltung Bücher lesen. Das Wichtige bei einem Buch ist, dass sich Buchstaben zu Wörtern formen, die wiederum im Gehirn Bilder hervorrufen. Das geschieht, egal ob die Buchstaben auf dünnem Papier gedruckt sind oder auf einem Bildschirm erscheinen.

## Wenn Kommunikation Transport ersetzt

Fast der gesamte Transport von Zeitungen, Illustrierten, Büchern, CDs und Videokassetten wird überflüssig, sobald Informationen digitalisiert und über das Internet verschickt werden können. Auf diese Weise lässt sich auch das Transportieren von Menschen ersetzen. Viele Flugreisende sind zum Beispiel Geschäftsleute, die zu Besprechungen in andere Städte und Länder unterwegs sind. Das wird sich ändern, wenn Videokonferenzen zur Normalität werden. Eine Videokonferenz ist eine Besprechung, bei der die Teilnehmer mit Videokameras gefilmt werden und gleichzeitig die anderen Teilnehmer auf einem Bildschirm sehen können. Auf diese Weise können sich Gesprächspartner in den USA, in Norwegen und Japan gleichzeitig miteinander unterhalten, jeder von seinem Kontinent aus. Digitale Bilder zu verschicken kostet weniger als ein Flug in andere Länder. Dass es außerdem umweltfreundlicher und weniger anstrengend ist, ist ein zusätzlicher Grund, weshalb mittlerweile viele Firmen Videokonferenzen erproben.

Der größte Nachteil von Videokonferenzen ist der fehlende persönliche Kontakt zwischen den Teilnehmern. Einem Menschen persönlich die Hand zu geben ist etwas anderes als einen Menschen auf einem Bildschirm zu sehen. Und wenn man einen Menschen aus einem anderen Land wirklich verstehen will, ist es sinnvoll, ihn persönlich zu treffen und vielleicht auch kennen zu lernen.

Kommunikation kann auch den Weg zur Arbeit überflüssig machen. Es ist durchaus möglich, zu Hause an einem Computer zu arbeiten, der über eine Telefonleitung mit dem Büro verbunden ist. *Telearbeitsplätze* können in Zukunft eine wichtige Rolle spielen. Telearbeitsplätze bieten nicht nur den Vorteil, dass man morgens ohne Stau zur Arbeit kommt. Eltern mit Kindern und Behinderte, denen es schwer fällt, sich außer Haus zu begeben, können wesentlich von Telearbeitsplätzen profitieren.

Ich schreibe an meinem häuslichen Arbeitsplatz Bücher und verwende das Internet für den Kontakt zu meinen Arbeitgebern. Wie schon erwähnt, verschicke ich auch meine Texte über das Internet. Ich benutze es ferner, um Informationen zu erhalten, sowohl Texte als auch Bilder. Einige Bilder in diesem Buch stammen aus dem Internet.

Aber Telearbeitsplätze haben auch ihre Grenzen. Manche Arbeiten werden sich niemals von zu Hause aus erledigen lassen. Feuerwehrleute, Krankenpfleger, Fabrikarbeiter, Schreiner und Berufsfahrer sind nur ein paar Berufsgruppen, bei denen die Menschen auch in Zukunft zur Arbeit gehen müssen. Ein anderes Problem der Telearbeit ist der weitgehend fehlende Kollegenkontakt. Wer zu Hause arbeitet, arbeitet in der Regel allein. Mit diesem Gedanken können sich die meisten Menschen nicht anfreunden.

Der Hauptgrund, weshalb man das vorliegende Buch nur als eines aus Papier kaufen kann, ist der, dass man mit digitalen Büchern zur Zeit sehr wenig Geld verdienen kann. Es gibt keine billigen elektronischen Bücher, mit denen man digitale Texte lesen könnte, und es ist zu einfach, von digitalen Texten Kopien zu erstellen, ohne dass der Autor dafür Geld bekommt. Da Autoren Bücher verkaufen müssen, um zu leben, geben nur wenige von ihnen digitale Bücher heraus. Das wird sich in Zukunft ändern. Dann wird vielleicht auch eine Neuausgabe dieses Werks als elektronisches Buch herauskommen.

## Wenn das Geld zu elektronischem Geld wird

Seit einigen Jahrzehnten ist das Geld mehr und mehr aus dem Alltag verschwunden. Jahrtausendelang haben die Menschen Geld benutzt, um Dinge zu kaufen. Geld konnte aus allen möglichen Materialien bestehen: runden Metallplättchen (Münzen), wertvollen Metallen, aber auch schönen Steinen und Muscheln. In Afrika und Asien dienten zum Beispiel kleine weiße Kaurischnecken als Zahlungsmittel. In den letzten Jahrhunderten wurden Gold- und Silbermünzen durch Scheine und Münzen aus billigem Metall ersetzt.

Geld war in seinen Anfängen ein handlicher Ersatz für Waren. Auch vor Erfindung des Geldes trieben die Menschen schon Handel und wurden für ihre geleistete Arbeit bezahlt. Die Bezahlung erfolgte aber in Form von Waren, beispielsweise durch Getreide, Speiseöl oder Wein. Nun ist es nicht sonderlich praktisch, seinen Wochenlohn zum Beispiel in Ölkrügen mit sich herumzuschleppen. Geld war ein wesentlich praktischerer Ersatz. Wenn es sich in einer Gesellschaft durchgesetzt hatte, dass Kaufleute Münzen im Tausch gegen Waren akzeptierten, konnten die Menschen auch ihren Lohn in Münzen ausbezahlt bekommen. Und dann ließen sich die Münzen wieder gegen Waren eintauschen.

Das Besondere am Geld ist, dass es keinen Eigenwert hat. Geld kann man im Ernstfall weder essen noch trinken. Geld ist lediglich ein *Symbol* für den Wert, den man angesammelt hat. Wenn man der Kassiererin in einem Laden einen Hundertmarkschein gibt, heißt das eigentlich: »Dieses Stück Papier beweist, dass ich mir anderswo Werte verschafft habe und jetzt den Wert gegen etwas aus diesem Geschäft eintauschen will.«

Seit einiger Zeit geht man noch einen Schritt weiter. Mitte der Fünfzigerjahre kamen die ersten Kreditkarten auf, mit denen man anstelle von Geld bezahlen konnte. Heute ist es möglich, Einkäufe zu erledigen, ohne eine einzige Münze oder einen Geldschein zu verwenden.

In den wohlhabenderen Ländern ist es üblich, dass der Lohn auf ein Bankkonto überwiesen wird. Wenn man eine Rechnung bezahlen muss, weist man die Bank an, eine bestimmte Summe vom eigenen Konto auf ein anderes zu überweisen. Der größte Teil des Geldes einer modernen Bank liegt nicht in Form von Geldscheinen, Münzen oder Goldbarren im Tresor. Sämtliche Informationen über die Geldmenge, die wir zur Verfügung haben, sind in großen Computern gespeichert – in Form von *Zahlen*. Dem Geld ist es genauso ergangen wie der Musik und dem Videofilm: Es wurde digitalisiert.

Elektronisches Geld hat die Weltwirtschaft verändert. Geld, das zwischen Ländern »verschickt« wird, ist digitalisiert. Das Land, in dem ich wohne, verdient mit dem Verkauf von Erdöl Tag für Tag Millionen amerikanische Dollar. Es wird aber nicht mit Geldscheinen oder Münzen bezahlt. Das wäre ein toller Anblick: Lastwagenkolonnen auf dem Weg nach Norwegen, voll mit Geldscheinen bis oben hin! Die Bezahlung erfolgt in Wirklichkeit durch elektronische Überweisung der ausstehenden Beträge von Bank zu Bank.

Auch im privaten Bereich hat der so genannte elektronische Zahlungsverkehr Einzug gehalten, was gerade für Waren und Leistungen aus dem Internet wichtig ist. Mit digitalem Geld lassen sich digitale Informationen leichter bezahlen. Denken wir an das elektronische Buch im letzten Abschnitt. Bevor wir einen Videofilm oder ein Buch aus dem Internet herunterladen, werden wir gebeten, die Leihgebühr zu entrichten. Bezahlt wird aus einer »Brieftasche« voller elektronischem Geld, die sich im Internet befindet.

Der Wechsel von Geld aus festen Materialien zu elektronischem Geld bietet zahlreiche weitere Vorteile. Das Drucken von Geldscheinen, das Prägen von Münzen und die Verteilung des Geldes erfordern viel Energie und Rohstoffe. Die Umwelt wird vom Vormarsch des elektronischen Geldes profitieren. Papiergeld lässt sich leicht stehlen, aber in einer Zukunft mit ausschließlich elektronischem Geld werden Banküberfälle mit Strumpfmasken und Pistolen in die Welt der Märchen verbannt. Anstelle von Bankräubern gibt es jetzt Computerhacker, die Bankkonten via Internet plündern.

Wer elektronisches Geld benutzt, benutzt auch einen Computer. Das Gerät speichert, wofür der Benutzer sein Geld ausgegeben hat. Diese Anwendungsmöglichkeit findet immer größere Verbreitung. Allerdings besteht auch die Gefahr der Überwachung oder des Missbrauchs dieser Informationen. Wenn zum Beispiel die Steuerfahndung jemanden überprüfen will, kann sie sich genauestens anschauen, woher er sein elektronisches Geld bekommt und wie er es einsetzt.

Aber solche Bedenken reichen nicht aus, um zu verhindern, dass elektronisches Geld in Zukunft die übliche

In entlegenen Gebieten ärmerer Länder ist das größte Problem der nicht vorhandene Strom. Auch wenn sich die Menschen in abgelegenen Dörfern ein billiges Radio leisten können, haben sie oft nicht das Geld, Batterien zu besorgen. In Südafrika werden Radios gebaut, die von einer Spiralfeder angetrieben werden, wie man sie früher in Uhren verwendet hat. Das Radio wird aufgezogen und läuft dann eine halbe Stunde, bevor es erneut aufgezogen werden muss. Der Erfinder dieses Radios hat auch eine aufziehbare Taschenlampe erfunden, die bis zu einer Stunde brennen kann.

Form der Bezahlung werden wird. Vielleicht ist es an der Zeit, sich ein paar Münzen und Geldscheine zu sichern. Sie könnten in wenigen Jahren wertvolle Antiquitäten werden.

## Wie viel Kommunikation ist möglich?

Das moderne Mobiltelefon kam in den Achtzigerjahren des 20. Jahrhunderts auf und wurde im Laufe der Zeit so beliebt, dass es in manchen reichen Ländern mittlerweile mehr Handys gibt als Festanschlüsse.

Doch die Möglichkeiten des heutigen Mobiltelefons sind begrenzt. Es ist teuer im Gebrauch, funktioniert nicht in allen Ländern und kann in der Regel nur zum Telefonieren und Versenden kurzer Textnachrichten verwendet werden.

Das wird sich in wenigen Jahren ändern. Schon jetzt gibt es Mobiltelefone mit Farbdisplays und Internetzugang. Per Mobiltelefon wird man im Internet surfen, E-Mails verschicken, Musik hören, Videos anschauen und Computerspiele machen können.

Mit einem solchen »intelligenten Telefon« wird man im Laden seine Limonade bezahlen oder auf einer digitalisierten Karte nachschauen können, wo man sich befindet. Dank des Telefons kann man von nahezu überall auf der Welt elektronische Post abrufen und Informationen einholen. Man kann beispielsweise in Japan sitzen und zum Telearbeitsplatz zu Hause »pendeln«.

Da das Telefon über ein qualitativ hochwertiges Farbdisplay verfügen wird, wird es ebenso gut funktionieren wie ein elektronisches Buch oder ein Fernseher. Es wird zu einem vielseitig einsetzbaren »Kommunikationsinstrument« werden. Wir können es mit den Buchstaben KI abkürzen, um es vom heutigen Heimcomputer, dem PC, zu unterscheiden.

Wir schreiben das Jahr 2050 und wollen einen Spaziergang durch Kenias Hauptstadt Nairobi machen. Das KI haben wir natürlich dabei. Aus dem Internet hat es einen genauen Stadtplan von Nairobi heruntergeladen. Das KI kann unsere Position auf einen Meter genau bestimmen und kennzeichnet unseren Aufenthaltsort auf dem Plan mit einem leuchtenden Punkt. Wenn wir um eine Ecke gehen, folgt uns der Punkt. Der Plan bewegt sich ebenfalls mit, so dass sich der Punkt stets in der Mitte des Bildschirms befindet.

Berühren wir den Plan mit dem Finger, erhalten wir über alles, was sich an diesem Ort befindet, weitere Informationen. Das können Namen und Telefonnummern der dort wohnenden Menschen sein, falls es sich um einen Wohnblock handelt, Informationen über die Öffnungszeiten eines Museums oder Fahrpläne, wenn wir eine Bushaltestelle ausgewählt haben. Wollen wir eine der angezeigten Telefonnummern anrufen, brauchen wir nur mit dem Finger darauf zu tippen und das KI wählt automatisch für uns die Nummer. Ebenfalls eingebaut ist eine Videokamera, mit der wir Sehenswürdigkeiten filmen können. Wir speichern den Film in unserem KI und verschicken ihn am gleichen Abend an unsere Freunde.

Anfangs wird ein KI ziemlich teuer und somit nur für wohlhabende Menschen erschwinglich sein. Aber nach und nach wird es für alle zu einem unentbehrlichen Bestandteil ihres Lebens werden, wie es heute vielleicht für die meisten Menschen das Fernsehen ist.

Seit dem 19. Jahrhundert sagt man voraus, dass sich das Bildtelefon durchsetzen wird. Im Lauf der Jahre wurden viele Modelle lanciert, aber nur wenige Menschen haben sie gekauft. Man kann sich leicht vorstellen, warum das Bildtelefon scheitert: Wir wollen nicht immer von anderen gesehen werden, wenn wir den Hörer abnehmen, zum Beispiel kurz nach dem Aufstehen.

# Radiotelepathie

Vielleicht wird es für uns einmal genauso selbstverständlich sein, ein KI mitzunehmen, wie heute, Schuhe an den Füßen zu tragen. Das KI muss nicht zwingend einem elektronischen Buch ähneln. Vielleicht wird ein KI für uns einmal so wichtig, dass es uns unter die Haut gepflanzt und direkt mit unseren Augen und Ohren verbunden wird. Das KI erhält seine Energie von unserer Körperwärme, und wir geben Kommandos, indem wir reden oder *denken*.

Im Jahr 2100 könnte sich ein Telefongespräch folgendermaßen gestalten: Wir denken an den Namen des Menschen, den wir anrufen wollen. Dann heben wir den Arm, so dass die kleine Kamera an unserem Handgelenk auf uns zeigt. Wenn unser Gesprächspartner am anderen Ende abhebt, erreicht uns seine Stimme direkt im Ohr und wir sehen sein Bild auf dem KI.

Seit Jahrhunderten glauben die Menschen, dass *Telepathie* oder »Gedankenübertragung« zwischen Menschen möglich ist. Heute sind die meisten Wissenschaftler der Meinung, dass das nicht stimmt. Aber mithilfe der Technik kann es irgendwann möglich werden, indem wir unsere Gedanken als Radiowellen über Satelliten an andere senden. In dieser fernen Zukunft werden selbst KIs antiquiert sein. Die ganze Welt wird durch *Radiotelepathie* verbunden sein.

# 10    Computer überall

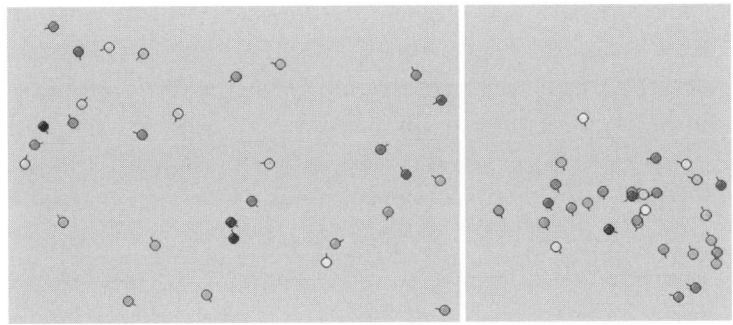

Computerprogramme können die Natur nachahmen. Das abgebildete Programm kann Vögel imitieren. Auf dem linken Bild fliegen die Vögel in alle Richtungen, auf dem rechten haben sie sich zu einem Schwarm zusammengefunden.

Wir können mit ziemlicher Sicherheit vorhersagen, dass Computer in Zukunft noch vielfältiger eingesetzt werden, obwohl doch bereits überall in den reicheren Ländern mit Computern gearbeitet wird. Auch die Leute, die nie eine Tastatur anfassen, benutzen täglich indirekt Computer.

Es ist ganz offensichtlich, dass Computer Jahr für Jahr schneller und leistungsfähiger werden. Gleichzeitig werden sie billiger. Die scheinbar unaufhaltsame Zunahme von Leistung und Computerchips wird noch einige Jahre weitergehen. In den Forschungslabors experimentieren Techniker bereits mit Chips, die mit mehr als einer Milliarde Hertz (Gigahertz) arbeiten, also eine Milliarde Schaltungen pro Sekunde ausführen. Doch die Gesetze der Atomphysik werden die weitere Verkleinerung der Computerchips in Zukunft erschweren und irgendwann sogar unmöglich machen – nämlich dann, wenn die Leiterbahnen der winzigen Schaltkreise eine Dicke von zehn millionstel Millimeter deutlich unterschreiten. Derzeit sind es neunzehn millionstel Millimeter. Dann greifen die Gesetze der Quantenmechanik, das heißt, die Elektronen beginnen plötzlich, sich unvorhersehbar zu verhalten. Rechenfehler wären die Folge.

# Computerknöpfe und intelligente Häuser

»Moores Gesetz«, so benannt nach dem Ingenieur Gordon Moore (geb. 1929), der 1965 entdeckte, dass es möglich war, die Geschwindigkeit eines Mikroprozessors (dem »Gehirn« eines Computers) alle achtzehn Monate zu verdoppeln. 1969 produzierte die Firma Intel einen Mikroprozessor, der in einer Sekunde 104000 Rechenoperationen durchführen konnte. 2002 bewältigte der schnellste Intel-Prozessor mehr als zwei Milliarden Rechenoperationen pro Sekunde. Und die Wissenschaftler glauben, dass Moores Gesetz noch weit bis ins 21. Jahrhundert hinein gelten wird.

Die Wissenschaftler nennen diese Verkleinerung *Miniaturisierung*. Der wichtigste Teil eines Computers, der *Mikroprozessor*, mit dem der Computer »denkt«, wurde immer kleiner und effektiver. Ein Computergehirn, das 1960 ein ganzes Zimmer ausgefüllt hätte, entspricht heute einem Mikroprozessor von der Größe eines Daumennagels. Aber unsere Finger setzen Grenzen für die Größe eines Computers. Eine Tastatur sollte mindestens zwanzig Zentimeter lang und zehn Zentimeter breit sein, um eine angenehme und fehlerfreie Benutzung zu gewährleisten.

Man muss einen Computer jedoch nicht notwendigerweise über eine Tastatur steuern. Heute kann man einige moderne Geräte schon mithilfe eines *Stimmanalyseverfahrens* bedienen, indem man zu dem Computer spricht. Die Stimmerkennung ist freilich noch nicht besonders ausgereift. Häufig versteht der Computer die Wörter nicht richtig und spricht man zu schnell, kommt er völlig durcheinander. Das Problem bei der Stimmerkennung ist, dass es ausgesprochen schwierig ist, Sprache zu verstehen. Die Sprache unterscheidet uns Menschen von allen anderen Lebewesen und unsere Sprache ist so kompliziert, dass langes Training und eine hohe Intelligenz erforderlich sind, damit man leichte Sätze versteht.

Dennoch wird die Stimmerkennung in Zukunft stärker eingesetzt werden. Wenn ein Computer keine Tastatur mehr benötigt, kann er winzig klein werden. Solche Computer werden sich billig herstellen lassen und lange vor dem Jahr 2050 an den seltsamsten Orten im Einsatz sein. Sie können zum Beispiel in Kleidungsstücke eingenäht werden. Ein Computer kann Teil eines »denkenden Kleidungsstücks« werden und wenn wir mit einem Computerknopf sprechen, der am Kragen befestigt ist, könnte es sich der Außentemperatur anpassen oder Farbe und Muster je nach unserer augenblicklichen Stimmungslage ändern.

Die meisten von uns tragen eine Armbanduhr. Auch die lässt sich in ihrer Funktion erweitern. Man könnte zum

Beispiel ein Lexikon, ein Wörterbuch oder ein Telefonbuch in eine Armbanduhr integrieren.

Überall, wo es sinnvoll ist (und sicher auch dort, wo es weniger sinnvoll ist), wird es Computer geben. Heute befinden sich Computer in Autos, Waschmaschinen, Kühlschränken und Videorecordern. Der Computer in einer Waschmaschine kann je nach dem Verschmutzungsgrad der Wäsche entscheiden, wie viel Waschpulver und heißes Wasser benötigt wird. Im Auto sorgt der Computer dafür, dass das Benzin effektiv genutzt wird. In immer mehr Autos können die Fahrer neuerdings den Weg anhand einer digitalen Karte finden, wie ich sie im vorigen Kapitel im Abschnitt über die KIs beschrieben habe (vgl. S. 130–132).

Die kleinen Computer von heute sind leider nicht in der Lage, Informationen auszutauschen. Die meisten Computer verfügen über Informationen, die für andere Computer nützlich sein könnten. So wird bereits eifrig über ein »intelligentes Haus« nachgedacht. Ein intelligentes Haus ist voller Computer, die miteinander in Verbindung stehen. Sie sorgen dafür, dass das Haus möglichst sparsam beheizt wird. Wenn jemand ein Zimmer verlässt, wird das

*Auf diesem Taschencomputer (Notebook) wurde ein großer Teil dieses Buches geschrieben.*

Intelligente Häuser werden in Zukunft eine noch größere Rolle spielen. Je mehr ältere Menschen auf der Erde leben, desto mehr Hausbrände wird es auch geben. Das liegt daran, dass wir mit den Jahren immer vergesslicher werden und es vielleicht versäumen, elektrische Geräte auszustellen. Ein intelligentes Haus kann jedoch feststellen, dass ein Topf zu heiß wird, und dann den Herd ausstellen und zugleich den Hausbesitzer darüber informieren, dass etwas nicht stimmt.

vom Kameraauge eines Hauscomputers registriert. Der Computer senkt die Temperatur und schaltet das Licht aus. Der Hauscomputer weiß immer, wie viele Menschen sich im Haus befinden, und passt den Energieverbrauch an. Er achtet darauf, dass Fenster und Türen geschlossen sind, wenn niemand im Haus ist. Und macht sich jemand am Haus zu schaffen, der nicht zu den Bewohnern gehört, verständigt der Computer die Polizei.

Der Hauscomputer kommuniziert mit dem Computer im Kühlschrank, der immer genau weiß, wie viele Lebensmittel noch vorrätig sind. Dieser kann die Strichcodes auf den Verpackungen lesen und informiert den Hauscomputer, wann eingekauft werden muss oder wann das Haltbarkeitsdatum abläuft. Wir können ihn eine Einkaufsliste an unser KI schicken lassen oder ihm die automatische Bestellung der Waren über das Internet überlassen. Wir können ein Steak in den Ofen legen, bevor wir zur Arbeit gehen, und den Hauscomputer informieren, wann der Herd eingeschaltet werden soll.

Ein intelligentes Haus ist nicht nur ein effektiveres Haus, es ist auch *sicherer*. Vergessen wir, den Herd abzustellen, registrieren das die Computer im Herd, im Rauch- und im Wärmemelder und stellen den Herd selbsttätig aus. Scheitert dies wegen eines Defekts, verständigt der Hauscomputer das KI und die Feuerwehr.

Nur unsere Fantasie setzt Grenzen für die Möglichkeiten eines intelligenten Hauses. Über das KI kann man mit allen Dingen im Haus »kommunizieren«. Wird man unterwegs aufgehalten, kann man dem Herd mitteilen, dass er das Steak erst später braten soll. Ist man im Ausland, kann man jederzeit Kontakt mit dem Hauscomputer aufnehmen und überprüfen, ob alles in Ordnung ist.

# Das zweite Gehirn

**E**in Teil dieses Buches wurde auf einem Computer ge-schrieben, der die Größe einer Brieftasche hat. Ich nenne diesen Taschencomputer mein »zweites Gehirn«, weil er mich davor bewahrt, Dinge zu vergessen. Jeden Tag habe ich, wie alle Menschen, tausend Ideen im Kopf. Ein paar dieser Ideen sind nützlich für dieses Buch. Aber ich bin sehr vergesslich und wenn es etwas gibt, was einen Autor ärgert, dann ein Gedanke, an den er sich nicht mehr vollständig erinnert.

Zur Unterstützung des Gehirns sind die kleinen Computer besonders geeignet. Denken wir nur daran, wie sie das Leben aller Schüler und Studenten verändern können. Wenn ein kleiner Computer ein ganzes Lexikon und alle Lehrbücher der Schule gespeichert hat, muss sich das Schülerdasein ändern.

Etwas Vergleichbares hat es schon mal gegeben. 1976, als ich zwölf Jahre alt war, waren Taschenrechner so billig geworden, dass sie sich jeder leisten konnte. Der Einsatz des Taschenrechners verunsicherte Lehrer und Eltern. Er machte vieles von dem, was wir im Mathematikunterricht lernten, überflüssig. Bevor es Taschenrechner gab, war es wichtig, das schriftliche Multiplizieren und Dividieren zu erlernen und zu üben. Für schwierigere Aufgaben brauchte man eine »Logarithmentafel« oder eine Art Lineal, das »Rechenschieber« genannt wurde. Das Ziehen der Quadratwurzel aus einer Zahl machte ebenfalls spezielle Tabellen erforderlich. Die verschwanden jedoch alle mit dem Taschenrechner, der auf Tastendruck das präzise Ergebnis lieferte.

Die Angst vor dem Taschenrechner war allerdings reichlich übertrieben. Schüler wurden nicht dümmer, nur weil es ihnen erspart blieb, Rechenregeln und Tabellen zu pauken. Der Taschenrechner erlaubte es ihnen, sich auf andere, wichtigere Dinge zu konzentrieren. Das Gleiche gilt für ein kleines zweites Gehirn.

Noch immer müssen in der Schule zu viele Fakten auswendig gelernt werden. Jeder von uns war schon einmal in

Man kann sich auf vielerlei Arten mit einer Maschine »unterhalten«. Dieser Satz wurde zum Beispiel von Hand mit einem speziellen Stift direkt auf den Bildschirm geschrieben. Ein Programm registriert die Bewegungen des Stifts und verwandelt die handgeschriebenen Buchstaben in einen Text, der dann bearbeitet werden kann. Behinderte Menschen können Text »eingeben«, indem sie Buchstaben auf dem Bildschirm anschauen und eine Kamera im Computer ihren Augenbewegungen folgt.

der Situation, sich krampfhaft die Namen von Städten, Planeten und historischen Persönlichkeiten einprägen zu müssen, ohne zu wissen, wofür das eigentlich gut sein soll. Das ist langweilig und wer schon einige Zeit nicht mehr die Schulbank drückt, weiß, dass die Informationen ziemlich schnell wieder in Vergessenheit geraten. Wenn ich heute genauere Informationen brauche, schlage ich in einem Lexikon nach. Vor einigen Jahren wäre es ein Lexikon in Buchform gewesen, mittlerweile ist es ein Lexikon auf CD-ROM oder im Internet. Künftig werden derlei Informationen in unserem zweiten Gehirn liegen.

Es ist sicher klar geworden, dass das Gerät, das ich hier zweites Gehirn nenne, mit dem KI im letzten Kapitel identisch ist. In etwas fernerer Zukunft ist es durchaus möglich, dass das KI, das unter die Haut operiert werden kann, direkt mit dem Gehirn verbunden wird. Somit wird es zu einer Art erweitertem Gehirn.

Mit einem Lexikon als zweitem Gehirn wird man über viel mehr Wissen verfügen als irgendein Mensch in unserer Zeit. Mithilfe einer Sprachkarte lernt man innerhalb von Sekunden fließend Chinesisch oder kann sich sämtliche Kenntnisse aneignen, über die ein Arzt verfügen muss.

Mit dem zweiten Gehirn können wir uns Wissen verschaffen, von dem wir zur Zeit nur träumen können. Aber dieses Wissen wird Erfahrung, Vernunft und Intelligenz nicht ersetzen. Wir werden zwar reich an Wissen sein, das heißt aber nicht, dass wir automatisch *weise* sein werden. Die Schulstunden der Zukunft werden vor allem davon handeln, wie man mit Wissen vernünftig umgeht.

## Lernfähige Computerprogramme

Wer jemals mit einem Computer zu tun hatte, weiß, dass der eigentlich strohdumm ist. Ein Computer kann ein komplettes Lexikon enthalten, versteht aber nicht, was in dem Lexikon steht. Er kann Wörter erkennen, die ihm per Mikrofon eingegeben werden, und diese

Wörter richtig auf dem Bildschirm abbilden, aber er begreift nicht, was sie bedeuten.

Erreichen die Informatiker ihr Ziel, wird das nicht mehr lange so sein (Informatik ist die Wissenschaft von der Informationsverarbeitung, und zwar insbesondere der mithilfe von Computern). Seit Jahrzehnten forschen sie im Bereich »künstliche Intelligenz«, das heißt an Computerprogrammen, die tatsächlich verstehen, was wir ihnen sagen. Es geht aber nur langsam voran. Heute gibt es noch kein einziges Computerprogramm, das man intelligent nennen könnte. Aber viele sind kurz davor, darunter solche, die komplizierte mathematische Probleme lösen, Musik komponieren oder Bilder erstellen können. Es gibt außerdem Computerprogramme, die »Experten« im Bereich Wirtschaft oder Medizin sind und verblüffend gute Ratschläge erteilen können. Sie werden *Expertensysteme* genannt.

Dem Ziel, einen Menschen zu überlisten, ist das Computerprogramm »Deep Blue« am nächsten gekommen, als es 1997 den Schachweltmeister Garry Kasparow schlug. Auch Deep Blue war kein intelligentes Programm. Deep Blue hat vor allem deshalb gewonnen, weil es so schnell rechnen konnte. Pro Sekunde konnte das Programm zweihundert Millionen Schachzüge durchspielen. So konnte es ausrechnen, wie sich das Spiel entwickeln könnte, und dann den Schachzug wählen, der am günstigsten war.

Nun muss ein guter Schachspieler nicht notwendigerweise intelligent sein (auch wenn viele das glauben). Aber etwas Nützliches über die Funktionsweise des menschlichen Gehirns kann uns der Zweikampf zwischen Mensch und Maschine lehren. Kasparow konnte natürlich nicht zweihundert Millionen Schachzüge pro Sekunde durchspielen. Wie alle Schachspieler wählte er unter wenigen Schachzügen einen aus, den er für vernünftig hielt. Kasparow konnte Millionen Schachzüge unberücksichtigt lassen und sich auf das konzentrieren, was wichtig war. Er *wusste*, was richtig war.

Wenn wir denkende Computer herstellen wollen, reicht es also nicht, dass sie schnell rechnen können. Auch

Der britische Mathematiker Alan Turing (1912–1954) war ein Vorreiter in Sachen künstlicher Intelligenz. Er hat den »Turing-Test« entwickelt, um herauszufinden, ob eine Maschine intelligent ist oder nicht. Der Test ist ganz einfach. Stellen wir uns vor, ein Mensch »unterhält« sich mit einer Maschine, entweder per Stimme oder per Tastatur. Der Mensch kann alle möglichen Fragen stellen und die Maschine antwortet. Wenn der Mensch nicht ausmachen kann, ob es sich um eine Maschine handelt oder um einen Menschen, können wir sagen, dass die Maschine intelligent ist. Der Einwand gegen diesen Test könnte lauten, dass es Formen von Intelligenz geben kann, die sich von menschlicher Intelligenz unterscheiden. Bei einer solchen Art von Intelligenz könnte die Maschine scheitern.

ist es mit Wissen allein nicht getan. In den Neunzigerjahren haben Informatiker herausgefunden, dass ein Computerprogramm nicht gebildete Erwachsene, sondern kleine Kinder nachahmen sollte. Diese verfügen nicht über sonderlich viel Wissen, sind aber in der Lage, schnell Neues zu erlernen. Denken wir nur daran, dass kleine Kinder innerhalb kürzester Zeit sprechen und laufen lernen, zwei Dinge, die unsere leistungsfähigsten Roboter und Computer nicht können.

Denken wir auch daran, dass Kinder diese Fähigkeiten von ihren Eltern lernen, die selten eine Ausbildung in der Erziehung von Kleinkindern haben. Trotzdem gelingt es den meisten Eltern, ihre Kinder zu erziehen. Vielleicht liegt es daran, dass die erforderliche Methode ziemlich einfach, aber erfolgreich ist.

Schauen wir uns an, was passiert, wenn ein Kind sprechen lernt. Das Kleinkind versucht Wörter nachzusprechen, die es in seiner Umgebung hört, zum Beispiel das Wort »Mama«. Vielen Kindern gelingt es nicht beim ersten Mal, »Mama« richtig auszusprechen. Vielleicht sagen sie »Baba« oder »Ama«. In diesem Fall wiederholen die Eltern die richtige Aussprache. Und die Eltern machen das so lange, bis das Kind »Mama« sagt. Auf die gleiche Weise schnappt das Kind alle anderen Wörter auf und lernt sie so. Es erfährt von den Eltern, wie das Wort ausgesprochen wird, was es bedeutet und wann es benutzt wird.

Theoretisch können Computerprogramme auf die gleiche Weise funktionieren. Ein Programm wird von Menschen »trainiert«, genau wie ein Kind. Das Programm lernt, was richtig und was falsch ist. Die Erfahrung hilft dem Programm, Probleme immer schneller zu lösen. Heute befinden sich solche Programme im Anfangsstadium. Es kostet Zeit, sie zu trainieren, wie es auch Zeit kostet, einem Kind das Wissen zu vermitteln, das es als Erwachsener braucht.

Die Informatiker sind also der Meinung, dass die Fähigkeit zu denken entscheidend mit der Fähigkeit zusammenhängt, Neues zu lernen. Aber Intelligenz ist noch mehr. Unsere Gefühle beeinflussen uns stark, auch wenn wir glauben, dass wir vernunftgesteuerte Wesen sind. Vermutlich macht unser Gefühlsleben einen wichtigen Teil unserer Intelligenz aus. Wenn das so ist, sollten intelligente Computer vielleicht auch Gefühle haben.

Ist es möglich, ein Computerprogramm zu entwickeln, das sich zum Beispiel freuen kann? Es ist denkbar, dass bei einem intelligenten Computerprogramm auch Gefühle »einprogrammiert« sind und dass es auch ein Gefühlsleben haben wird, sobald es »groß genug« ist und genug gelernt hat. Sollte das der Fall sein, wissen wir trotzdem nicht sicher, was das Programm eigentlich fühlt.

Stellen wir uns vor, wir wollten einem Computerprogramm menschlichen Humor näher bringen. Aus witzigen Büchern, Komödien und Witzen lernt es, worüber wir Menschen lachen. Dann führen wir dem Computerprogramm wieder eine Filmkomödie vor. Es verfügt über die Fähigkeit zu lachen, so dass es zeigen kann, wenn es etwas witzig findet. Und das Programm lacht an denselben Stellen über die Komödie wie wir Menschen. Dennoch müssen wir uns eine schwierige Frage stellen. Lacht das Programm, weil es den Film tatsächlich witzig findet, oder lacht es, weil es gelernt hat, worüber wir Menschen lachen?

Dieses Thema beschäftigt viele Wissenschaftler. Einige sind der Meinung, dass Computerprogramme niemals wie Menschen denken werden, sondern dass sie lediglich lernen, menschliches Verhalten nachzuahmen. Andere meinen, dass Programme eines Tages denkende Wesen sein werden. Diese Wissenschaftler erinnern gern daran, dass wir auch nicht wissen, was Menschen fühlen und denken. Wir können niemals sicher sein, ob ein Mensch, der über eine Komödie lacht, es wirklich *ehrlich meint* oder ob er das Lachen nur täuschend echt vorgibt. Die Erforschung der künstlichen Intelligenz lehrt uns wohl ebenso viel über den Menschen wie über Maschinen.

# Künstliches Leben

Es kann sein, dass nur Menschen in einem menschlichen Körper und mit einem menschlichen Gehirn auf menschliche Weise intelligent sein können. Mag sein, dass es unmöglich ist, einen Computer herzustellen, der wie ein Mensch denkt. Aber die Frage ist, ob es überhaupt nötig ist, eine Kopie von uns selbst zu erzeugen in einer Welt, in der es von menschlicher Intelligenz nur so wimmelt. Vielleicht ist es sinnvoller, wenn Computerprogramme ihre eigene Form von Intelligenz entwickeln.

Eins der spannendsten Forschungsprojekte der Neunzigerjahre beschäftigt sich mit »künstlichem Leben«. Unter künstlichem Leben verstehen wir Programme, die sich wie lebende Organismen in der freien Natur verhalten, aber nur in Computern existieren.

Informatiker haben künstliche Ökosysteme geschaffen, in denen künstliches Leben existieren kann. Die Computerorganismen können sich frei bewegen, auf »Nahrungssuche« gehen, größer werden, mit anderen Organismen kämpfen und am Ende sterben, genau wie Organismen in der Natur. Und was am wichtigsten ist: Die Computerorganismen können sich vermehren. Sie bekommen Nachwuchs. Über die Eigenschaften des Nachwuchses entscheidet das Erbgut der Organismen, ebenfalls wie in der wirklichen Natur.

Das Erbgut steckt in jedem Organismus und ist ein kleiner Teil des Computerprogramms. Das Erbgut in einem künstlichen Organismus kann sich verändern. Es kann mit der Erbmasse eines anderen künstlichen Organismus verschmelzen, wenn die beiden gemeinsam Nachwuchs zeugen, wie auch das Erbgut von weiblichen und männlichen Tieren verschmilzt, wenn sie gemeinsam Junge bekommen. Der Nachwuchs ist somit eine Art Mischform seiner Eltern mit neuen Eigenschaften.

In der künstlichen Natur kommen jedoch allzu viele Organismen »auf die Welt«. Die meisten künstlichen Organismen müssen »sterben«, bevor es ihnen gelingt, sich zu vermehren, und künstliche Organismen, die sich dem Le-

Wenn wir denkende Maschinen erschaffen, hoffen wir auch, dass sie ein *Bewusstsein* haben. Aber eigentlich wissen wir gar nicht, was Bewusstsein ist. Heute gehen wir davon aus, dass ein Wesen mit Bewusstsein sowohl denken als auch fühlen kann, von seiner Umgebung beeinflusst wird und selbst seine Umgebung beeinflussen kann. Viel weiter sind wir auf diesem wichtigen Forschungsgebiet nicht gekommen. Vielleicht müssen wir zuerst ein Wesen mit Bewusstsein erschaffen, bevor wir mehr darüber erfahren.

ben in der künstlichen Natur am besten angepasst haben, haben die größten Chancen, ihre Eigenschaften weiterzugeben. Hier haben sich die Computerwissenschaftler an die Entwicklungslehre gehalten, die besagt, dass sich in der Natur der Stärkere durchsetzt.

In einer künstlichen Natur mit künstlichen Organismen wird die Entwicklung rasch voranschreiten. Wir müssen nicht jahrelang warten, bis ein Organismus erwachsen wird, denn das geschieht innerhalb von Sekunden. Somit kann die Entwicklung in der künstlichen Natur, verglichen mit der biologischen Natur, blitzschnell vonstatten gehen.

Die Ergebnisse sind verblüffend. Die künstliche Natur verhält sich wie die biologische. In der künstlichen Natur fängt alles mit einem künstlichen Organismus an, der »Nahrung« zu sich nimmt, sich vermehrt und entwickelt. Schon bald sind viele Arten künstlicher Organismen entstanden. Die meisten ernähren sich ganz normal. Aber einige fangen an, von anderen künstlichen Organismen zu leben, sind also künstliche Raubtiere. Wieder andere leben von künstlichen Organismen, ohne dass sie diese töten. Das sind künstliche Parasiten. Eine künstliche Art kann sich zu einer Vielzahl von künstlichen Arten entwickeln, die miteinander konkurrieren. Viele künstliche Arten sterben nach einigen Generationen aus, während andere im »Kampf um das Dasein« bestehen und sich stark vermehren.

Die Erforschung des künstlichen Lebens ist für Biologen sehr interessant, weil sie beweist, dass die Entwicklung der ganzen Vielfalt in der Natur aus einer »Urzelle« tatsächlich möglich ist. Die Voraussetzung dafür sind unzählige Organismen, die miteinander konkurrieren und sich über Millionen Jahre vermehren.

Da die Informatiker die völlige Kontrolle über die künstliche Natur haben, können sie darauf hinwirken, dass sich die künstlichen Organismen in eine Richtung entwickeln, die uns Menschen gefällt. In einem Versuch wurde die künstliche Natur so ausgestattet, dass denjenigen Organismen, die sich dabei bewährt hatten, Zahlen in der richtigen Reihenfolge zu sortieren, die größten Überle-

Die Forschung im Bereich künstlicher Intelligenz zeigt, wie gut entwickelt selbst die einfachsten Insekten sind. Das macht Intelligenz zu etwas weniger Mystischem und hat zur Folge, dass Informatiker nicht in allem Menschen nachahmen müssen, wenn sie versuchen, intelligente Maschinen zu entwickeln. Vielleicht ist es geschickter, die Intelligenz eines Hundes oder einer Taube nachzuahmen? Einige Wissenschaftler glauben, dass Ameisen auf ihre Weise intelligent sind.

benschancen eingeräumt wurden. Nach vielen Generationen hatte sich ein künstlicher Organismus herausgebildet, der dieser Aufgabe besonders gut gewachsen war.

Das Merkwürdige war, dass der künstliche Organismus, der ja eigentlich ein Computerprogramm war, besser abschnitt als ein entsprechendes, von Menschen geschriebenes Computerprogramm! In diesem Fall war keine menschliche Hand im Spiel gewesen. Die Menschen hatten die künstlichen Organismen zwar vor vielen Generationen in die Welt gesetzt, aber diese hatten sich dann selbst entwickelt.

Es gibt einen Spruch, der besagt: »Man kann nicht mehr aus einem Computer herausholen, als man in ihn hineinsteckt.« Damit ist gemeint, dass alles, was in einem Computer steckt, von Menschen geschaffen wurde. Auf normale Computer, wie wir sie täglich benutzen, trifft das auch zu. Aber das künstliche Leben zeigt uns, dass es nicht so sein muss. Von dem ersten künstlichen Organismus abgesehen, der von Menschen erschaffen wurde, entwickeln sich die späteren Organismen selbstständig weiter. Sie programmieren sich regelrecht selbst. Sie entwickeln sich genau wie biologische Organismen in der Natur in unterschiedliche Richtungen. Wir wissen nicht genau, was einmal aus ihnen wird.

Wir sind noch nicht sehr weit in der Entwicklung von künstlichem Leben. Nach wie vor sind die fortschrittlichsten künstlichen Ökosysteme ungemein primitiv, verglichen mit denen, die sich um uns herum befinden. Das ist ein großes Problem, denn diejenigen, die künstliches Leben erforschen, sind sicher, dass das Ökosystem *kompliziert* sein muss, damit die Evolution noch interessantere und kompliziertere Organismen hervorbringt.

Trotzdem haben wir vielleicht eine Zukunft vor uns, in der größere und schnellere Computer einer ganzen künstlichen Welt Raum bieten können. In der künstlichen Welt werden nach und nach Millionen neuer Arten entstehen und sich weiterentwickeln. Nach Millionen Generationen wird sich möglicherweise ein erster intelligenter Organismus entwickeln. Anfänglich wird der künstliche Organismus vielleicht nicht intelligenter sein als einfache Lebewesen in der Natur, wie zum Beispiel Heuschrecken. Aber allmählich wird die Intelligenz zunehmen und wir erhalten einen komplizierten und intelligenten Organismus, mit dem wir kommunizieren können. Aber die Intelligenz des künstlichen Organismus wird sich von unserer Intelligenz unterscheiden, denn der künstliche Organismus hat sich selbstständig über Millionen von Generationen entwickelt.

Auch wenn es uns nicht gelingen sollte, selbst künstliche Intelligenz zu erzeugen, glauben viele Fachleute für künstliches Leben, dass wir es schaffen könnten, durch und durch künstliche Organismen zu entwickeln. Einige glauben sogar, dass uns das schon gelungen ist. Sie weisen darauf hin, dass ihre künstlichen Organismen alle Merkmale eines Lebewesens aufzeigen. Sie werden geboren, bewegen sich, suchen Nahrung, wachsen und vermehren sich. Gemeinsam verhalten sich die künstlichen Organismen im künstlichen Ökosystem genauso wie biologische Organismen im natürlichen Ökosystem. Deshalb stellen die Wissenschaftler die Frage: Mit welchem Recht behaupten wir, ein Organismus sei nicht lebendig, nur weil er nicht aus Atomen besteht?

Haben sie Recht, dann sind Computer weitaus mehr als Kommunikationsinstrumente und Hilfsmittel für den Menschen. Von diesem Moment an sollten wir jeden Computer als etwas ansehen, das Organismen Lebensraum bieten kann.

Wissenschaftler aus dem 19. Jahrhundert wären sehr beeindruckt darüber, wie schnell Computer rechnen können. Damals sah man in guten Rechenfähigkeiten ein Zeichen hoher Intelligenz und in diesem Sinne sind die heutigen Computer sehr intelligent. Dass der weltbeste Schachspieler heute ein Computer ist (vgl. S. 139), hätte die Wissenschaftler der Vierzigerjahre des 20. Jahrhunderts sehr beeindruckt. Vielleicht sollten wir in Zukunft darauf achten, Intelligenz so zu definieren, dass Maschinen die Anforderungen nicht erfüllen können?

## Gibt es denkende Computerprogramme?

Ich gehöre zu den Menschen, die glauben, dass wir eines Tages Computerprogramme haben werden, die denken können und intelligent sind, und ich glaube auch, dass dies mit den beschriebenen Techniken letztendlich erreicht werden kann. Es ist aber schwer zu sagen, wann es intelligente Computerprogramme geben wird. Wenn die Fähigkeit zu denken etwas ist, das aus sich heraus entsteht, kann es irgendwann im 21. Jahrhundert so weit sein. Wir können in den nächsten Jahrzehnten einen Durchbruch erleben, es kann aber auch sein, dass wir im Jahr 2100 von diesem Ziel noch genauso weit entfernt sind wie heute. Ich gehe davon aus, dass wir Mitte des 21. Jahrhunderts die ersten denkenden Programme haben werden. Auch wenn sie noch nicht superintelligent sind, werden sie die Fähigkeit besitzen, sich weiterzuentwickeln, je mehr sie lernen.

Viele Arbeiten, die zur Zeit von Menschen ausgeführt werden, können von intelligenten Computerprogrammen übernommen werden. Heute lassen wir Computerprogramme bereits Fabriken und Kraftwerke überwachen, aber wenn wichtige Entscheidungen anstehen, sind immer noch Menschen gefragt. Künftig werden wir den Programmen noch viel mehr Entscheidungen überlassen, da sie über ein wesentlich umfassenderes Wissen verfügen als irgendein Mensch, viel schneller reagieren können und keinen Schlaf brauchen.

Intelligente Programme werden uns vor ganz neue Probleme stellen. Wir müssen unsere Einstellung zum Computer und auch unsere Gesetze ändern. Ein Computer mit einem intelligenten Programm ist etwas völlig Neuartiges. Heute hindert uns kein Mensch daran, mit unserem Computer zu machen, was wir wollen. Wenn wir mit einem Hammer auf ihn losgehen wollen (und das kommt sicher vor), steht es uns frei, dies zu tun. Aber wie wird es werden, wenn der Computer mit einem denkenden und vielleicht sogar fühlenden Programm ausgestattet ist? Dürfen wir ihn dann gegen den Willen seines Programms ausschalten? Wird es erlaubt sein, ein Gerät wegzuwerfen, das ein intelligentes Programm in sich trägt? Heute genießen bestimmte Tiere in vielen Ländern besonderen Schutz, weil wir wissen, dass Tiere denkende Organismen sind, die Schmerzen empfinden können. Werden wir für intelligente Maschinen ähnliche Gesetze bekommen?

Für viele Menschen ist die Diskussion über intelligente Maschinen nur ein weiteres Beispiel für die menschliche *Hybris*. Dieses Wort benutzten die Griechen der Antike für den menschlichen Hochmut. Wenn etwas hochmütig genannt werden kann, dann der Versuch, das beeindru-

Am 20. August 1998 wurde einem britischen Professor als erstem Menschen ein Mikroprozessor unter die Haut operiert. Der Mikroprozessor konnte mit dem Gebäude kommunizieren, in dem Kevin Warwick arbeitete, so dass Türen aufgingen und das Licht eingeschaltet wurde, sobald er einen Raum betrat. Die Idee ist, dass derlei Prozessoren den Bau von intelligenten Häusern (vgl. S. 135f.) erleichtern könnten. Sie können auch eingesetzt werden, um unseren Körper von innen zu kontrollieren, und vielleicht werden sie eines Tages Menschen direkt mit Computern verbinden.

*Die Größe des Kopfes von Neugeborenen entscheidet darüber, wie groß das Gehirn zukünftiger Menschen sein wird.*

ckendste Phänomen im Universum nachzuahmen, die Intelligenz. Von den Griechen ist aber auch überliefert, dass die, die sich der Hybris schuldig machten, der Rache der Götter anheimfielen, der *Nemesis*. Und blicken wir richtig pessimistisch in die Zukunft, dann wird es auch für übermütige Informatiker eine Nemesis geben, nämlich superintelligente Computer.

Die menschliche Intelligenz hat ihre Grenzen, die vom weiblichen Knochenbau vorgegeben werden. Wenn ein Kind auf die Welt kommt, muss es durch die Scheide passen, die nicht sehr groß ist, was bedeutet, dass auch der Kopf des Kindes nicht allzu groß sein darf. Der Kopf eines Kindes ist so groß, dass die Entbindung für Frauen eine schmerzhafte Angelegenheit ist. Er darf also nicht noch größer werden.

Zum Denken brauchen wir Neuronen, Zellen, die im Innern des Schädels liegen. Der Schädel ist schon jetzt mit Neuronen randvoll und man kann sich kaum vorstellen, dass unsere Nachkommen noch mehr Neuronen ausbilden werden. Solange uns nur das Gehirn zum Denken zur Verfügung steht, wird unsere Intelligenz vermutlich nicht mehr sonderlich zunehmen. Bei Computern sieht das ganz anders aus. Es gibt kaum eine Grenze für die Größe eines Computers, was bedeutet, dass denkende Computer *intelligenter* werden können als wir.

Bislang fanden wir es nur natürlich, dass das intelligenteste Wesen der Erde auch über die Natur herrschte. Alle Tiere mussten sich dem Menschen unterordnen und wir hatten wenig Skrupel, weniger intelligente Geschöpfe auszurotten, wenn sie uns Probleme bereiteten. Die Frage ist, wie wir reagieren werden, wenn wir eines Tages ein Computerprogramm bekommen sollten, das intelligenter ist als wir. Vielleicht empfinden wir es als demütigend, wenn wir nicht verstehen, was die Maschine gerade vorhat, weil das Programm so viel schneller und klarer denken kann.

Vielleicht wird aber auch ein superintelligentes Programm zu unserem besten Freund und wir finden mit ihm die Antwort auf die größten wissenschaftlichen Fragen unserer Zeit. Heute ist es nahezu unmöglich, über alle Probleme, denen wir Menschen gegenüberstehen, den Überblick zu behalten. Das könnte die geeignete Aufgabe für ein intelligentes Programm mit gigantischem Gedächtnis sein.

Ein Computerprogramm, das aus einem neuronalen Netzwerk oder aus künstlichem Leben hervorgegangen ist, wird nichts Menschenähnliches an sich haben, weshalb es vielleicht, wenn Streit zwischen den Menschen entsteht, als »unparteiischer Richter« besonders geeignet sein wird. Intelligente Programme sind vielleicht so gut darin, die Welt für uns zu regieren, dass wir es ihnen zum größten Teil überlassen. Dann können wir Menschen uns darauf konzentrieren, unser Leben zu genießen, ohne uns allzu viel Sorgen machen zu müssen.

Wenn wir den Programmen aber zu viele Aufgaben übertragen, könnte es auch passieren, dass wir die Kontrolle verlieren. Manche Menschen fürchten intelligente Computerprogramme aus diesem Grund. Sie werden intelligenter und reaktionsschneller sein als wir. Da sie ewig

Die Technik hinter künstlichen Organismen wird heute schon in der freien Wirtschaft eingesetzt. Eine englische Firma überlässt einem Computerprogramm die Entscheidung darüber, wo sie am geschicktesten Geld investieren sollte. Das Programm war »Gewinner« eines Wettbewerbs, in dem verschiedene Programme Geldanlagen tätigen mussten. In dem Wettbewerb kommen nur die besten Programme in die nächste Runde. Auf diese Weise ahmt der Wettbewerb die Natur nach, in der die am besten angepassten Organismen überleben.

leben können und nur von Strom abhängig sind, sind uns die Maschinen in vielerlei Hinsicht *überlegen*. Die Programme selbst werden klug genug sein, das zu begreifen.

Bei den heute üblichen Computern können wir den Strom abstellen und sie auf diese Weise kontrollieren. Sollten die Computerprogramme hingegen in einem Roboterkörper untergebracht sein (vgl. Kapitel 11), sieht es anders aus. Dann haben wir die Entwicklung nicht länger in der Hand. Wir haben dann selbst unsere Nachfolger erschaffen und müssen den Rest der Geschichte im Schatten unserer superintelligenten Erben verbringen.

Bleibt nur zu hoffen, dass die Programme dann einfühlsamer mit uns umgehen als wir mit unseren weniger intelligenten Mitgeschöpfen.

# 11  Das Schlaraffenland

An einem kalten Wintertag haben wir alle schon im warmen Bett gelegen und darüber nachgedacht, wie herrlich es wäre, allen mühseligen Strapazen des Alltags aus dem Weg zu gehen. In Deutschland erzählt man sich die Sage vom Schlaraffenland, dem Paradies für Faulpelze. Dort braucht man nur den Mund aufzumachen und schon fliegen die gebratenen Tauben direkt hinein. Bratwürste hängen auf den Zäunen, die, wer immer Hunger hat, pflücken kann. Im Schlaraffenland sind alle glücklich, denn das Einzige, was es nicht gibt, ist Arbeit.

Vielleicht kann das Schlaraffenland eines Tages Wirklichkeit werden. Es existiert ja bereits eine Erfindung, die nahezu alle körperliche Arbeit der Menschen übernehmen könnte. Diese Erfindung heißt Roboter. Heute kann man sich kaum vorstellen, dass Roboter irgendwann einmal hochwertige Arbeit verrichten können. Selbst die leistungsfähigsten unter ihnen sind kaum intelligenter als eine Heuschrecke. Aber der Schein trügt. Wenn die Roboter eines Tages erwachsen werden, wird sich unsere Gesellschaft verändern.

## Die heutigen Roboter erledigen die Arbeit, die wir nicht gern machen

Die meisten Maschinen, die uns im Alltag umgeben, sind eigens für eine bestimmte Arbeit konstruiert. Roboter sind Maschinen, die in der Regel von Computern gesteuert werden und neue Aufgaben übernehmen können, wenn der Computer entsprechend programmiert wird.

Es gibt Roboter, die selbstständig arbeiten, und es gibt Roboter, die von Menschen gesteuert werden müssen. Letztere sind heute am gebräuchlichsten. Ferngesteuerte

Im 18. Jahrhundert waren die Reichen in Europa von mechanischen Tieren und Menschen fasziniert. Das Wort Roboter stammt von dem tschechischen Wort *robota*, das »Zwangsarbeiter« bedeutet. Es wurde zum ersten Mal 1921 in einem Theaterstück des Dramatikers Karel Čapek (1890–1938) verwendet.

Roboter erledigen viele Aufgaben, die für Menschen gefährlich sind. Die Polizei setzt sie ein, um Pakete zu untersuchen, in denen sie Bomben vermutet, und Roboter werden auf den Meeresgrund geschickt, um Schiffswracks zu fotografieren oder dem Meeresboden Proben zu entnehmen. Das Wrack der »Titanic« wurde von einem ferngesteuerten Roboter aufgespürt, wie sie auch in den Teilen eines Kernkraftwerks eingesetzt werden, in denen die Strahlung für Menschen zu hoch ist.

Ferngesteuerte Roboter werden auch in Zukunft von Nutzen sein. Die amerikanische Raumfahrtbehörde NASA (Abkürzung für »National Aeronautics and Space Administration«) plant ihren Einsatz zum Bau von Raumschiffen und Raumstationen. So können die Menschen auf der Erde bleiben und trotzdem Bauarbeiten weit draußen im dunklen Universum ausführen.

Aber es sind die selbstgesteuerten Roboter, denen die Zukunft gehört. Es gibt heute schon einige Roboter dieser Art. In vielen Fabriken haben *Industrieroboter* große Teile der Arbeit übernommen, zum Beispiel die Spritzlackierung und das Zusammenschweißen von Autoteilen oder die Montage elektronischer Teile in Fernsehgeräten. Diesen Arbeiten ist gemeinsam, dass sie entweder gefährlich

Ein Roboter auf der Oberfläche des Planeten Mars

oder sehr eintönig sind. Fortschrittlichere Industrieroboter verrichten ihre Arbeit, ohne dass sie permanent von Menschen beaufsichtigt werden müssen. Sie arbeiten stur und unbeirrt vor sich hin, Tag und Nacht, ohne Bedürfnis nach Freizeit oder Urlaub. Solange ein Mensch auf je einen Roboter aufpassen muss, werden keine Arbeitskräfte eingespart. Aber sobald der Roboter die Arbeiten selbstständig ausführen kann, kann er menschliche Arbeiter wirklich ersetzen.

Ohne Roboter hätten wir niemals die anderen Planeten im Sonnensystem erforschen können. Raumsonden sind unabhängige Roboter. Um den Kontakt zu Robotern im Weltall zu halten, verwenden wir Radiowellen. Radiowellen breiten sich mit Lichtgeschwindigkeit aus, das heißt mit fast 300 000 Kilometern pro Sekunde. Für einen Roboter in Erdnähe bedeutet das, dass ihn eine Nachricht vom Kontrollzentrum auf der Erde innerhalb einer tausendstel Sekunde erreicht. Das ist schnell genug, damit ein Roboter noch reagieren kann, wenn etwas Unerwartetes passiert ist.

Aber für einen Roboter auf dem Mars werden Radiosignale von der Erde zwanzig Minuten lang unterwegs sein. Von dem Zeitpunkt an, wenn ein Roboter die Nachricht abschickt, dass ein Fehler aufgetreten ist, bis zu dem Moment, wenn die Signale von der Erde wieder bei ihm ankommen, sind vierzig Minuten vergangen! Da kann es schon zu spät sein. 1997 fuhr der Roboter »Sojourner« über die Oberfläche des Mars. Sojourner war der erste von vielen Robotern, die bis zum Jahr 2010 auf den Planeten geschickt werden sollen. Sie sollen den Mars erforschen, müssen aber unter anderem »begreifen«, dass sie nicht weiterfahren dürfen, wenn sie am Rand eines steilen Abgrunds angelangt sind.

Die Versuche mit Mars-Robotern können auch für uns Menschen auf der Erde nützlich sein. Wenn es uns gelingt, einem Roboter beizubringen, wie er sich auf dem Mars fortbewegen kann, ohne ständig menschliche Hilfe zu beanspruchen, können wir auch Roboter bauen, die sich in einem normalen Haus bewegen können, ohne dabei mit Möbeln und Lampen zu kollidieren.

Roboter können Kameras an Orte mitnehmen, zu denen wir Menschen niemals vordringen werden, und sie können uns Bilder von dort übermitteln. Mithilfe fortschrittlicherer Computertechnik werden wir das Gefühl haben, vor Ort zu sein. Und wir können selbst mitbestimmen, wohin die Reise gehen soll, indem wir dem Roboter Befehle übersenden. Auf diese Weise können wir in die größten Meerestiefen »reisen«, zu den entferntesten Planeten fliegen, in Vulkankratern spazieren gehen oder unter das Eis der Antarktis tauchen.

## Was ist Voraussetzung, dass der Einsatz von Robotern zur Regel wird?

In meiner ganzen Kindheit habe ich immer wieder von Robotern gehört. Ich habe Romane gelesen und Filme gesehen, in denen Roboter Seite an Seite mit Menschen lebten. Ich erfuhr, dass eine große Revolution im Gange war, die *Roboterinvasion* genannt wurde. Noch vor dem Jahr 2000 sollten Roboter fast alle mechanischen Arbeiten in einer Fabrik übernommen haben und private Roboterdienstboten zu Hause die Regel sein. Aber so ist es nicht gekommen. Im Gegenteil, der Einsatz von Robotern steht noch ganz am Anfang. Sie sind in unserer Gesellschaft äußerst selten. Wer hat schon je einen Roboter gesehen?

Es lässt sich leicht nachvollziehen, warum aus der Roboterinvasion nichts wurde. Es war viel schwieriger, gute Robotergehirne zu konstruieren, als die Wissenschaftler erwartet hatten. Außerdem waren Roboter im Unterhalt

*Rollender Roboter mit einem Arm*

teurer als ursprünglich angenommen. Derzeit gibt es weltweit zig Millionen Arbeitslose und ein Großteil der Menschen arbeitete für einen derart niedrigen Lohn, dass Roboter einfach nicht mit ihnen konkurrieren konnten. Deshalb verrichten sie nach wie vor nur sehr eingeschränkte Aufgaben.

Damit sich Roboter allgemein durchsetzen, müssen in der Gesellschaft große Veränderungen stattfinden. Die reichen Länder erleben gerade eine »Überalterung« der Gesellschaft, deren Auswirkungen wir bis weit über das Jahr 2000 hinaus noch spüren werden. Überalterung heißt, dass ein wachsender Anteil der Bevölkerung immer älter wird. Das liegt daran, dass die Geburtenrate rückläufig ist und die medizinische Versorgung älterer Menschen beträchtliche Fortschritte erzielt hat.

Es ist natürlich schön, dass die Menschen länger gesund bleiben, und für die Gesellschaft ist es in vieler Hinsicht auch positiv, dass sie über mehr Menschen mit großer Lebenserfahrung verfügt. Aber die Überalterung bringt auch Nachteile mit sich. Ältere Menschen brauchen eine Altersrente, von der sie leben können, und sie brauchen mehr Krankenpflege als jüngere. Im Jahr 2050 wird mehr als ein Fünftel der Bevölkerung über sechzig sein. Die Gesellschaft wird dann mehr Geld benötigen, um sich um die älteren Menschen kümmern zu können, während gleichzeitig weit weniger junge Menschen arbeiten werden. Die Arbeitslosigkeit in den reichen Ländern wird dadurch allmählich zurückgehen, ja, es kann sogar zu einem *Mangel* an Arbeitskräften kommen, vor allem im Bereich Gesundheitswesen und in den Pflegeberufen.

Während der reiche Westen an Überalterung leidet, werden Länder in Afrika und Asien nach wie vor die Auswirkungen der Bevölkerungsexplosion zu spüren bekommen. Dort wird es Millionen junger, arbeitsloser Menschen geben, die liebend gern ihr Glück in fremden Ländern versuchen werden. Ein paar der reichen Länder werden Arbeitskräfte aus armen Ländern anwerben, aber viele Länder werden auch die Gelegenheit beim Schopf packen und die Gesellschaft mit Robotern ausstatten. Die Versuchung, Roboter zu bevorzugen, ist groß, weil sie keine Wohnungen und Schulen, keine Krankenhäuser oder andere Güter brauchen.

Arbeitskräfte aus dem Ausland zu holen, ist im Übrigen nur eine kurzfristige Lösung. Früher oder später müssen alle Länder der Bevölkerungsexplosion ein Ende setzen. Dann wird es sich nicht vermeiden lassen, dass auch diese Länder eine Überalterungswelle erleben. Die Überalterungswelle wird in afrikanischen und asiatischen Ländern später kommen als in Europa, in den USA oder Japan. Aber wenn es so weit ist, werden die anderen Länder von den Erfahrungen profitieren können, die man in diesen Ländern vorher gemacht hat.

Vom Jahr 2025 an können Roboter allmählich Arbeiten übernehmen, die leicht zu automatisieren sind, zum Beispiel eintönige Industriearbeit. Je größer die Fortschritte bei der Entwicklung von Robotern sind, umso anspruchsvollere Aufgaben werden sie nach und nach ausführen können. Schweißer und Metallarbeiter, Bauarbeiter und Mechaniker, Bauern und Fischer sind Berufsgruppen, deren Arbeit automatisiert werden kann. Selbst Chirurgen können noch vor dem Jahr 2100 von Robotern Konkurrenz erhalten (vgl. S. 188–191).

Im Jahr 2050 werden fünfundzwanzig Prozent aller Menschen in den reicheren Ländern älter sein als fünfundsechzig. In einigen Ländern, darunter Japan, werden mehr als dreißig Prozent der Bevölkerung über fünfundsechzig sein. Dann kann es für uns noch wichtiger sein, Hilfe von Robotern zu erhalten.

Gegen Ende des 21. Jahrhunderts werden wir uns vielleicht am meisten damit beschäftigen, welche Berufe sich *nicht* auf Roboter übertragen lassen. Berufe, die mit der Pflege von Menschen zu tun haben, lassen sich kaum automatisieren. Menschen werden stets am besten geeignet sein, sich um Kinder, Behinderte und pflegebedürftige ältere Personen zu kümmern. Kreative Berufsfelder – Wissenschaft und Kunst zum Beispiel – verlangen nach kreativen Menschen. Berufe, die wir trotz weitgehender Automatisierung und elektronischer Steuerung nicht komplett Maschinen zu überlassen wagen – Piloten und Berufsfahrer –, werden auch künftig von Menschen ausgeübt.

Durch die zunehmende Automatisierung werden immer weniger Menschen in Fabriken mit Maschinen arbeiten, dafür aber immer mehr Maschinen mit Maschinen. Die Roboter werden Einfluss darauf haben, welche Berufe Menschen in Zukunft wählen werden, genau wie der Computer heute schon die Berufswahl mitbestimmt.

## Warum laufen, wenn man auch rollen kann?

Wissenschaftler, die sich mit Robotern beschäftigen, sind zu dem gleichen Ergebnis gelangt wie die Erforscher der künstlichen Intelligenz. Es ist unvernünftig, Menschen in allem nachzuahmen. Es ist zum Beispiel ausgesprochen schwierig, einen Roboter dazu zu bringen, sich wie ein Mensch auf zwei Beinen fortzubewegen. Und wenn wir einen Blick in die Natur werfen, sehen wir, dass es die wenigsten Tiere tun – mit Ausnahme einiger flügelloser Vogelarten nur der Mensch.

Stattdessen haben Wissenschaftler versucht, Tiere nachzuahmen, die mehr Beine als der Mensch haben. Es ist kein Zufall, dass es viele sechsbeinige Roboter gibt. Mit sechs Beinen steht ein Roboter fest und sicher auf jeder beliebigen Unterlage und kann sich außerdem schnell fortbewegen. Alle Insektenarten beweisen, dass sechs Beine eine intelligente Lösung sind. Ist die Unterlage eben, braucht man überhaupt keine Beine. Viele Roboter rollen auf Rädern. Und Roboter, die sich nicht fortbewegen müssen, können auch darauf problemlos verzichten.

Sollen Roboter die Arbeit von Menschen übernehmen, müssen sie vielseitiger sein als heute. Sie brauchen mehr von dem, was den Menschen zu etwas Außergewöhnlichem macht. Sie müssen lernen, besser zu sehen, sie müssen hören können und Hände bekommen, die genauso vielseitig einsetzbar sind wie Menschenhände, und sie müssen wesentlich besser denken können als bisher.

Ein Blick auf Roboter zeigt uns, wie schwierig es ist, dieses Ziel zu erreichen. Folgendes Problem, das für *uns* leicht zu lösen ist, stellt einen Roboter vor große Schwierigkeiten: In einer Schachtel befinden sich zahlreiche 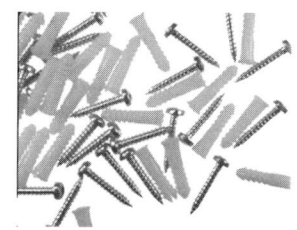 Schrauben. Sie sollen herausgenommen und nebeneinander gelegt werden, wobei die Schraubenspitze stets in die gleiche Richtung zeigen soll. Die Aufgabe ist für uns geradezu lächerlich einfach. Wir erkennen sofort, wie wir die Schrauben herausnehmen und richtig hinlegen müssen. Und auch wenn man sie nicht sehen kann, kann man sie mit den Finger abtasten.

Für einen Roboter der heutigen Generation ist diese Aufgabe fast nicht zu bewältigen. Wenn der Roboter sein Kameraauge auf die Schrauben richtet, versucht er, sie mit dem Bild einer Schraube in Einklang zu bringen, das in seinem Robotergehirn gespeichert ist. Anschließend muss der Roboter das Bild mit dem vorhandenen Haufen Schrauben vergleichen. Nun liegen die Schrauben aber kunterbunt durcheinander, und infolgedessen muss der Roboter ausrechnen, wie sie aus den unterschiedlichsten Perspektiven aussehen. Er muss auch berücksichtigen, dass sie anders aussehen, wenn das Licht sie in einem anderen Winkel trifft. Ein gutes Kameraauge reicht also nicht aus, der Roboter braucht auch ein ziemlich leistungsfähiges Gehirn.

Selbst die am weitesten entwickelten Roboter unserer Zeit sind schon fast außer Stande, die Schrauben in einer Schachtel auseinander zu halten. Fällt die Schachtel gar auf den Boden und die Schrauben werden über die Erde verstreut, ist selbst der beste Roboter hilflos. Der heutige Roboter kann einzig Arbeiten ausführen, bei denen es nicht zu unerwarteten Zwischenfällen kommt.

Da das Robotergehirn aus einem Computer besteht, müssen wir vermutlich erst künstliche Intelligenz erschaffen, bevor wir Roboter entwickeln, die sich in der Gesellschaft zurechtfinden. Wenn diese Roboter kommen (und das geschieht ganz gewiss), werden wir unsere Fantasie richtig anstrengen und ihnen interessante Eigenschaften verleihen müssen. Es gibt keinen Grund, weshalb sich Roboter mit zwei Armen oder menschlichen Händen begnügen müssen. Ein Roboter im Jahr 2100 kann aussehen wie ein Insekt mit Tintenfischarmen und mit Augen rund um den Kopf wie eine Spinne.

Einige Wissenschaftler glauben, dass Roboter eher wie Büsche aussehen werden. In der Mitte befindet sich das Robotergehirn. Davon gehen als Äste zahlreiche Arme ab, die unterschiedlich geformt sind. Einige Arme sind dick und kräftig und eignen sich bestens zum Heben schwerer Gegenstände. Andere Arme sind dünn und erinnern eher an Pinzetten. Ein solcher *Buschroboter* wäre sehr vielseitig einsetzbar. Soll er im Lagerraum eines Geschäfts schwere Kisten hochheben, kann er dies genauso tun wie in einem Labor Reagenzgläser halten oder Splitter aus einem Finger entfernen.

Kein Mensch kann wissen, wie Roboter künftig tatsächlich aussehen werden. Da wir sie von Grund auf erschaffen können, werden wir uns von guten Ideen aus der Natur inspirieren lassen. Auf diese Weise werden wir ihnen eine Dosis menschlichen Einfallsreichtum beimischen.

## Wie sieht ein Leben in der Robotergesellschaft aus?

Heute beläuft sich die Anzahl der Roboter, also das, was wir »Roboterbevölkerung« nennen könnten, auf weniger als 500 000 weltweit. Fast alle sind primitive Industrieroboter. Auf jeden Roboter kommen mehr als 10 000 Menschen. Gelingt es uns aber, ein effektives Ro-

botermodell zu bauen, lässt sich dieses schnell vervielfälti-
gen.

Wenn es so viele Roboter wie Menschen gäbe, würden
die Roboter unseren Lebensstil verändern. Heute ist in den
reichen Ländern der Achtstundentag üblich. Die Hälfte
seiner wachen Zeit verbringt ein Erwachsener mit Arbeit.
Rechnen wir noch den Weg zur Arbeit und Überstunden
mit ein, kann es sein, dass Menschen zwölf Stunden pro
Tag auf die Arbeit verwenden. Heute finden wir es normal,
so viel zu arbeiten. Aber viele sind nach der Arbeit so erschöpft, dass sie zu nichts anderem mehr fähig sind, als sich
abends vor den Fernseher zu hocken.

Die Roboter können den Arbeitstag verkürzen. Wenn
Roboter mehr Aufgaben übernehmen, besteht kein Grund
mehr, dass wir uns im gleichen Maße abmühen wie bisher.
Im Lauf des 21. Jahrhunderts bekommen wir vielleicht
einen Sechsstundentag. Vier oder auch nur zwei Stunden
Arbeit pro Tag können in einer ferneren Zukunft die Regel sein. Vielleicht hören auch einige für eine Zeit lang
ganz auf zu arbeiten und studieren oder tun das, worauf sie
schon immer Lust hatten. Da sowieso Roboter die meiste
Arbeit erledigen, brauchen sich die Menschen, wenn sie
künftig weniger arbeiten, keineswegs vor Armut zu fürchten.

Manchen wird es schwer fallen, mit so viel zusätzlicher
Freizeit umzugehen. Wenn man sich darauf eingestellt
hat, sein Leben vor allem nach dem Arbeitsrhythmus aus-
zurichten, kann der Gedanke an nahezu arbeitsfreie Tage
geradezu beängstigend wirken! Wir müssen *lernen*, mit unserer Freizeit sinnvoll umzugehen, damit wir nicht noch
mehr Stunden vor dem Bildschirm verbringen.

Die zunehmende Automatisierung kann uns jedoch
nicht alle Arbeit abnehmen. Nicht wenige Menschen haben viel Freude an ihrer Arbeit, auch wenn andere sie langweilig fänden. Für viele ist der Arbeitsplatz der Ort, an
dem man andere Menschen kennen lernt. Die Arbeit ermöglicht uns, etwas für uns oder andere zu erschaffen, Teil
der Gesellschaft zu sein. Wir wissen, dass Arbeitslosigkeit
für die Menschen in aller Regel schwer zu verkraften ist.

Wenn die Automatisierung das Ziel hat, uns alle arbeitslos zu machen, werden wir die Roboter sicher mit allen Mitteln bekämpfen.

## Der Roboter zu Hause

Eine Fliege schwirrt um mich herum, während ich das hier schreibe. Eine Stubenfliege, die nur wenige Millimeter groß ist, aber viel weiter entwickelt als der beste Roboter unserer Zeit. Wie kann das sein? Ein Fliegengehirn ist viel kleiner als ein moderner Computer. Das hat Techniker herausgefordert, immer kleinere Roboter zu bauen.

Ein Beispiel hierfür ist »Herbert«. Dieser amerikanische Roboter ist darauf spezialisiert, leere Getränkedosen aufzuspüren und zu entsorgen. Herbert hat ein kleines Computergehirn. Deshalb kann er sich nicht daran erinnern, wo er schon gewesen ist, und er kann auch nicht selbstständig seine Arbeit planen. Herbert wird niemals etwas dazulernen. Das muss er auch nicht. Herbert braucht lediglich zu wissen, wie Getränkedosen aussehen und wohin er sie bringen soll, um sie zu beseitigen.

Herbert funktioniert besser als mancher größere Roboter. Das lässt wichtige Schlussfolgerungen auf Insekten zu. Eine Schmeißfliege hat in ihrem winzigen Kopf verhältnismäßig wenige Gehirnzellen. Sie hat keinen Platz, um Erfahrungen zu speichern und daraus Neues zu lernen. Das Gehirn der Schmeißfliege enthält einfache Anweisungen zum Auffinden von Nahrung und zur Bewältigung anderer überlebenswichtiger Dinge, zum Beispiel Feinden aus dem Weg zu gehen. Wer schon einmal versucht hat, eine Fliege totzuschlagen, weiß, dass ihr Gehirn hervorragend funktioniert.

Möglicherweise werden unsere nützlichsten Roboter ähnlich »einfach gestrickt« sein. Da sie in der Herstellung wenig kosten, könnten einfache Roboter in vielen Haushalten bald zum Mobiliar gehören. Robotermäuse könnten alle Winkel eines Hauses ablaufen, um Staub und Schmutz zu entfernen und Ungeziefer zu töten, und Ro-

1980 wurde der Heimroboter »Comro« versuchsweise in den USA verkauft, ohne Erfolg. Anschließend folgte »Hero«, der sich auch nicht besser verkaufte. Heute gibt es Roboter, die automatisch staubsaugen und den Rasen mähen. Die Spielzeugfirma Lego verkauft einen Bausatz, mit dem man einfache Roboter herstellen kann, die sich dann über einen PC steuern lassen.

boteraffen die Außenwände eines Hauses erklimmen, die Fenster putzen und die Mauern neu streichen.

Das intelligente Haus achtet stets darauf, dass die Roboter ihre Arbeit verrichten, und setzt sie in Gang, sobald der Bewohner das Haus verlassen hat, um zur Arbeit zu gehen. Die kleinen Roboter können sich auch außerhalb des Hauses nützlich machen. Rasen mähen und Unkraut jäten kann man getrost Gartenrobotern überlassen.

Kleine Roboter eignen sich auch als Spielzeug. Die heutigen Puppen werden im nächsten Jahrhundert schrecklich altmodisch wirken. Es wird dann kleine Männchen und Tiere aus Plastik geben, die sich fortbewegen, sehen, hören und sprechen können. Vielleicht werden sich manche Kinder »Roboterfreunde« zulegen, die die nötige Intelligenz haben, damit man mit ihnen richtig spielen kann. Zum Geburtstag werden Kinder eine kleine Plastikkarte bekommen, die sie in ihren Roboterfreund einführen können. Es handelt sich um das neue Programm, das ihn auf einem weiteren Gebiet zum Experten macht. Ein Kind, das sich für Dinosaurier interessiert, kann sich ein Programm schenken lassen, das den Roboterfreund zum Paläontologen macht, also zu einem Experten von Lebewesen vergangener Erdperioden. So geht ihm nie der Gesprächsstoff aus. Und verliert das Kind an einer Sache das Interesse, braucht es sich nur eine neue Plastikkarte zu besorgen, die den Roboter mit weiterem Wissen füttert.

Roboter, die Menschen ähneln, nennt man *humanoide Roboter*. Ein echter Roboterdienstbote müsste möglichst wie ein Mensch aussehen. Auch wenn sich ein insektenförmiger Roboter problemlos durch das Haus bewegen kann, stellt sich die Frage, ob wir uns daran gewöhnen könnten, dass er den ganzen Tag in unserer Nähe herumscharwenzelt. Stellen wir uns vor, wir wachen mitten in der Nacht auf und starren in die Augen eines Rieseninsekts, das unsere schmutzige Wäsche aufsammelt!

Humanoide Roboter müssen Menschen nicht bis aufs Haar gleichen. Es genügt, wenn sie zwei Beine, zwei Arme und einen Kopf haben. Aber der Ehrgeiz kann Wissenschaftler dazu treiben, Roboter zu entwickeln, die genau

Wenn Roboter im 21. Jahrhundert Arbeitsplätze von Menschen übernehmen sollen, brauchen wir Robotergehirne, die lernfähig sind. Roboter können von erfahrenen Facharbeitern angelernt werden, die bald in Ruhestand gehen. Heute müssen Arbeitsplätze noch so umgestaltet werden, dass sie für Roboter passen, aber künftig werden Roboter sich den Arbeitsplätzen anpassen müssen.

wie Menschen aussehen. Solche Roboter nennt man *Androiden*. Androiden müssen nicht aus Metall sein. Sie können menschenähnliche Haut aus Plastik, künstliches Blut und künstliche innere Organe haben. Es mag dann schwierig sein, zwischen Androiden und gewöhnlichen Menschen zu unterscheiden.

Vielleicht sind intelligente Androiden die Dienstboten der Zukunft. Ein Androide muss mit unerwarteten Situationen im Haus fertig werden, muss zum Beispiel einen Einbruch verhindern, Feuer löschen, Schäden an der Wasserleitung und elektrische Leitungen reparieren können. Mit dem Androiden kann man sich auch unterhalten. Und wie bei dem »Roboterfreund« kann man einen Androiden auswählen, dessen »Persönlichkeit« zu einem passt. Hat man niemanden, mit dem man sich austauschen kann, könnte ein Androide die Lösung sein. Allerdings bleibt die Frage offen, welche Entwicklung unsere Persönlichkeit nehmen wird, wenn wir uns einen Androidenfreund kaufen können.

## Robotersoldaten

Für das Militär werden Roboter die idealen Soldaten sein. Roboter lassen sich jeder Belastung aussetzen und von einem schusssicheren Panzer umgeben. Robotersoldaten brauchen keinen Schlaf und können bei jedem Wetter vorrücken. Sie lassen sich mit allerlei »Sinnesorganen« ausstatten, auch solchen, die wir Menschen nicht haben. Die Roboter werden jedem Befehl gehorchen. Kein Mensch wird trauern, wenn ein Roboter im Kampf fällt. Die ersten Robotersoldaten werden in der Herstellung sehr teuer sein, aber wenn wir sie erst einmal in Massenfertigung produzieren können, wird keine Nation daran gehindert werden, sich ein riesiges Roboterheer zuzulegen.

Wenn wir allerdings erst einmal Roboter entwickelt haben, die Menschen töten können, haben wir eine Entwicklung in Gang gesetzt, die in eine Katastrophe münden kann. Der Schriftsteller Isaac Asimov (1920–1992) hat das

*»Cog« ist ein Roboterprojekt, das am Forschungsinstitut MIT (Massachusetts Institute of Technology) in den USA durchgeführt wird. Die Idee, die dahinter steckt, ist etwas Besonderes. Cog ist ein Roboter, an dem ständig weitergebaut wird, sobald den Wissenschaftlern etwas Neues einfällt. Cog wird niemals fertig gestellt sein, und Sinn und Zweck ist es, dass er sich allmählich selbst zu einem humanoiden Roboter weiterentwickelt.*

als Erster begriffen. Er hat viel über künftige Roboter geschrieben und war davon überzeugt, dass wir niemals Roboter zulassen würden, wenn wir uns nicht vor ihnen sicher fühlen könnten. Asimov hat das formuliert, was man heute als die »drei Gesetze der Roboterwissenschaft« kennt. Das sind Regeln, die dafür sorgen, dass sich Roboter nicht gegen den Menschen wenden.

Die drei Gesetze lauten:
1. Ein Roboter darf keinem Menschen Schaden zufügen und kann seine Hilfe verweigern, wenn die Gefahr besteht, dass einem Menschen Schaden zugefügt wird.
2. Ein Roboter muss Befehlen von Menschen gehorchen, außer wenn sie im Widerspruch zu dem ersten Gesetz stehen.
3. Ein Roboter muss sich selbst schützen, solange er dabei nicht gegen das erste oder zweite Gesetz verstößt.

Auch wenn diese Gesetze vorläufig nur für Romanroboter gelten, vermitteln sie uns eine Vorstellung davon, was wir beim Bau von Robotern und Androiden in Zukunft unbedingt beachten sollten.

## Roboterleben

Heute werden Roboter von Hand gebaut. Aber in Zukunft werden sie wie alle anderen Maschinen am Fließband gefertigt werden. Vermutlich werden Roboter in Fabriken die meisten anfallenden Arbeiten übernehmen. Und so werden Roboter andere Roboter bauen. In gewisser Weise können wir also sagen, dass sich diese Roboter »vermehren«. Sie werden auch in der Lage sein, sich »Nahrung« in Form von elektrischem Strom aus der Steckdose zu holen. Und sie werden sich fortbewegen und ihre Umgebung erkunden.

Geschieht dies, müssen wir uns die Frage aus dem letzten Kapitel erneut stellen: Werden solche Roboter eine Art Lebewesen sein? Wenn die Innereien eines Roboters komplizierter sind als die »Innereien« einer Bakterie, wird man schwerlich leugnen können, dass der Roboter lebendig ist. Denn wir zählen Bakterien zu den lebenden Organismen.

Wir werden immer neue Modelle herstellen, die unseren Bedürfnissen gerecht werden. Wir werden eine große Robotervielfalt erhalten und die Roboter werden sich immerzu verändern. Vielleicht werden sie sich *entwickeln* wie Organismen in der Natur und künstliches Leben in der künstlichen Computernatur.

Wir können Roboterwesen kontrollieren, indem wir ihnen einen »Schalter« zum Ein- und Ausschalten einbauen. Aber wenn wir einen solchen Roboter mit einem denkenden Computer versehen, erhalten wir intelligente Roboterwesen. Damit verbunden ist das Risiko, dass die Roboterwesen nicht länger kontrollierbar bleiben, sondern sich zu Arten entwickeln, die Seite an Seite mit anderen Arten auf der Erde leben.

Für ein Wesen mit einem Körper aus Metall und Plastik

ist die Erde nicht gerade ein besonders gastlicher Ort. Der Sauerstoff in der Atmosphäre und das Salzwasser, das unseren Globus weitestgehend bedeckt, setzt Metallen und Kunststoffen stark zu. Eine intelligente Maschine braucht nichts als Strom und wird wahrscheinlich viel länger an einem Ort ohne Luft und Wasser überleben. Roboter sind wie für das Weltall geschaffen, für das wir Menschen uns kaum eignen. Möglicherweise wird deshalb das Weltall von intelligenten Robotern und nicht von Menschen erobert werden.

# 12 Maschinen von der Größe eines Virus

In der Natur ist es kein Nachteil, klein zu sein. Ganz im Gegenteil, viele der vollkommensten Lebewesen auf der Erde sind klein. Auf jedes Säugetier der Erde kommen mehrere hundert Insektenarten und unzählige Arten von Mikroorganismen wie Bakterien und Viren. Auch Millionen Jahre, nachdem die Menschheit ausgestorben sein wird, werden die Nachkommen der Bakterien, die uns überall umgeben, noch leben. Mikroorganismen waren die ersten Lebensformen auf unserem Planeten und wahrscheinlich werden sie auch die letzten sein. In Milliarden Jahren, wenn die Sonne so heiß geworden ist, dass sämtliche Pflanzen und alle großen Tierarten ausgestorben sind, wird es immer noch Bakterien geben.

Wir Menschen sind eine große Art, weshalb wir vielleicht noch nicht erkannt haben, welche Vorteile es hat, klein zu sein. Wenn wir davon reden, die Computertechnik zu miniaturisieren, sind die Maschinen, von denen wir sprechen, immer noch riesig, verglichen mit einem so gewöhnlichen Tier wie dem Floh.

Vielleicht werden die ersten kleinen Roboter Mikroboter genannt, eine handliche Abkürzung für »Mikroroboter«. Mikroroboter werden die Größe von Insekten haben. Die größten werden ein paar Gramm wiegen und ein oder zwei Zentimeter lang sein. Die kleinsten werden die Größe von Flöhen oder Läusen haben und für das menschliche Auge kaum sichtbar sein.

Die Mikroroboter werden vom Aussehen her an Insekten erinnern, weil viele Lösungen der Natur sehr sinnvoll sind. Große Roboter mit sechs Beinen gibt es schon. Facettenaugen und Fühler sind ebenfalls praktisch. Und Mikroroboter könnten »Flügel« haben, die mit winzigen Solarzellen ausgestattet sind, damit die Energieversorgung im Freien gewährleistet ist.

Mikroroboter werden viele nützliche Arbeiten für uns verrichten. Sie sind so klein, dass sie an die unzugänglichsten Orte vordringen können, in enge Röhren, Maschinen und schmale Ritzen. Vielleicht werden sie künftig auch Operationen durchführen. Ein Mikroroboter kann durch enge Blutgefäße schwimmen und dort Eingriffe vornehmen (vgl. S. 190). Mikroroboter können Dreck und Staub entfernen, kleinere Reparaturen ausführen und Jagd auf Ungeziefer machen. Heute ist es schwer, Kakerlaken wieder loszuwerden, wenn sie sich erst einmal in einem Haus eingenistet haben. Künftig werden wir vielleicht Mikroroboter haben, die darauf spezialisiert sind, Kakerlaken zu töten. So können wir auf Giftstoffe im Kampf gegen Ungeziefer verzichten. Heerscharen von Mikrorobotern werden auch auf den Äckern ausschwärmen und Ungeziefer töten.

Es kann sein, dass wir in Zukunft überall von Mikrorobotern umgeben sein werden. Der Anblick von Roboterkäfern, die Staub vertilgen, wird uns vielleicht so vertraut werden, dass wir sie gar nicht mehr bemerken. Sie werden so billig und einfach einzusetzen sein, dass wir sie tütenweise im Geschäft kaufen können: »Kaufen Sie 25 Mikroroboter zum Preis von 20!«

Sehen wir, dass ein Mikroroboter kaputt ist (vielleicht läuft er immer im Kreis, weil seine Beine auf der linken Seite nicht mehr richtig funktionieren), können wir ihn ganz einfach loswerden. Wir zertreten ihn und andere Mikroroboter tragen die Überreste weg. Diese Roboter sind viel zu klein, um intelligent zu sein, aber sie sind intelligent genug, um uns zu nützen.

## Roboter so klein wie ein Virus

Die kleinen Roboter werden uns nützlich sein, aber von noch größerem Nutzen können Roboter sein, die noch viel kleiner sind. Stellen wir uns vor, wir hätten einen Mikroroboter von einem Zentimeter Länge. Wir verkleinern ihn auf ein Zehntel, so dass er einen Millimeter lang ist. Der Mikroroboter ist immer noch mit bloßem Auge zu

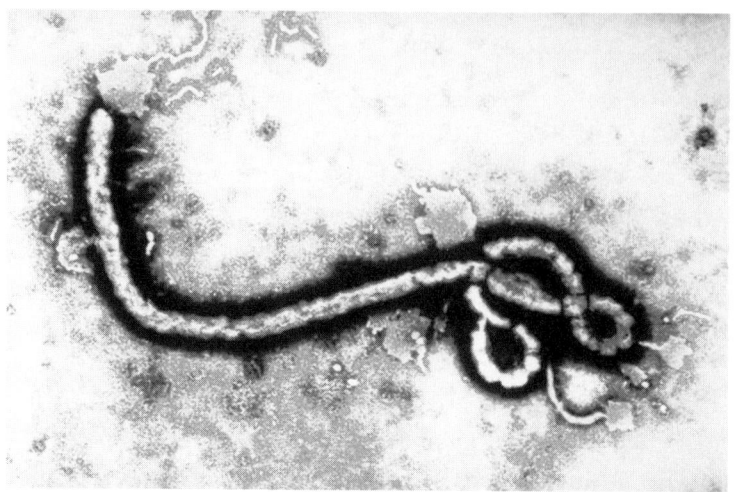

erkennen. Dann verkleinern wir ihn noch einmal auf nur ein Zehntelmillimeter. Jetzt ist er für uns unsichtbar und hat in etwa die Größe einer menschlichen Körperzelle.

Die nächste Verkleinerung reduziert ihn auf ein hundertstel Millimeter Länge. Man könnte ihn unter einem Mikroskop noch erkennen. Aber auch hier endet die Verkleinerung nicht. Wenn er noch einmal auf ein Zehntel schrumpft, ist er ein Tausendstelmillimeter lang, das heißt ein *Mikrometer*. Und noch sind wir nicht am Ende. Erst wenn der Roboter ein Zehntelmikrometer lang ist, sind wir zufrieden. Dann ist er so klein, dass sich tausende seinesgleichen auf einem Punkt am Satzende tummeln könnten, ohne dass wir sie sehen würden!

Es ist praktischer, wenn wir die Größe eines solchen Roboters in *Nanometern* messen, was einem Milliardstel Meter entspricht (»nano« bedeutet ein Milliardstel). Dieser Roboter, den wir *Nanomaschine* oder *Nanoroboter* nennen können, ist ungefähr hundert Nanometer lang. Ein Mensch jedoch ist so groß und enthält so viele Atome, dass es keinen Sinn hat, seine Länge in Nanometern anzugeben. Eine Nanomaschine setzt sich aus wenigen Millionen Atomen zusammen.

Normale Maschinen bestehen aus kleineren Teilen, von denen jedes einzelne wiederum aus Milliarden Atomen besteht. Eine Nanomaschine setzt sich aus so kleinen Teilen zusammen, dass jedes nur aus einer Hand voll Atome besteht. Ein Zahnrad in einer Nanomaschine wird aus hunderten von Atomen bestehen. Deshalb ist es wichtig, dass sich jedes Atom in einer Nanomaschine am richtigen Platz befindet. Wissenschaftler sind der Meinung, dass es möglich ist, alle Teile einer normalen Maschine derart zu verkleinern, wenn man nur die Atome in einer Nanomaschine richtig zusammensetzt.

## Wie können wir Nanomaschinen bauen?

Der Bau der ersten Nanomaschine könnte das allergrößte Forschungsvorhaben der Menschheitsgeschichte werden und wird vielleicht Jahrzehnte dauern, weil die Atome so unglaublich winzig sind, dass man sie nicht wie gewohnt zusammensetzen kann. Die Finger zu benutzen, kommt nicht in Frage. Stellen wir uns vor, dass wir eine Nanomaschine so lange vergrößern, bis sie die Größe eines Telefons angenommen hat. Dann wäre unser Zeigefinger im Verhältnis fünftausend Kilometer lang und tausend Kilometer breit.

Der Erste, der mit Nanomaschinen geliebäugelt hat, war der Physiker Richard Feynman (1918–1988). Er hat versucht sich vorzustellen, wie sie hergestellt werden könnten: Man müsste mit zwei Roboterarmen anfangen, die so programmiert werden, dass sie Kopien von sich selbst in zehnfacher Verkleinerung bauen können. Wäre ein Roboterarm einen Meter lang, hätten die Kopien eine Länge von zehn Zentimetern. Da diese Arme in allem Kopien der großen Arme sind, können sie ebenfalls Kopien von sich in zehnmal kleinerer Ausfertigung herstellen. Es ist klar, wie es jetzt weitergeht. Bei jeder neuen Kopie schrumpfen die Roboterarme um ein Zehntel und hat sich das achtmal wiederholt, werden die Roboterarme so klein sein, dass sie eine Nanomaschine bauen können. Die Idee ist nicht schlecht, aber es ist nicht sicher, ob sie sich umsetzen lässt.

In der Computerindustrie werden jährlich Millionen von Mikroprozessoren hergestellt. Ein Mikroprozessor ist

Wir wissen, wann die Idee einer Nanomaschine zum ersten Mal vorgestellt wurde. Das war am 29. Dezember 1959, als Richard Feynman einen Vortrag hielt, dem er den Titel gab: »Es gibt genug Platz auf dem Boden«. Darin beschreibt Feynman die Vorteile, die das Verkleinern von Maschinen bis auf Nanometergröße hätte.

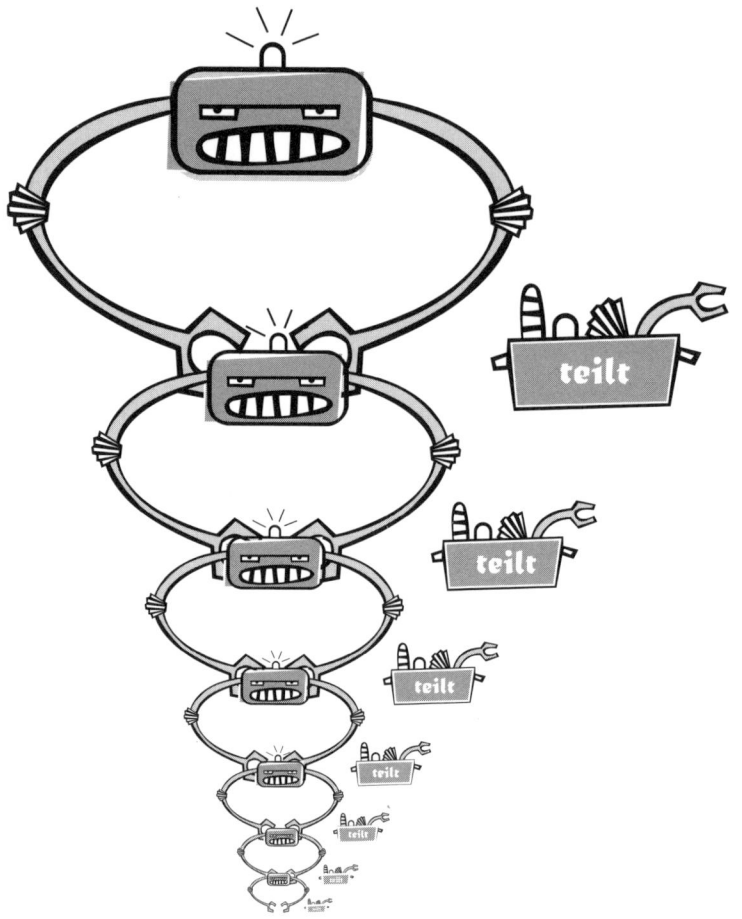

in Wirklichkeit eine Ansammlung elektronischer Einzelteile, die so verkleinert wurden, dass sie unfassbar winzig sind. Transistoren gehören zu diesen Komponenten. In den Sechzigerjahren hatte ein Transistor die Größe einer Fingerkuppe. Auf einem modernen Mikroprozessor, der die Größe eines Daumennagels hat, ist Platz für mehrere hundert Millionen Transistoren. Die elektronischen Teile eines Mikroprozessors sind viel zu klein, als dass sie mit bloßem Auge erkennbar wären.

Vielleicht entwickeln sich die technischen Möglichkeiten der Computerindustrie dahin, dass der Bau von Nanomaschinen möglich wird. Die Computerindustrie wird bei ihrer Erforschung auf alle Fälle eine wichtige Rolle spielen, denn Nanomaschinen brauchen ein kleines

Computergehirn im Innern, damit sie gesteuert werden können.

Wissenschaftler sind deshalb davon überzeugt, dass Nanomaschinen gebaut werden können, weil die Natur seit eh und je Nanomaschinen produziert. Nanomaschinen gehören in der Tat zu den gängigsten Organismen der Natur. Sind wir erkältet, wird unser Körper von Nanomaschinen überschwemmt, die unserem Organismus schwer zu schaffen machen. Wir nennen sie Viren.

Viren leben nicht in dem Sinn, wie Bakterien oder Zellen leben. Viren sind gewissermaßen Maschinen, die sich im Lauf von Milliarden Jahren in der Natur entwickelt haben. Viren sind so winzig, dass ihre Größe in Nanometern gemessen wird. Zum Beispiel bietet der Punkt am Ende dieses Satzes hundert Millionen Viren Platz, die die Krankheit Kinderlähmung hervorrufen. Viren können sich nicht von selbst vermehren. Sie müssen sich Körperzellen suchen und diese durch List dazu bringen, die Vermehrung der Viren zu übernehmen. Ein Virus ist also eine Art natürliche Nanomaschine, die im Stande ist, in das Erbgut einer Körperzelle vorzudringen und es zu verändern.

Amerikanische Wissenschaftler haben vorgeschlagen, dass Mikroroboter und vielleicht auch Nanomaschinen von einer »intelligenten Oberfläche« gebaut werden könnten. Eine intelligente Oberfläche ist eine Platte, die von winzigen Härchen überzogen ist, ähnlich wie Samt. Die feinen Härchen auf der Samtoberfläche können so gesteuert werden, dass sie winzige Zahnräder und andere Maschinenteile zusammensetzen.

## Warum Nanomaschinen?

Eine Maschine, die so klein ist, dass wir sie nicht sehen können, kann natürlich auch keine großen Aufgaben bewältigen. Ein Staubkorn zu entfernen, ist für eine Nanomaschine, als wollten wir einen Berg vor uns herschieben.

Nanomaschinen gehören in die Welt der Atome. Nanomaschinen haben Arme, die so klein sind, dass sie einzelne Atome bewegen können. Genau aus diesem Grund sind sie so nützlich, denn wer Atome kontrollieren kann, hat die Kontrolle über alle Materie. Unter Materie versteht man sämtliche Stoffe im Universum, ob in gasförmigem, flüssigem oder festem Zustand. Und alle Materie im Universum besteht aus Atomen. Verschiedene Formen von Materie setzen sich aus verschiedenen Molekülen zusammen, die wiederum aus unterschiedlichen Atomen bestehen.

*So stellen sich die Wissenschaftler ein Maschinenteilchen in einer Nanomaschine vor. Jede Kugel stellt ein Atom dar und das ganze Teil ist kleiner als ein Millionstel Meter!*

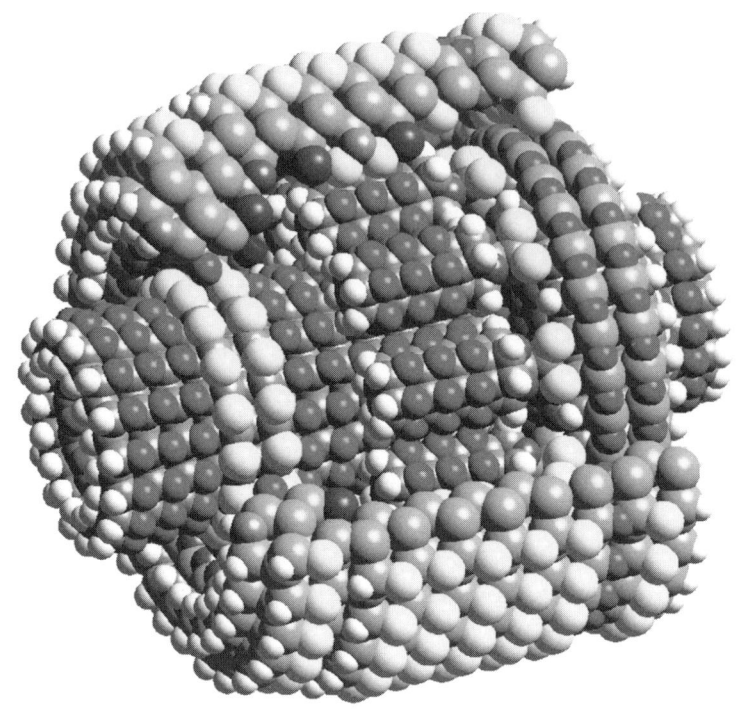

Die wichtigsten Atome in lebenden Organismen sind Wasserstoff, Sauerstoff, Schwefel, Stickstoff und Kohlenstoff. Setzen sich die Atome auf eine bestimmte Weise zusammen, ergeben sie zum Beispiel Papier. Auf andere Weise zusammengesetzt bilden sie Muskelgewebe im menschlichen Arm. Zu den verblüffendsten Dingen in der Natur gehört es, dass die gleichen einfachen Bausteine so unterschiedliche Formen annehmen können, nur weil sie auf unterschiedliche Weise zusammengesetzt sind. Wenn Nanomaschinen Atome bewegen können, können sie aus den Atomen Moleküle bauen. Sind die entsprechenden Atome vorhanden, können Nanomaschinen im Grunde jedes beliebige Molekül herstellen.

Zu den wichtigsten Molekülen im menschlichen Leben gehören die, die mit Lebensmitteln in Zusammenhang stehen. Heute versorgen wir uns mit Eiweißen – Molekülen, die sich unter anderem in Fleisch befinden –, indem wir tote Tiere essen. Die Proteine im tierischen Fleisch sind durch einen langwierigen Prozess entstanden, bei dem das

Futter, das das Tier gefressen hat, in Proteine umgewandelt wurde. Eine Nanomaschine kann jedoch die gleichen Atome ohne Zwischenglied in Proteinmoleküle verwandeln.

Wenn man ein Steak haben möchte, braucht man heute eine Kuh oder einen Ochsen. Das Tier frisst Gras, das auf der Erde wächst. Die Atome im Gras, das das Tier frisst, in der Luft, die es einatmet, und im Wasser, das es trinkt, werden zu den Molekülen umgewandelt, die sich in einem Steak finden. Das Ganze geschieht im Körper des Tiers als Folge unzähliger chemischer Reaktionen. Stehen uns aber die Atome zur Verfügung, die man für ein Steak braucht, können Nanomaschinen ein Steak selber zusammensetzen. Einen Kübel Erde und einen Eimer Wasser, mehr braucht man nicht für eine fürstliche Mahlzeit!

Dass eine Nanomaschine nahezu alles Erdenkliche herstellen kann, macht sie zu einer der wichtigsten Erfindungen für die Zukunft. Denn dann wären mit einem Schlag die größten Probleme der Menschheit beseitigt – Hunger und Mangel an lebensnotwendigen Dingen. Nanomaschinen können nicht nur alle Lebensmittel herstellen, die wir uns wünschen, sondern auch Kleider, Häuser und andere unentbehrliche Sachen.

Und das wird auf völlig ungewöhnliche Weise geschehen. Im Zeitalter der Nanomaschine könnte der Hausbau zum Beispiel folgendermaßen vor sich gehen: Zuerst besorgt man sich wie heute ein Grundstück, denn Platz für den Bau von Häusern werden wir auch in Zukunft brauchen. Dann begibt man sich in einen Baumarkt oder sucht vielleicht einen Internetladen auf. Dort wählt man sich ein Haus aus, das einem gefällt. Die Größe tut nichts zur Sache, vorausgesetzt, das Grundstück ist groß genug.

Das Haus wird als kleines Reagenzglas geliefert. Darin befindet sich schwarzes Pulver – ein paar Millionen Nanomaschinen. Diese Nanomaschinen haben die nützliche Eigenschaft, dass sie sich vermehren können (mehr zu derartigen Maschinen auf S. 258–261). Deshalb braucht man auch nur wenige Nanomaschinen, um anfangen zu können.

Die Nanomaschinen finden nicht alles, was sie brau-

chen, im Erdreich, also müssen wir einen Teil der Grund-
stoffe für ein Haus auf dem Grundstück bereitstellen. Zum
Beispiel Kupfer für elektrische Leitungen und Eisen für
Rohre. Die Nanomaschinen brauchen auch Energie in
Form von ultraviolettem Licht, also platziert man eine
starke Lampe auf dem Bauplatz. Nun ist alles vorbereitet.
Man nimmt das Glasröhrchen, schraubt den Deckel ab und
schüttet die Nanomaschinen mitten auf das Grundstück.

Dann verlässt man den Bauplatz und überlässt den Maschinen die Arbeit. Am nächsten Morgen ist bereits viel
passiert. Die Maschinen haben sich vermehrt und sich über
das ganze Grundstück verteilt. Sie haben angefangen, das
Erdreich auszuheben und die Erde in Grundmauern und
Wände zu verwandeln.

Allmählich nimmt das Haus Gestalt an. Die Wände
wachsen langsam in die Höhe und alles entsteht gewissermaßen gleichzeitig. Während die Wände langsam wachsen, wird schon der Fußboden gelegt und die Leitungen,
Rohre und sogar Tapeten und Möbel entstehen zur selben
Zeit, wenn man das möchte! Nach einer Woche ist das
Haus bezugsfertig und sieht genau so aus, wie man es sich
gewünscht hat. Rund um das Haus liegt eine dicke Schicht
Nanomaschinen, die mit ihrer Arbeit fertig sind. Bevor
man einzieht, lässt man sämtliche Nanomaschinen von
einem Schwarm Mikroroboter beseitigen.

Viele der gefährlichsten Giftstoffe der Welt bestehen
aus harmlosen Grundstoffen wie Sauerstoff, Wasserstoff
und Kohlenstoff. Wenn es uns gelingt, Nanomaschinen zu
bauen, die die Moleküle »aufbrechen« können, aus denen
sich die Giftstoffe zusammensetzen, haben wir auch das
Problem des gefährlichen Mülls für alle Zeit gelöst.

Wir schreiben das Jahr 2500 und die Beseitigung einer
der gefährlichen Müllhalden aus dem 20. Jahrhundert soll
endlich in Angriff genommen werden. Roboter haben die
Erde über den Behältern mit giftigem Industrieabfall weg-
geräumt. Ein Hubschrauber schwebt tief über den verros-
teten Tonnen und verstreut eine Wolke aus schwarzem
Pulver gleichmäßig über die Behälter. Das Pulver ist in
Wahrheit nichts anderes als Billionen von Nanomaschinen.

Die Maschinen machen sich sofort daran, den Abfall in harmlose Atome und Moleküle zu zerlegen. Sie machen den Giftstoffen den Garaus, indem sie die Moleküle aufbrechen und in kleinere, unschädliche Teile zerlegen. Da die Maschinen so klein sind, dringen sie in alle Ecken und Winkel ein und gleiten auch durch den Erdboden, um nach ausgelaufenem Gift zu suchen. Menschen brauchen sich überhaupt nicht in die Nähe der gefährlichen Abfälle zu begeben. Vielleicht gehört es künftig zu den wichtigsten Aufgaben der Nanomaschinen, Schäden zu beheben, die wir heute anrichten.

Die Tatsache, dass Nanomaschinen Moleküle aufbrechen können, macht sie auch zu etwas Bedrohlichem. Mit Nanomaschinen ist es wie mit allen anderen Erfindungen. Die Technik verführt auch zu Missbrauch. Man kann sich leicht vorstellen, dass die schwarze Wolke, die Gifttonnen auflöst, ebenso Menschen auflösen kann. Eine Rakete mit einer Kapsel voller Nanomaschinen würde ausreichen, um die Einwohner einer Stadt nachhaltiger auszulöschen, als Bakterien oder Giftgase es tun können.

Einige Autoren haben darüber spekuliert, was passieren könnte, wenn wir »Nanowaffen« entwickeln würden, und ihre Vorhersagen sind ziemlich düster. Wie können wir uns gegen eine Waffe schützen, die so klein ist, dass wir sie nicht einmal sehen können? Und wie können wir verhindern, dass eine Nanowaffe »durchdreht« und das Land angreift, in dem sie hergestellt wurde? Schlimmstenfalls kann die ganze Erde von gierigen Nanomaschinen zerstört werden. Es wird auf alle Fälle heftige Diskussionen geben, bevor sie in vielleicht hundert Jahren zur Anwendung gelangen werden.

Die Medizin wird von Mikrorobotern wie von Nanomaschinen in erheblichem Maß profitieren. Millimeterlange Roboter können sich durch die Blutbahnen eines Kranken schlängeln und ganz neuartige Operationen ausführen. Bevor ein Mensch an einem Herzleiden erkrankt, lagern sich häufig Fettverbindungen ab und verstopfen die Blutadern. Die Ablagerungen sitzen an den Innenwänden der Blutgefäße und sind schwer zu erreichen, aber Mikroroboter können den großen Adern bis ins Herz folgen und sie von innen reinigen. Genauso können Roboter an anderen Stellen im Körper Kontrollgänge machen und schädliche Stoffe entfernen.

Nanomaschinen können selbst in die engsten Blutgefäße im Körper vordringen und sogar in Zellen kriechen. Entwickelt sich eine Zelle zu einer Krebszelle, kann sie von Nanomaschinen unschädlich gemacht werden. Nanomaschinen können so programmiert werden, dass sie gefährliche Bakterien und Viren erkennen. So werden sie zu einem künstlichen Immunsystem, das einspringt, wenn das natürliche Immunsystem versagt.

Nanomaschinen werden dafür sorgen, dass die meisten Menschen ein Leben lang bei guter Gesundheit sind. Sie könnten zu einem Teil von uns werden. Ängstigt uns dieser Gedanke, brauchen wir bloß daran zu denken, dass wir ohnehin schon »Fremdkörper« in uns haben. In unserem Darm wimmelt es von verschiedenen Bakterienarten, alles lebende Organismen. Viele dieser Bakterien sind sehr nützlich für uns.

## Die Universalmaschine

Die Universalmaschine befindet sich noch in weiter Ferne, aber erste Vorläufer dazu gibt es bereits. Der 3D-Drucker kann dreidimensionale Kopien von Figuren erstellen, die in einem Computer gespeichert sind. Die Kopie wird in einer Wanne mit flüssigem Kunststoff erzeugt. Ein Laserstrahl fährt über den Kunststoff in einem Muster, das vom Computer vorgegeben wird. Das Modell sinkt im Kunststoff nach unten, während der Laserstrahl neue Schichten brennt. Das geht zwar langsam, aber heraus kommt ein komplettes Modell in durchsichtigem Kunststoff.

Wer hat nicht schon von einer Maschine geträumt, die alles herstellen kann, was man sich wünscht? Nanomaschinen können diese Universalmaschine Wirklichkeit werden lassen. Eine Universalmaschine wird aus Billionen von Nanomaschinen, einem Computer, der sie steuert, und einem Behälter bestehen, in den man etwas hineinlegen kann.

Die Universalmaschine wird eine wahrhaft magische Erfindung sein. Wir bitten die Maschine, etwas anzufertigen, und sie sagt uns, welche Rohstoffe sie dafür braucht. Dann füllen wir die Stoffe ein und die Maschine legt los. Wir sehen nicht, was passiert, aber wir wissen, dass Millionen Nanomaschinen damit beschäftigt sind, Moleküle in Atome aufzuspalten und neu zusammenzusetzen. Nach einer Weile teilt uns die Maschine mit, dass sie fertig ist, und wir können den Deckel hochheben. In der Maschine liegt das Gewünschte.

Mit einer Universalmaschine wird das Leben leichter. Und wenn wir bedenken, dass die Maschine auch als »Nanomülltonne« benutzt werden kann, wird das Leben auch viel umweltfreundlicher. Die Nanomaschinen in der Universalmaschine können nämlich jeglichen Müll zu Rohstoffen verarbeiten. Diese Rohstoffe können dann wieder bei der Herstellung neuer Gegenstände eingesetzt werden. So kann fast alles recycelt werden, ohne dass es das Haus verlässt. Wir werden keine Müllplätze mehr brauchen, denn es wird keinen Müll mehr geben.

Die Universalmaschine wird für alles Bauanleitungen enthalten, angefangen von Karotten und Hosen bis hin zu Computern. Sollten wir einmal gedankengesteuerte Computer haben, kann die Universalmaschine fast alles herstellen, woran wir auch nur kurz denken. Wir denken an ein Stück Schokolade und schon ist es da. Fällt einem etwas ein, was das Computergehirn der Universalmaschine nicht gespeichert hat, kann man die Maschine dazu bringen, es herzustellen. Wir erfinden Dinge und die Universalmaschine setzt unsere Ideen um. Abgesehen von der eigenen Fantasie gibt es nur zwei Grenzen: Die Maschine braucht die Rohstoffe, die man für die Herstellung der Erfindung benötigt, und das Gewünschte darf nicht größer sein als die Universalmaschine selbst.

Vermutlich werden die Menschen in ferner Zukunft die Geschichte in eine Zeit vor und eine Zeit nach der Universalmaschine einteilen. Gibt es sie erst einmal, wird sich eine Gesellschaft entwickeln, in der jeder alles haben kann, was er sich an materiellen Dingen wünscht. Es wird nie mehr an irgendetwas mangeln. Es hat auch keinen Sinn mehr zu stehlen, weil jeder so gut wie alles haben kann.

Es hat immer große Unterschiede gegeben zwischen Arm und Reich, aber die Universalmaschine wird diesen Unterschieden ein Ende bereiten. Wir können ein Leben inmitten von Luxusartikeln führen. Wir brauchen nur an das zu denken, was wir haben wollen, und schon bekommen wir es.

Die Universalmaschine kann mehr als nur Kuchenstücke herstellen. Die Nanomaschinen in der Universalmaschine können zum Beispiel $CO_2$ und Methan in Gase verwandeln, die das Klima weniger belasten. Vielleicht werden wir in Zukunft Flugzeuge haben, die Tag und Nacht in der Atmosphäre kreisen, um Treibhausgase zu zerstören.

Das Leben in einer Zukunft mit Robotern, Nanomaschinen und Universalmaschinen wird uns unendlich seltsam vorkommen. Die Menschen werden länger leben und gesund bleiben. Der *materielle* Bedarf wird künftig vollends gedeckt sein. Aber heißt das, dass alle glücklich sein werden mit einem Leben im Schlaraffenland? Wahrscheinlich nicht. Viele werden unzufrieden sein in einer Gesellschaft, in der alle im Überfluss leben, und von einem einfacheren Leben mit weniger materiellen Gütern träumen. So denken in unserer Zeit schon viele Menschen. Und aus heutiger Sicht würden wir jene, die Universalmaschinen besitzen, wahrscheinlich für hoffnungslos verwöhnt halten. Für sie aber wird es selbstverständlich sein, dass man alles haben kann – jederzeit!

Es ist sicher klar geworden, dass diese Erfindungen noch eine Weile auf sich warten lassen. Kein Mensch weiß, wann Nanomaschinen und Universalmaschinen existieren werden. Ein paar Optimisten glauben, dass wir schon vor dem Jahr 2100 Nanomaschinen haben werden. Ich zweifle jedoch daran. Aber bis zum Jahr 2500 ist es vielleicht möglich, dass Menschen in einem Haus wohnen, das von Nanomaschinen erbaut wurde, und ihr Mittagessen »kochen«, indem sie an das *denken*, worauf sie am meisten Appetit haben.

Wenn es einmal so weit ist, haben die Nanomaschinen auch die Natur verändert. Wenn wir im Freien Nanomaschinen verwenden, lässt es sich nicht vermeiden, dass sie ins Ökosystem gelangen. Und dort können sie als künstliche Mikroorganismen weiterbestehen. Seite an Seite mit Bakterien und Viren können Nanomaschinen noch lange existieren, nachdem der Mensch ausgestorben ist. Vielleicht werden die letzten Spuren der Menschen auf der Erde Nanomaschinen sein?

# 13  Die Medizin der Zukunft

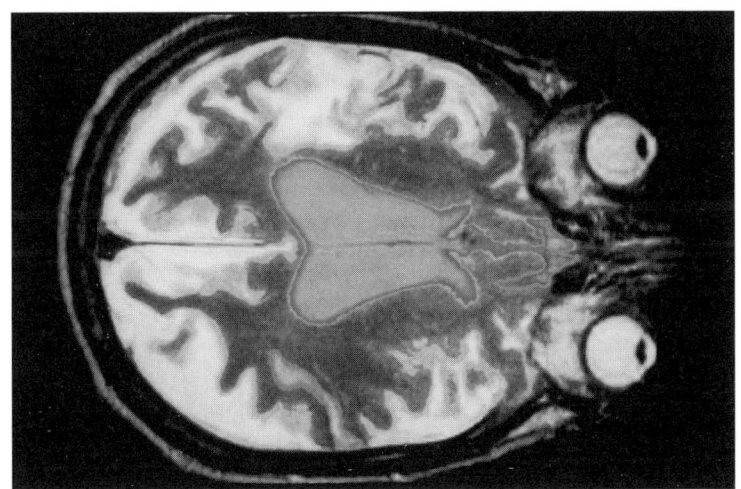

*Mit einer weiterentwickelten Scannertechnik können Ärzte den Körper untersuchen, ohne ihn zu öffnen. Dies ist ein Gehirn von oben gesehen.*

Krankheiten gibt es vermutlich schon so lange, wie es Leben auf der Erde gibt. Paläontologen haben Skelette gefunden, die beweisen, dass schon Dinosaurier von Krankheiten geplagt wurden, und einige der ältesten Menschenfunde zeigen, dass es zu allen Zeiten Krankheiten gegeben hat. Auch wenn die Medizin im 20. Jahrhundert große Fortschritte gemacht hat und jährlich Millionen Menschenleben gerettet werden, gehören Krankheiten nach wie vor für die meisten von uns zum Leben. Auch wer selbst nicht an einer Krankheit leidet, kennt doch Menschen, die krank sind.

Es gibt tausende zum Teil ziemlich unterschiedliche Krankheiten, die Menschen befallen können. Manche werden von Viren oder Bakterien ausgelöst, winzigen Organismen, die von außen in den Körper eindringen. Andere Krankheiten gehen auf körpereigene Fehlentwicklungen zurück, wie zum Beispiel Krebs oder Erbkrankheiten. Da die Krankheiten so unterschiedlich sind, muss es für jede einzelne spezielle Medikamente geben.

Krankheiten können sich auch verändern. Bakterien und Viren entwickeln sich weiter, so dass sie die Arzneimittel aushalten, mit denen wir versuchen, sie abzutöten. Das heißt, dass die Schlacht noch längst nicht gewonnen ist, wenn wir ein neues Medikament gefunden haben.

Die Herstellung von Arzneimitteln ist teuer und schwierig. Es kann Jahrzehnte dauern, bis eine wirksame Arznei entwickelt wird, und häufig haben gerade Menschen, die dringend Medikamente brauchen, wenig Geld. Während ich dies schreibe, forscht die Wissenschaft an einem Impfstoff gegen die tödliche Krankheit Malaria, deren Ursache ein kleiner Parasit ist. Fast alle Malariakranken leben in armen Ländern in Afrika und Asien und kein Mensch weiß, ob die Malariakranken Geld für einen Impfstoff haben werden, wenn es ihn einmal gibt.

Das alles hat zu zahlreichen düsteren Vorhersagen über die Zukunft unserer Gesundheit geführt. In den letzten hundert Jahren ist die Lebenserwartung stetig gestiegen. Während eine Frau, die im Jahr 1800 in Europa geboren wurde, eine Lebenserwartung von fünfzig bis sechzig Jahren hatte, steht einer Frau, die 1950 geboren wurde, in den meisten europäischen Ländern ein Leben von über achtzig Jahren bevor. Im 21. Jahrhundert werden in den wohlhabenderen Ländern mehrere hundert Millionen ältere Menschen ärztliche Hilfe brauchen, während gleichzeitig Milliarden junger Menschen in der Dritten Welt nicht ohne medizinische Hilfe auskommen werden.

Da wir die Überalterungswelle nicht aufhalten können und es lange dauern wird, bis auch in der Dritten Welt die Bevölkerungszahl nicht mehr steigt, gibt es nur einen Ausweg: mehr Forschung. Wir brauchen neue Medikamente und neue Behandlungsmethoden. Wir müssen Krankheiten bekämpfen, die uns seit unvordenklichen Zeiten plagen, und die Medikamente müssen so billig sein, dass alle sie sich auch leisten können.

# Die Volkskrankheiten gilt es zuerst zu bekämpfen

Krankheiten, an denen das Gros der Bevölkerung erkrankt, nennt man *Volkskrankheiten*. Heute ist der Wohnort ausschlaggebend für die Arten Volkskrankheiten, denen man ausgesetzt ist. In südlichen Ländern sind ansteckende Krankheiten wie Malaria, Gelbfieber und Cholera weit verbreitet. Malaria wird durch Malariamücken übertragen, die in einem kalten Klima nicht überleben. Das hat zur Folge, dass von Malaria vor allem die ärmeren Länder im Süden betroffen sind. Gegen Malaria gibt es bereits Medikamente, aber sie sind teuer und müssen oft eingenommen werden, um zu wirken. Malaria kann tödlich verlaufen und führt auf jeden Fall zu Fieberanfällen und Schwäche. Man kann sich gut vorstellen, wie es um die Wirtschaft eines Landes bestellt ist, wenn ein großer Teil der Bevölkerung an Malaria leidet.

In den Ländern des Nordens sind Krebs und Herzleiden die häufigsten Volkskrankheiten. Dort sorgt die gute medizinische Versorgung zwar dafür, dass die Bevölkerung älter wird, gleichzeitig hat man aber immer mehr mit Alterskrankheiten zu kämpfen. In Afrika und Asien sterben viele Menschen an ansteckenden Krankheiten, bevor sie überhaupt ein Alter erreichen, in dem verstärkt Krebs und Herzleiden auftreten.

Da die Mehrzahl der Wissenschaftler in den reicheren Ländern des Nordens lebt, kann man sich denken, auf welche Krankheiten am meisten Geld verwendet wird. In den Neunzigerjahren waren die Wissenschaftler vor allem mit der Erforschung der Krebskrankheit beschäftigt. Das hängt auch damit zusammen, dass wir immer mehr Informationen über das Erbgut des Menschen erhalten (mehr darüber im nächsten Kapitel).

Die Krebskrankheit ist im Grunde eine Vielzahl verschiedener Krankheiten, die auf Fehlentwicklungen in den Körperzellen beruhen. Alle Körperzellen können sich teilen. Das ist absolut notwendig, damit der Körper gesund bleibt, denn die Körperzellen altern und müssen ersetzt

2001 waren 36 Millionen Menschen mit dem HIV-Virus infiziert, und mehr als 20 Millionen starben an Aids. In Afrika war Aids die häufigste Todesursache und Millionen Kinder haben dadurch ihre Eltern verloren. In einigen afrikanischen Ländern ist die Hälfte der Bevölkerung infiziert, und die meisten dieser Menschen werden sterben, wenn nicht bald ein wirksames Medikament gegen den Virus entwickelt wird.

werden. Neue Zellen entstehen, wenn sich Zellen teilen. Krebszellen sind normale Zellen, die angefangen haben, sich völlig unkontrolliert zu vermehren. Sie wachsen schnell und können sich im Körper verteilen. Mit der Zeit können die gefährlichen Zellen dermaßen überhand nehmen, dass der Körper stirbt.

Wir wissen heute, dass eine normale Zelle zu einer Krebszelle werden kann, weil im Erbgut der Zelle nicht alles nach Plan läuft. Was genau nicht richtig funktioniert, ist noch nicht klar, aber die Forscher versorgen uns in diesem Zusammenhang mit immer mehr Informationen über das Erbgut. Und das hat zur Folge, dass wir in Zukunft Medikamente entwickeln können, die Krebs wirksam bekämpfen.

Heute experimentiert man mit Impfstoffen gegen verschiedene Krebsarten. Ein Impfstoff funktioniert so, dass er die körpereigene Immunabwehr dazu bringt, einen Fremdkörper zu zerstören. Ein Impfstoff gegen Masern enthält das Masernvirus, das die Krankheit aber nicht hervorruft, sondern den Körper dazu veranlasst, auf die Viren zu reagieren. Wenn der Körper das nächste Mal von Masernviren befallen wird, werden die Viren vom Immunsystem erkannt und zerstört.

Ein Impfstoff gegen Krebs macht es sich zu Nutze, dass Krebszellen keine normalen Zellen sind. Wenn wir den Körper dazu bringen, Krebszellen zu erkennen, können sie vom Immunsystem angegriffen und zerstört werden, bevor sie sich zu einer tödlichen Krankheit auswachsen können. Man kann auch eine Art »Torpedos« entwickeln, die Zellen mit gefährlichem Erbgut aufspüren und dann die Erbanlagen der Krebszellen so verändern, dass sie sich selbst »ausschalten«. Bis zum Jahr 2050 könnte es eine solche Wundermedizin gegen die meisten Krebsarten geben.

Die Methoden zur Identifizierung des Erbguts in menschlichen Zellen werden auch verwendet, um die Erbmasse in Bakterien und Viren zu erfassen. 1999 hatten Genforscher die ersten vollständigen »Genkarten« über das Erbgut von Tuberkulosebakterien erstellt. Das Erbgut der Bakterie enthält sozusagen eine Art »Schlachtplan«,

Wer sich heute die Wirbelsäule bricht, ist in der Regel anschließend gelähmt, weil die Nervenfasern in der Wirbelsäule durchtrennt werden, so dass das Gehirn keine Signale mehr an den restlichen Körper schicken kann. Doch vielleicht kann man die Nervenfasern wieder dazu bringen, zusammenzuwachsen. Vielleicht gelingt es auch, abgetrennte Glieder wieder nachwachsen zu lassen. 1998 kam eine Salbe auf, die menschliche Zellen zum Nachwachsen bringt. Trotzdem steht uns noch viel Forschung bevor, bevor diese Salbe Patienten mit größeren Verletzungen helfen wird.

in dem festgelegt ist, wie die Bakterie den Körper angreifen soll.

Wir können anhand dieses Plans ein Medikament entwickeln, das auf Tuberkulosebakterien zugeschnitten ist und sie abtötet. 1998 starben weltweit drei Millionen Menschen an Tuberkulose, die meisten davon in den Ländern der Dritten Welt. Die Krankheit, die früher »weiße Pest« genannt wurde, raffte auch bei uns bis 1950 viele Menschen dahin. Als wir nach dem Zweiten Weltkrieg anfingen, Antibiotika einzusetzen, verschwand die Tuberkulose fast vollständig. Aber in den Achtzigerjahren tauchte sie wieder auf. Im Körper der Tuberkulosepatienten hatten einige Bakterien die Behandlung durch Antibiotika überlebt. Bei diesen Bakterien war das Erbgut inzwischen so verändert, dass ihnen die Antibiotika nichts mehr ausmachten.

Die Ärzte sind diesen *resistenten* Bakterien gegenüber ziemlich machtlos. Aber künftig wird der Unterschied im Erbgut einer Bakterie, die durch Antibiotika abgetötet wird, und der verwandten resistenten Bakterie den Wissenschaftlern verraten, wie sie die resistente Bakterie bekämpfen können. Wir werden Medikamente entwickeln, die den Teil des Erbguts »ausschalten«, der die Bakterie resistent macht, und Antibiotika werden sie dann abtöten.

Man kann sich schnell gegenüber allen Bakterien und Viren, die uns bedrohen, machtlos fühlen. Aber auf lange Sicht werden wir gewinnen, wenn wir das Erbgut der Bakterien weiter erforschen.

Krankheiten bekämpft man am besten dadurch, dass man bereits in gesundem Zustand dafür sorgt, gar nicht erst krank zu werden. Heute beschäftigen wir uns immer mehr mit dem, was die Ärzte *Prävention*, also Vorbeugung, nennen. In den reicheren Ländern beugt man Krankheiten allerdings ganz anders vor als in den Ländern der Dritten Welt. Bei uns werden Krankheiten, die von einer ungesunden Lebensweise herrühren, immer häufiger. Übergewicht, das dadurch zu Stande kommt, dass Menschen mehr Energie in Form von Nahrungsmitteln in sich hineinstopfen, als ihr Körper verwerten kann, führt zu gefährlichen Erkrankungen.

Es steckt viel Wahrheit in der Redewendung »sich gesund essen«. Auch heute noch werden gesundheitsbewusste Menschen von vielen belächelt, wenn sie versuchen, fettreiche Kost, Alkohol und Tabak zu vermeiden und regelmäßig Sport zu treiben. Aber diese Menschen haben begriffen, wie künftige Gesundheitspflege aussehen könnte.

In der Dritten Welt heißt medizinische Vorbeugung, die Menschen mit sauberem Trinkwasser zu versorgen, ihre Ernährung möglichst ausgewogener zu gestalten und sie über Krankheiten aufzuklären. Jedes Jahr sterben Millionen Menschen an der Infektionskrankheit Ruhr, die durch unsauberes Wasser verursacht wird. Die meisten Kinder könnten mit einem Gemisch aus sauberem Wasser, Salz und Zucker gerettet werden. Doch selbst derart billige »Arznei« ist für viele Familien schon zu teuer.

Welche Folgen mangelndes Wissen haben kann, erleben wir seit einiger Zeit in Afrika. Ein Großteil der Bevölkerung ist am HIV-Virus (einem Aidserreger) erkrankt, weil die Behörden vieler Länder es versäumt haben, die Menschen darüber aufzuklären, wie man eine Ansteckung verhindert. Mit besserer Information könnten mehrere Millionen Menschenleben in Ländern wie Südafrika und Simbabwe gerettet werden.

## Der zukünftige Hausarzt

Während ich an diesem Kapitel schrieb, musste ich zwischendurch zum Arzt. Und das gab mir die Gelegenheit, darüber nachzudenken, wie Arztbesuche in Zukunft aussehen könnten. Heute muss man einen Termin vereinbaren und sitzt dann, gemeinsam mit anderen Patienten, im Wartezimmer, bevor man drankommt. Die Untersuchung verläuft normalerweise so, dass einem Fragen gestellt werden. Dann werden eventuell Blutproben entnommen oder Messungen durchgeführt.

Informationen über die Gesundheit und über Medikamente sind sehr nützlich und wichtig. Mittlerweile ist es üblich, dass Patienten Informationen über ihre Krankheit im Internet suchen, und das wird künftig noch zunehmen. Der Nachteil am Internet ist, dass es für jemanden, der keine medizinische Ausbildung hat, schwierig ist, zwischen richtigen und falschen Informationen zu unterscheiden. Das wird sich ändern, wenn wir Computerprogramme erhalten, die auf das Thema Gesundheit spezialisiert sind.

Stellen wir uns vor, dass diese Programme nicht nur Informationen liefern, sondern auch Fragen stellen und uns bei einfachen Messungen behilflich sind. Auf diese Weise kann ein Kommunikationsinstrument auch zum »privaten Hausarzt« werden. Der Hausarzt wird mit dem intelligenten Haus zusammenarbeiten (vgl. S. 135f.), um unsere Gesundheit zu erhalten.

So könnte ein »Arztbesuch« im Jahr 2100 aussehen: Die letzte Kontrolluntersuchung liegt drei Monate zurück und der Hausarzt startet das Hausarzt-Programm. Eine Spezialausrüstung wird an das KI (vgl. S. 130–132) angeschlossen: eine Blutdruckmanschette für den Arm, eine kleine Glasplatte für die Untersuchung des kleinen Fingers und eine Kamera, mit der sich der Hausarzt den Körper anschaut. Zu Beginn der Untersuchung stellt uns der Hausarzt Fragen. Wir werden gefragt, ob wir gut schlafen, an Kopfschmerzen leiden, einen gesunden Appetit haben usw.

Wir legen die Manschette an und der Blutdruck wird gemessen. Dann legen wir den Finger auf die kleine Glasplatte, der anschließend mit schwachen Laserstrahlen durchleuchtet wird. Auf diese Weise wird das Blut untersucht. Danach betrachtet sich der Arzt unseren Körper durch die Kamera, um festzustellen, ob er irgendetwas entdeckt, was er sich näher anschauen möchte.

Nach einer halben Stunde ist die Untersuchung abgeschlossen. Wir erfahren, dass alles in Ordnung ist, wir aber weniger Eis essen sollten. Es hat keinen Zweck, den Hausarzt anzulügen, da er mit unserem Kühlschrank Zwiesprache gehalten hat. Von jetzt an wird der Hauscomputer weniger Eis, dafür aber mehr Obst und Gemüse bestellen.

Hätte der Hausarzt etwas Auffälliges entdeckt, hätte er

Die meisten von uns haben bereits Untersuchungen und Röntgenaufnahmen über sich ergehen lassen müssen und Impfungen verabreicht bekommen, über die der Arzt informiert sein muss. Heute liegen diese Informationen über unsere Gesundheit selten an einem Ort gebündelt vor und wenn wir einen neuen Arzt aufsuchen, müssen wir ihm alles über unsere bisherigen Krankheiten noch einmal erzählen. In Zukunft werden diese Informationen auf einer Art elektronischer Krankenkarte gespeichert werden, die von allen Ärzten – Menschen wie Maschinen – benutzt werden kann.

einen Termin beim Facharzt für uns vereinbart. Vermutlich genügt eine Videoschaltung mit dem Facharzt. Aber wenn er den Verdacht hat, dass das Problem komplizierter ist, bekommen wir Besuch von einer Arztpraxis auf Rädern. Die ist besser ausgestattet, kann den Körper detaillierter untersuchen und alle möglichen Proben entnehmen. Hier arbeiten Krankenschwestern und Roboter zusammen und halten über das Internet den Kontakt zum Arzt.

Dieses System bietet viele Vorteile. Der Hausarzt steht uns rund um die Uhr zur Verfügung, so dass wir ihn jederzeit um Rat fragen können. Vielen Patienten ist es peinlich, über bestimmte Beschwerden zu reden, und es mag ihnen leichter fallen, sie einem Computerprogramm anzuvertrauen. Der Hausarzt vergisst niemals, wichtige Fragen zu stellen, und ist immer über die neuesten medizinischen Erkenntnisse informiert.

Wir könnten den Hausarzt aber auch immer bei uns haben. In der Armbanduhr ist Platz für eine Uhr, ein Mobiltelefon und einen »Hausarzt«. Das Armband überwacht den Puls und den Blutdruck. Wird festgestellt, dass etwas nicht in Ordnung ist, werden wir sofort informiert. Sind wir selbst nicht in der Lage, einen Anruf zu tätigen, verständigt das Armband über das Mobiltelefon die nächste Arztpraxis. Der Krankenwagen weiß dann genau, wo wir uns befinden, weil das Mobiltelefon unsere Position bestimmen kann.

Mit einem solchen Hausarzt würden wir alle viel Zeit sparen. Da es so einfach ist, den Hausarzt »aufzusuchen«, würden viele Krankheiten frühzeitig erkannt. Und das hätte den Vorteil, dass weniger Menschen ins Krankenhaus müssten. Das größte Problem von Krankenhäusern ist zudem, dass sich in ihnen lauter kranke Menschen befinden. Bei uns zu Hause gibt es viel weniger gefährliche Bakterien und Viren als in jedem Krankenhaus.

Es ist sinnvoller, die Arztpraxis auf den Weg zu schicken, als den Patienten aus dem Haus zu treiben. Heute ist es so, dass der Patient zuerst die Artzpraxis aufsucht und anschließend noch eine Apotheke, um die verschriebenen Arzneimittel zu holen. Helfen sie nicht, muss der Patient oftmals ins Krankenhaus. Und gibt es dort keine Spezialis-

Heute gibt es Schafe, deren Milch Insulin enthält, ein Stoff, der Diabetikern gespritzt werden muss. Den Schafen waren Gene eingesetzt worden, die beim Menschen für die Bildung von Insulin verantwortlich sind. Viele Wissenschaftler gehen davon aus, dass Tiere in Zukunft als »Medizinschrank« für den Menschen verwendet werden können.

ten für die Krankheit des Patienten, muss er in ein anderes Krankenhaus. In großen Ländern kann damit eine beschwerliche Flugreise verbunden sein. Geschwächte Patienten werden hin und her verfrachtet, während gesunde Ärzte an ihrem Ort bleiben. So wird es in Zukunft wahrscheinlich nicht mehr aussehen.

## Telechirurgie

Müssen wir operiert werden, informiert der Arzt das mobile Krankenhaus. Das Krankenhaus fährt vor unserem Haus vor und wir legen uns auf den Operationstisch. Wir werden auf die Operation vorbereitet und dann beginnt der Chirurg mit seiner Arbeit. Der Chirurg ist ein Roboter, der alle Routineoperationen ausführen kann. Aber während der Operation stößt der Chirurg auf ein Problem. Er informiert die Krankenschwester, die über das Internet den Kontakt zu einem menschlichen Chirurgen herstellt. Der zuständige Spezialist weilt gerade im Ausland, was aber nicht weiter tragisch ist, weil er über *Telechirurgie* die Arme des Roboters steuern und somit die Operation ausführen kann.

Telechirurgie ist ein Verfahren, das es einem Chirurgen ermöglicht, an irgendeinem Ort zu sein und einen Patienten an einem ganz anderen Ort zu operieren. In einem Krankenhaus zum Beispiel in Berlin streift der Chirurg ein paar »Cyberhandschuhe« über. Die Cyberhandschuhe funktionieren so, dass alle Bewegungen, die er mit seinen Händen ausführt, von den Roboterhänden nachgeahmt werden. Wenn der Chirurg in Berlin die Arme ausstreckt, streckt auch der Roboter in dem mobilen Krankenhaus vor unserem Haus die Arme aus.

Dann setzt der Chirurg eine Brille auf. Innen auf den Brillengläsern befinden sich zwei kleine Computerbildschirme, auf denen die Bilder gezeigt werden, die der Roboter mit seinen Kameraaugen wahrnimmt. Wenn der Chirurg den Kopf dreht, dreht sich auch die Videokamera. Neigt der Chirurg den Kopf nach unten, rückt die Kamera näher an uns heran. Auf diese Weise vermitteln die Brillen-bildschirme und die Cyberhandschuhe dem Chirurgen das Gefühl, im Operationsauto zu stehen. Diese Technik nennt man *virtuelle Welt* (vgl. S. 269–276). Die Brillenbild-schirme und die Cyberhandschuhe können den Chirurgen in die Nähe des Patienten versetzen, ohne dass er sich dort befindet.

Der Chirurg macht den ersten Schnitt. Die Roboter-hände sind sehr präzise und die Kameraaugen sehen die Operationswunde schärfer als ein menschliches Auge. Des-halb geht die Operation schnell und effektiv vonstatten, wie es bei Teleoperationen üblich ist. Wenn wir aufwachen, kann uns unser KI die Operation auf Video zeigen. Beim Anblick der Bilder läuft uns ein Schauer über den Rücken. Man stelle sich bloß vor, dass früher Chirurgen ihre eige-nen Hände in einen menschlichen Körper gesteckt ha-ben! Wir können uns glücklich schätzen, in einer Zeit zu leben, in der es nur sterilen Roboterarmen erlaubt ist, Operationen auszuführen.

Telechirurgie kann in abgelegenen Gegenden besonders nützlich sein. Aber es gibt Grenzen, wie weit der Arzt vom Patienten entfernt sein kann. Sie werden von der Lichtge-schwindigkeit vorgegeben. Wenn sich der Chirurg und der Patient auf verschiedenen Kontinenten befinden, müssen die Computersignale über Satellit gesendet werden. Das bewirkt eine Verzögerung von einer Sekunde, was bedeu-tet, dass sich die Roboterhände immer eine Sekunde später bewegen als die Hände des Chirurgen. Bei einer lebensge-fährlichen Operation kann das eine Sekunde zu viel sein. Telechirurgie zwischen Berlin und Sydney ist daher relativ unwahrscheinlich.

## Der Roboterchirurg

Künftig können die meisten Routine-Operationen von Robotern ausgeführt werden und Wissenschaftler ha-ben bereits viele Versuche mit Roboterchirurgen ge-macht, zum Beispiel mit dem amerikanischen »Robodoc«.

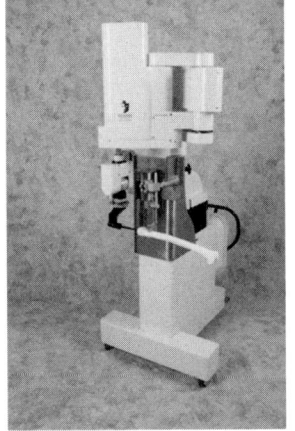

*Der Roboterarzt »Robodoc«, wenn er gerade nicht arbeitet*

188

Der Robodoc ist darauf spezialisiert, Patienten ein künstliches Hüftgelenk einzusetzen.

*Hier operiert Robodoc einen menschlichen Patienten.*

Der Mensch hat zwei Hüftgelenke, die sich mit zunehmendem Alter abnutzen. Oft muss eines durch ein künstliches Gelenk aus Metall und Plastik ersetzt werden. Um das künstliche Gelenk am Bein zu befestigen, muss ein Loch gebohrt werden, in das man das Gelenk dann einsetzt.

Der Knochen muss sehr sorgfältig ausgehöhlt werden, damit das Gelenk perfekt sitzt. Menschliche Ärzte werden immer ein wenig mit der Hand zittern, weshalb sie selten ein wirklich perfektes Loch bohren. Ein Roboter aber hat eine sehr sichere Hand. Der Robodoc bohrt so präzise Löcher, dass sich seine Patienten nach Versuchsoperationen besser erholt haben als die, die von Menschen operiert wurden. Damit hat ein Roboter zum ersten Mal gezeigt, dass er eine anspruchsvolle Arbeit besser verrichten kann als ein Mensch.

Das amerikanische Militär arbeitet ebenfalls an Roboterchirurgen. Wenn Soldaten im Kampf verwundet werden, müssen sie heute in ein Feldlazarett gebracht werden, damit man sie operieren kann. Das kann sehr viel Zeit in Anspruch nehmen. Wenn es an der Front Roboter gäbe, könnten sie sich sofort um die schlimmsten Verletzungen kümmern. Geplant ist, dass Soldaten künftig ein Armband tragen, das unablässig Signale über ihren Gesundheitszustand aussendet. Wird der Soldat verwundet, erstattet das Armband Bericht und meldet außerdem die Position des Soldaten. Dann kann man den Roboterchirurgen zu dem Soldaten schicken. Roboter haben auch bei einem Schusswechsel keine Angst und sind viel leichter zu ersetzen als ihre menschlichen Kollegen.

Der Gedanke, von Robotern operiert zu werden, hat für uns etwas Beängstigendes. Wir sind dem Roboter völlig ausgeliefert, wenn wir auf einem Operationstisch liegen, und sollte ihm auch nur ein winziger Fehler unterlaufen, kann er eine wichtige Ader durchtrennen. (Solche Fehler sind allerdings schon immer vorgekommen.) Doch gleichzeitig vertrauen wir immer mehr darauf, dass uns Maschinen am Leben erhalten. Das Steuern eines Flugzeugs überlassen wir zum großen Teil dem *Autopiloten*. Der Autopilot ist ein einfacher Roboter, der dafür sorgt, dass das Flugzeug den richtigen Kurs hält und die Piloten informiert, wenn etwas Unvorhergesehenes passiert. Genauso wird es mit den Roboterchirurgen der Zukunft sein. Sie werden von Menschen überwacht, die jederzeit eingreifen können.

Ein Chirurg arbeitet mit den Händen. Wenn es darum geht, winzige Blutgefäße zusammenzunähen, sind große, plumpe Finger fast nicht zu gebrauchen. Ein Roboterchirurg hat dieses Problem nicht. Werden mehr als zwei Arme benötigt, ist auch das kein Problem. Ein Roboterchirurg kann gut und gern wie ein Krake aussehen und lange, bewegliche Arme und Pinzettenfinger haben.

Der Roboterchirurg kann ein Mikroroboter sein, der in Blutbahnen oder in den Darm kriecht, um im Körperinnern Operationen durchzuführen. Auch wenn der Mikroroboter zu klein ist, um ein intelligentes Computergehirn in sich zu haben, kann er mithilfe von Radiosignalen Kontakt zu einem Computer außerhalb halten. Der Patient wird bei einigen Operationen folglich vorab eine Kapsel mit Wasser schlucken müssen. In der Kapsel steckt ein Mikroroboter von der Größe einer Fliege. Der Mikroroboter verlässt die Kapsel, sobald sie im Magen ankommt, und wird dann von einem großen Computer außerhalb des Körpers zu dem Ort gelenkt, an dem die Operation durchgeführt werden soll.

Der Mikroroboter hat viele kleine Beinchen und Flossen und kann sowohl kriechen als auch schwimmen. Auch ist er mit mehreren Armen ausgestattet, an denen Instrumente befestigt sind. Der Patient selbst braucht nur still zu liegen. Bei vielen Operationen ist nicht einmal das nötig. Der Mikroroboter macht seine Arbeit, während der Patient seinem normalen Alltagsleben nachgeht. Hat der Mikroroboter seine Aufgabe erledigt, löst er sich von selbst auf und verlässt den Körper auf natürlichem Wege.

Roboterchirurgen können in Massenproduktion hergestellt und überallhin verschickt werden. Sie werden mit Sonnenenergie betrieben und von einem Krankenhaus über das Mobiltelefon überwacht. Auf diese Weise besteht

Heute ist es üblich, Menschen mithilfe eines Röhrchens zu operieren, das durch eine kleine Öffnung in den Körper eingeführt wird. Dadurch können weniger gefährliche Bakterien in die Wunde gelangen und die Patienten erholen sich schneller. Durch das Röhrchen kann der Chirurg Kameras und Roboterinstrumente in den Körper einführen. Die Roboterinstrumente werden von dem Chirurgen, der vor einem Bildschirm sitzt, gesteuert. 1998 wurden die ersten Herzoperationen dieser Art in Frankreich gemacht.

für alle Menschen auf der Welt, unabhängig von ihrer finanziellen Situation, die Möglichkeit, sich von einem guten Chirurgen operieren zu lassen. Wie nützlich wären Roboterchirurgen allein in Katastrophengebieten, wo es immer an medizinischem Personal fehlt!

Auch wenn sich alle von der Geschicklichkeit und den Fertigkeiten eines Roboterchirurgen überzeugen lassen, fehlt es dem Roboter aber doch an einer wichtigen Eigenschaft, dem menschlichen Einfühlungsvermögen. Ein menschlicher Chirurg kann sich immer in seine Patienten hineinversetzen. Er wird besonders behutsam vorgehen, weil er selbst ein Mensch ist und versteht, was es heißt, operiert zu werden. Egal wie intelligent ein Roboter ist, wird er stets ein Roboter bleiben, der nicht versteht, was es heißt, ein Mensch zu sein.

## Der Ersatzteilmensch

Medikamente und Operationen reichen nicht immer aus, um Krankheiten zu heilen und Menschen wieder völlig gesund zu machen. Ab und zu muss sogar ein Körperorgan ausgetauscht werden, damit der Patient überlebt. Mittlerweile ist es üblich, einem menschlichen Körper ein Organ zu entnehmen und es einem andern Körper einzupflanzen. Wir nennen das *Transplantation*. Chirurgen haben bislang so unterschiedliche Organe wie Herz, Leber, Niere, Lunge, Darm und sogar Hände transplantiert.

Mit einer Transplantation sind viele Probleme verbunden. Bekommt ein Mensch das Organ eines anderen Menschen eingepflanzt, stellt sein Immunsystem fest, dass es sich um ein fremdes Organ handelt. Nun braucht der Patient starke Medikamente, die eine »Abstoßungsreaktion« unterdrücken, so dass das Organ mit dem neuen Körper verwachsen kann.

Die meisten Organe für eine Transplantation stammen von Menschen, die bei einem Unfall ums Leben gekommen sind. Da es aber jährlich zu wenig »passende« Organe für eine Transplantation gibt, bedeutet das, dass viele Men-

Im Herbst 1998 wurde einem Mann in einem französischen Krankenhaus eine fremde Hand angenäht, nachdem er seine eigene Jahre vorher verloren hatte. Als ich dieses Buch schrieb, war sein Zustand immer noch gut. Aber der Patient und die Ärzte waren gespannt, da die Gefahr immer sehr groß ist, dass der Körper ein neues Organ abstößt.

schen sterben, während sie auf ein neues Organ warten. Deshalb suchen Wissenschaftler nach neuen »Ersatzteilen«, beispielsweise von Tieren. Organe eines Schweins erinnern sehr an menschliche Organe. Sie haben in etwa die gleiche Größe und funktionieren ähnlich. Normalerweise würde ein Schweineorgan vom menschlichen Körper sofort abgestoßen. Das menschliche Immunsystem erkennt blitzschnell, dass es sich um ein Organ handelt, das nicht von einem Menschen stammt, und derzeit kann kein Medikament den Körper »glauben machen«, ein Schweineherz sei ein menschliches Herz.

Aber die Forschung arbeitet daran. Mithilfe der Gentechnologie haben Wissenschaftler das Erbgut einiger Schweine so verändert, dass ihre Herzen menschlichen Herzen noch stärker ähneln. Die Wissenschaftler hoffen, Schweine züchten zu können, deren Organe menschlichen Organen so sehr gleichen, dass sie Menschen eingepflanzt werden können. Nun kann der Gedanke, dass in unserer Brust ein Schweineherz schlägt, ziemlich abstoßend wirken. Aber für die Betroffenen mag dies ganz anders aussehen. Wenn man die Wahl hat zu sterben oder ein Schweineorgan eingepflanzt zu bekommen, werden die meisten ein Leben mit einem Schweineorgan vorziehen.

Manche Menschen haben ethische Bedenken, wenn Schweine als »Organbank« genutzt werden. Tierschützer sind der Meinung, dass wir nicht das Recht haben, das Erbgut von Tieren so zu verändern, dass wir sie als Organspender nutzen können. Die Verfechter von Tierorganen als Ersatzteile weisen darauf hin, dass wir Schweine züchten, um sie zu verzehren. Es ist schwer nachzuvollziehen, dass man Schweine töten darf, um sie zu essen, ihre Organe aber nicht verwenden darf, um todkranke Menschen zu retten.

Viele Wissenschaftler sind besorgt, dass durch diese Behandlungsmethoden neue Krankheiten auftreten können. Die Erreger von Schweinekrankheiten können mit den Schweineorganen in den menschlichen Körper gelangen und zu menschlichen Krankheiten werden. Viele Erkrankungen, die Menschen heute quälen, zum Beispiel

Erkältungen, stammen von unseren Haustieren. Einer der Gründe, weshalb die Ureinwohner Südamerikas im 16. Jahrhundert so sehr an Krankheiten zu leiden hatten, die von Weißen eingeschleppt worden waren, war der, dass die Indianer keine Schweine, Schafe oder Rinder hielten. Infolgedessen waren sie auch nicht in gleicher Weise an Tierkrankheiten gewöhnt wie die Europäer.

Vielleicht bleiben uns alle diese Probleme aber auch erspart, wenn es uns gelingt, Ersatzkörperteile zu *klonen*. Das Klonen, das auf den Seiten 202−205 noch ausführlicher beschrieben wird, ist eine Technik, die es ermöglicht, einen ganzen Menschen oder einzelne Körperteile »nachzubauen«. Beim Klonen erzeugt man sozusagen die gesunde Kopie eines nunmehr erkrankten Organs. Aus einer einzigen Zelle eines herzkranken Menschen können Wissenschaftler ein neues Herz klonen, das dann anschließend eingepflanzt wird. Der Patient braucht keine Medikamente zur Vermeidung einer Abstoßungsreaktion einzunehmen, da das geklonte Herz ja sein eigenes Herz ist.

Es ist möglich, dass ein geklontes Organ in einer Kopie eines menschlichen Körpers herangezüchtet werden muss. Einige Wissenschaftler haben die Vorstellung von geklonten Torsos − Körpern ohne Arme, Beine oder Kopf −, in denen die Organe des Patienten heranwachsen. Diese Vorstellung wirkt abstoßend und wir können nur hoffen, dass es möglich sein wird, Organe zu züchten, ohne dass wir dafür zuerst einen menschlichen Körper herstellen müssen.

Nanomaschinen können Organe nachbauen, die dann in den menschlichen Körper eingepflanzt werden. Nanomaschinen können Nervenfasern wieder miteinander verbinden, die gerissen sind, so dass gelähmte Menschen sich wieder bewegen können. Vielleicht werden Nanomaschinen auch Körperteile nachbauen, die abgetrennt wurden.

## Mechanische Ersatzteile

Es gibt noch eine weitere Lösung, und die besteht darin, natürliche Körperteile durch mechanische zu ersetzen. Heute gibt es eine Vielzahl mechanischer Hilfsmittel, die für Körperteile, die versagt haben, »einspringen«, angefangen von Hörgeräten bis hin zu Rollstühlen. Und es wird viel darüber geforscht, inwieweit Maschinen die Aufgabe der Organe im Körper übernehmen können.

Besonders erfolgreich waren die Wissenschaftler mit der

Entwicklung mechanischer Herzen, die menschliche Herzen über einen längeren Zeitraum ersetzen können. Diese Herzen sind kleine Blutpumpen, die ein krankes Herz entlasten oder ersetzen. Patienten, denen ein künstliches Herz eingesetzt wurde, finden es anfangs merkwürdig, eine summende Maschine in der Brust zu tragen, aber sie gewöhnen sich daran. Die einzige Alternative heißt oft, allzu jung zu sterben.

Schwieriger ist es, andere Organe mechanisch nachzubilden, weil ihre Funktionsweise deutlich komplizierter ist. In der Leber laufen tausende chemischer Reaktionen ab und kein Mensch weiß bis heute, wie eine künstlich hergestellte Maschine sie alle nachahmen sollte. In den Neunzigerjahren wurde an einer künstlichen Bauchspeicheldrüse geforscht, einem einfacheren Organ, das den wichtigen Stoff Insulin erzeugt. Eine mechanische Bauchspeicheldrüse könnte vielleicht schon bald in unserem Jahrhundert für Diabetiker in Betracht kommen.

Bis zum Jahr 2050 könnten wir auch Kameraaugen haben, die vielen Blinden ihre Sehkraft zurückgeben. Heute werden Versuche mit künstlichen Kameraaugen gemacht, die Blinden wieder das Sehen von Licht und Farben ermöglichen sollen. Die Kamera schickt Signale an einen Mikroprozessor im Auge. Der Prozessor leitet die Signale weiter zum Gehirn.

Künstliches Blut zu erzeugen, ist ein weiteres wichtiges Ziel. Menschen, die viel Blut verloren haben, muss frisches Blut zugeführt werden. Das Blut kommt von menschlichen Blutspendern. Häufig benötigt man mehr Blut, als Spenderblut zur Verfügung steht, und immer besteht die Gefahr, dass mit dem Blut Krankheiten übertragen werden. Deshalb brauchen wir eine Flüssigkeit, die die wichtigsten Aufgaben des menschlichen Bluts übernimmt, wie zum Beispiel den Transport von Sauerstoff und Nährstoffen zu den Körperzellen.

Im Jahr 2050 könnten Menschen, die einen Arm oder ein Bein verloren haben, Robotergliedmaßen bekommen, die genauso gut funktionieren wie die natürlichen Glieder. Es besteht auch die Möglichkeit, mechanische Arme herzustellen, die vom Gehirn gesteuert werden, ähnlich wie unsere natürlichen Arme. Heute kostet es noch viel Geld, mechanische Arme zu bauen, und sie sind eher schwerfällig im Gebrauch. Hier kann die Medizin durchaus von der Roboterforschung profitieren. Sollte es uns gelingen, menschenähnliche Roboter zu bauen, können Menschen mit Roboterarmen und -beinen ausgestattet werden. Körperbehinderte Menschen werden sich dann genauso problemlos bewegen können wie körperlich Gesunde. Da Gliedmaßen aus Plastik oder Metall stärker und belastbarer sind als natürliche Gliedmaßen, kann es passieren, dass Menschen mit Roboterbeinen künftig schneller rennen können als Menschen mit ihren eigenen Beinen. Und Roboterarme können um ein Vielfaches stärker sein als natürliche Arme.

Wir ahnen schon, wohin das letztlich führen könnte. Vielleicht wünschen sich körperlich Gesunde dann auch mechanische Ersatzteile. Heute ist die *plastische Chirurgie* ein verbreitetes Verfahren, bei dem man mithilfe von Operationen sein Aussehen verändern kann. In Zukunft kann man noch viel weiter gehen. Chirurgen können größere Körperteile an einem gesunden Menschen austauschen, nur weil sich der Betreffende einen schnelleren und stärkeren Körper wünscht. Vielleicht nennen wir dieses Verfahren dann *Körperkorrektur-Chirurgie*. Nach dem 21. Jahrhundert kann es üblich sein, ein natürliches Herz durch ein mechanisches zu ersetzen, das sich weniger leicht abnutzt, oder die Augen durch Kameras, die noch in der tiefsten Dunkelheit sehen können.

Kommt es dazu, sind die Menschen auf dem besten Wege, zu *kybernetischen Organismen* zu werden. Als kybernetischen Organismus, auch Cyborg genannt, bezeichnet man eine Kreuzung aus einem Menschen und einem Roboter. Er ist eine lebende Maschine. Wenn wir den Gedanken weiterspinnen, können wir uns vorstellen, dass Menschen ihren Körper komplett austauschen, mit Ausnahme des Gehirns. Die Persönlichkeit sitzt im Gehirn, und solange das Gehirn lebt, wird der Mensch weiterleben.

Ein Cyborg ist ein Roboter mit menschlichem Gehirn.

Der Körper pumpt künstliches Blut durch das Gehirn, um es mit ausreichend Sauerstoff zu versorgen, während elektrische Leitungen an die Nervenfasern des Gehirns angeschlossen werden. Der Cyborg kann mit Sinnen ausgestattet werden, die uns fehlen, wie zum Beispiel einem Radar. Er wird stärker sein als ein Mensch und kann hunderte von Jahren unter allen nur erdenklichen Bedingungen überleben, auf dem Meeresboden wie auf dem Planeten Mars.

Ich räume gern ein, dass die Vorstellung eines kybernetischen Zeitgenossen eher beklemmend wirkt. Dass der menschliche Körper in Zukunft vielleicht nicht mehr gut genug sein wird und die, die sich für das Naturgegebene entscheiden, im Kampf gegen mechanische Supermenschen den Kürzeren ziehen könnten, ist nicht gerade ein erfreulicher Gedanke.

Vielleicht sind kybernetische Organismen in einer fernen Zukunft aber auch unsere einzige Hoffnung. Möglicherweise kombiniert man die Stärken eines Roboters mit denen eines Menschen, also die Kraft des Roboters und die Intelligenz des Menschen. So ist man vielleicht in der Lage zu verhindern, dass intelligente Roboter die Herrschaft auf der Erde übernehmen. Aber ist die menschliche Intelligenz auf Dauer überhaupt noch überlegen?

# 14 Kinder auf Bestellung

Ein wichtiger Teil der Zukunft liegt in jedem Einzelnen von uns verborgen: das Erbgut unserer Zellen. Während ich dies schreibe, haben Wissenschaftler eins der größten Forschungsprojekte aller Zeiten in Angriff genommen. Das »Human Genome Project« (»Menschen-Gen-Projekt«) zielt darauf ab, das menschliche Erbgut detailliert zu erforschen. Das Erbgut ist eigentlich eine Molekülansammlung in Form einer Doppelspirale und heißt DNS (Desoxyribonuclein-säure). Es setzt sich aus Milliarden von Atomen zusammen. Die DNS enthält Informationen darüber, wie sich ein Mensch entwickelt. Sie ist bei jedem Menschen anders und entscheidet über unsere Entwicklung.

Man hat die DNS mit einem riesigen Lexikon verglichen. Wie alle Lexika enthält die DNS einzelne Kapitel und jedes Kapitel trägt die Überschrift für einen bestimmten Baustein im Körper. Ein solches Kapitel nennen wir Gen. Alles in allem gibt es in einer DNS rund 40 000 Gene. Jedes Gen ist für eine Eigenschaft in unserem Körper verantwortlich, zum Beispiel dafür, wie groß wir werden, ob wir eine bestimmte Krankheit bekommen und vermutlich auch, wie sich unsere Persönlichkeit im Großen und Ganzen entwickelt.

Die erste Phase des Human Genome Projects ist abgeschlossen und den Wissenschaftlern liegt nun Kartenmaterial über alle Gene einer DNS vor. Sie wissen, in welchen Bänden des großen Lexikons sich die jeweiligen Kapitel befinden. Das heißt nicht zwangsläufig, dass sie auch wissen, was in jedem Kapitel steht. Die wahrhaft große Aufgabe, nämlich herauszufinden, wie die Gene genau die Vorgänge im Körper steuern, hat eigentlich gerade erst begonnen.

Bis weit ins 21. Jahrhundert hinein werden diese Erkenntnisse große Veränderungen in der Gesellschaft her-

Im Dezember 1998 vermeldeten amerikanische Wissenschaftler, dass es ihnen zum ersten Mal gelungen sei, die Erbanlagen in einem mehrzelligen Organismus komplett zu erfassen. Bei dem Organismus handelte es sich um einen winzig kleinen Wurm. Die Wissenschaftler haben acht Jahre gebraucht, um die zwanzigtausend Gene des Wurms zu erforschen. Auch wenn die Wissenschaftler nicht wissen, was für eine Funktion die einzelnen Gene haben, wissen sie doch, dass rund achttausend von ihnen Genen ähneln, die sich auch in anderen Tieren finden. Zum Beispiel haben die Wissenschaftler in dem kleinen Fadenwurm mehrere Exemplare der Gene gefunden, die beim Menschen Krebs hervorrufen.

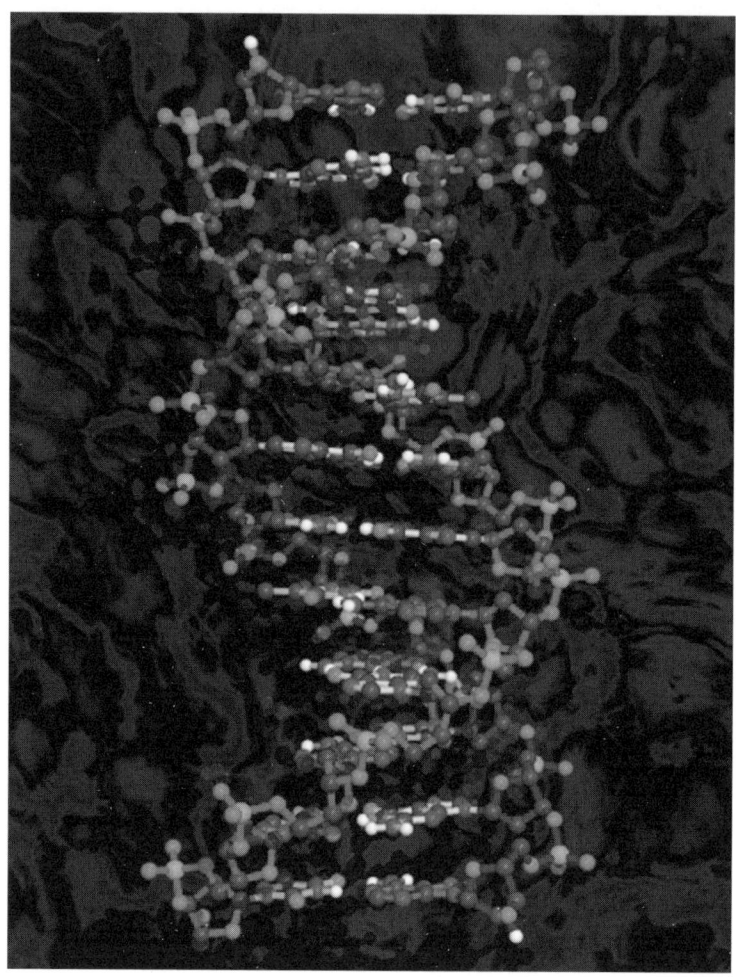

*Das Bild zeigt einen winzigen Teil der komplexen DNS in allen unseren Zellen.*

vorrufen. Viele Menschen sind der Meinung, dass die Gentechnologie das wichtigste Forschungsgebiet der nächsten Jahrhunderte sein wird. Das 21. Jahrhundert wird schon jetzt das »Jahrhundert der Gentechnologie« genannt.

## Neue Pflanzen und Tiere

Alle Organismen der Erde haben die DNS als Erbgut. Die DNS einer Maus ist jedoch nicht identisch mit der DNS eines Menschen. Das DNS-Lexikon der Maus ist kleiner und häufig unterscheiden sich auch die Inhalte der einzelnen Kapitel voneinander, aber es bestehen auch viele Ähnlichkeiten. Während wir die DNS des Menschen erforschen, widmen wir uns gleichzeitig der DNS anderer Organismen. Bis zum Jahr 2050 werden wir das Erbgut tausender Organismen untersucht haben. Die Informationen werden dann in Computern gespeichert vorliegen, sodass die Wissenschaftler dort gezielt nach nützlichen Genen suchen können.

Da sich in allen Organismen DNS-Moleküle befinden, können die Gene eines Organismus häufig auch in einem grundverschiedenen anderen Organismus verwendet werden. Wie schon auf S. 73 erwähnt, können Gene eines Fischs in Pflanzen eingebaut werden. Das bedeutet, dass ein beliebiger Organismus, ob es sich nun um eine Bakterie oder einen Pilz handelt, Gene in seinem Erbgut haben kann, die für den Menschen von großem Wert sind.

Die Erforschung der Gene hat man mit der Suche nach Gold verglichen. Goldgräber finden fast ausschließlich Steine und Erde. Auch der größte Teil der DNS eines Organismus ist für uns nicht von besonderem Interesse. Aber irgendwann einmal stößt der Goldgräber auf den großen Schatz und genauso hoffen Genforscher, dass sich unter tausenden von Genen eins findet, das einzigartig und wertvoll ist.

Wertvolle Gene können in andere Organismen eingepflanzt werden, um dort neue Eigenschaften hervorzubringen. So werden Genforscher die Kapitel in einem DNS-Lexikon neu schreiben oder womöglich Kapitel hinzufügen, die es vorher nicht gab. Auf diese Weise können wir den Aufbau eines Organismus beeinflussen. Wir können Bakterien, Pflanzen und Tiere so verändern, dass sie uns zusagen.

In einer ferneren Zukunft können Wissenschaftler vielleicht sogar gänzlich neue Organismen entwickeln. Mit einer »maßgeschneiderten« DNS kann man Schweine mit einem Federkleid und Insekten mit zehn statt sechs Beinen »erzeugen«. Nur biologische und physikalische Gesetze und unsere Fantasie setzen dem Vorhaben Grenzen – und vor allem unser Gewissen.

Auch wenn Menschen aus den verschiedenen Gegenden der Welt unterschiedlich aussehen können, sind wir einander in Wirklichkeit doch ziemlich ähnlich. Dass wir alle der gleichen Art angehören, können wir daran erkennen, dass eine Frau und ein Mann zusammen Kinder bekommen können, egal welcher Hautfarbe sie sind.

# Die Genkarte

Anfangs werden wir die Gentechnologie für unsere Gesundheit einsetzen, zum Beispiel bei der Behandlung von Erbkrankheiten, die durch fehlerhaftes Erbgut hervorgerufen werden. Die Bluterkrankheit, die zur Folge hat, dass das Blut nicht gerinnt, ist eine bekannte Erbkrankheit.

Wir wissen auch, dass viele Krankheiten, zum Beispiel Krebs, von der Erbmasse beeinflusst werden. Die Entwicklung kann in Zukunft so weit gehen, dass von Kindern eine Genkarte erstellt wird, die eine komplette Übersicht über alle Gene ihrer DNS liefert. Ein paar Blutstropfen auf einem Mikrochip reichen aus, um alle Gene im Erbgut eines Menschen zu identifizieren. Auf diese Weise können frisch gebackene Eltern die Genkarte ihres Kindes auf einem Bildschirm betrachten. Die Genkarte wird aus einer langen Liste all der Gene bestehen, die für die Gesundheit des Kindes wichtig sind. Wenn das Kind Gene aufweist, die gesundheitsgefährdend sind, werden sie gekennzeichnet.

Die Genkarte sagt viel darüber aus, wie sich die Gesundheit des Kindes entwickeln wird, und so können die Eltern Krankheiten vorbeugen. Wenn ein Kind Gene besitzt, die bewirken könnten, dass es später an einem Herzleiden erkrankt, bekommen die Eltern Hinweise, wie die Krankheit vielleicht verhindert werden kann.

Aber eine Genkarte bringt auch Probleme mit sich. Ein Mensch mit Genen, die ihn für Krebs anfälliger machen, kann es schwer haben, Arbeit zu finden. Arbeitgeber werden Menschen bevorzugen, die frei von Krebsgenen sind. Wir werden vielleicht einmal für Menschen mit »ungünstigen« Genen Gesetze zum Schutz vor Diskriminierung brauchen.

Es ist sogar möglich, schon lange vor der Geburt vollständige Genkarten eines Embryos erstellen zu lassen. Mit hoch entwickelten Computern kann man dann sogar Bilder erzeugen, die den Embryo als Erwachsenen zeigen, das heißt, wie er als Erwachsener aussehen würde. Das eröffnet den Eltern völlig neue Möglichkeiten. In Ländern, in denen Abtreibungen erlaubt sind, können Menschen in der zweiten Hälfte des 21. Jahrhunderts vielleicht den Embryo entfernen lassen, wenn er ihren Vorstellungen nicht entspricht.

Wenn der Embryo die Veranlagung hat, zu einem übergewichtigen Mann heranzuwachsen, dem überdies in jungen Jahren die Haare ausgehen, können die zukünftigen Eltern sich entscheiden, lieber einen erneuten Versuch zu starten. Diese Möglichkeit erschreckt viele zu Recht, denn wir riskieren damit, eine Gesellschaft aufzubauen, in der alle unerwünschten Menschen vor der Geburt »beseitigt« werden und in der es nicht einfach sein wird, von der Norm abzuweichen. Eine solche Gesellschaftsform nennt man *Sortiergesellschaft*.

Zur Zeit kann man sich kaum vorstellen, dass sich viele Eltern für diese Lösung entscheiden werden. Schließlich wünschen sich die meisten einfach nur ein Kind, egal wie es aussieht. Dass aber die Möglichkeit besteht, kann für den einen oder anderen plötzlich sehr verlockend sein. Deshalb ist die Wahrscheinlichkeit groß, dass die meisten Länder verbieten werden, vor der Geburt Genkarten zu erstellen.

Eine weitere Folgeerscheinung bestünde darin, dass Eltern das Aussehen ihres Kindes mithilfe der »Retorte« festlegen können. Heute wird die Retorte häufig von Paaren verwendet, die Probleme haben, auf natürlichem Wege Kinder zu bekommen. Die Methode besteht darin, die Eizelle einer Frau mit den Samenzellen eines Mannes in einem Labor zu befruchten. Anschließend wird das befruchtete Ei in die Gebärmutter der Frau eingesetzt, wo das Kind auf natürliche Weise heranwächst.

Nun kann man natürlich von dem befruchteten Ei eine Genkarte erstellen. Das wird große Auswirkungen auf das Kinderkriegen haben. Man entnimmt der Frau mehrere Eizellen und befruchtet sie mit den Samenzellen des Mannes. Anschließend erstellt man für alle Eizellen eine Genkarte. So können die zukünftigen Eltern auf Computerbildern sehen, wie die jeweiligen Kinder später aussehen würden, und sie können anhand der Genkarte die Eigenschaften der Kinder erkennen. Anschließend können sie

In einigen Ländern versuchen Eltern mit unterschiedlichen Methoden, mehr Jungen als Mädchen zu bekommen. Es hat kulturelle Gründe, weshalb Jungen bevorzugt werden. Der Brauch ist nicht nur abstoßend, sondern auch gefährlich für die betreffenden Länder. Wenn immer weniger Mädchen auf die Welt kommen, werden immer mehr junge Männer keine Frau finden. In einigen Gegenden Chinas gibt es mittlerweile viele Dörfer mit einem großen Männerüberhang.

In dem Film »Jurassic Park« wurden Dinosaurier mithilfe der Gentechnologie »wieder belebt«. Im Film fanden die Wissenschaftler das Erbgut in Mücken, die am Blut der Dinosaurier gesaugt hatten. Das Erbgut wurde in Reptilieneier eingesetzt, die sich anschließend zu Dinosauriern entwickelten. Einiges daran ist wahr: Es gibt Mücken aus grauer Vorzeit, die in Bernstein (versteinertem Harz) eingeschlossen sind, und es besteht die Möglichkeit, dass diese Mücken Dinosaurierblut im Bauch haben. Die meisten Wissenschaftler halten die Geschichte des Films trotzdem für unmöglich, da das Erbgut im Blut zerstört wird. Sollten wir aber Kontrolle über das Erbgut bekommen, können wir heutige Tiere so verändern, dass sie Dinosauriern ähnlich werden. Eine Brutmöglichkeit für die Dinosaurier wären Vögel, die Nachkommen der Dinosaurier auf der Erde.

zwischen mehreren Kindern wählen und sich für das Kind entscheiden, das ihnen am meisten zusagt.

Die »Kinder«, die aussortiert wurden, werden beseitigt, indem man das befruchtete Ei wegwirft. Da es sich nicht um Kinder, sondern lediglich um Eizellen handelt, die so klein sind, dass sie mit bloßem Auge fast nicht zu erkennen sind, kann man kaum behaupten, dass die aussortierten Kinder getötet werden. Sie haben niemals existiert und werden auch niemals existieren.

Ähnlich spielt es sich ja auch in der Natur ab. In einer Frau befinden sich tausende von Eizellen, die zu Kindern heranreifen könnten. Auf jede befruchtete Eizelle einer Frau kommen hundert Millionen Spermien, denen es nicht gelungen ist, eine Eizelle zu befruchten. Jedes einzelne dieser Spermien hätte ein weiteres Kind zeugen können, das sich von allen anderen Kindern unterschieden hätte. Im Grunde hat jeder von uns hundert Millionen »Brüder« und »Schwestern«, die niemals gezeugt wurden, weil *wir* aus dem Zeugungsvorgang hervorgegangen sind.

Entscheidend bei dem Ganzen ist die Tatsache, dass wir Menschen dann unsere eigene Fortpflanzung in die Hand nehmen würden. Die Erfahrung lehrt, dass derjenige, der die Fortpflanzung kontrolliert, auch die Kontrolle über die Zukunft hat. Bis zum 21. Jahrhundert war es der Zufall, der bestimmt hat, welche Kinder auf die Welt kamen und wie sich demnach die Gattung Mensch entwickelte. Aber nun können wir die Entwicklung selbst steuern.

## Klonen

Von allen Begriffen der modernen Wissenschaft verbreitet das Wort *klonen* am meisten Schrecken. Es stammt von einem griechischen Wort mit der Bedeutung »Ast« ab. Einen Organismus klonen heißt, der Organismus pflanzt sich so fort, dass das Erbgut des Nachwuchses haargenau identisch ist mit dem des Mutterorganismus. 1997 gelang es britischen Wissenschaftlern zum ersten

*Durch das Klonen lassen sich Kopien von Tier und Mensch herstellen.*

Mal erfolgreich, ein großes Säugetier zu klonen: das Schaf »Dolly«, eine genetische Kopie seiner Mutter.

Den Wissenschaftlern war es gelungen, Erbgut von einer Zelle der Mutter in eine Eizelle zu überführen, die dann wiederum in den Mutterleib eingesetzt wurde. Normalerweise gehen alle Säugetiere aus dem Erbgut beider Eltern hervor. Wenn sich das Erbgut des Mannes mit dem der Frau vereinigt hat und die Zellteilung beginnt, entsteht allmählich neues Leben in der Gebärmutter.

Hier nun wurde das Erbgut eines erwachsenen Schafs in eine Eizelle gespritzt, so dass sich das Ei wie ein natürlich befruchtetes Ei mit dem Erbgut zweier Schafe verhielt. Zahlreiche Versuche und Fehlschläge und auch sehr viele Eizellen waren erforderlich, bevor die Wissenschaftler Erfolg hatten. Einmal im Mutterleib, wuchs die Eizelle zu einem normalen Lammembryo heran.

Danach ist Wissenschaftlern das Klonen von Kälbern und anderen Tierarten gelungen. Auch wenn sich Schafe, Kälber und Menschen stark voneinander unterscheiden, sind wir doch alle Säugetiere, die sich auf ganz ähnliche Weise fortpflanzen. Deshalb zweifeln nur noch wenige Menschen daran, dass im 21. Jahrhundert der erste Mensch geklont wird. Dies wird sich allerdings nicht in Europa oder den USA abspielen, wo der Widerstand gegen das

Man braucht nicht mehr als einen Tropfen Blut oder eine Haarsträhne, um einen Menschen klonen zu können. Vielleicht stehlen Paare, die sich ein talentiertes Kind wünschen, künftig Zellen von Popstars, Sportlern oder Schauspielern, um eine Kopie von ihnen zu klonen.

Klonen groß ist und Gesetze eingeführt wurden, die das Klonen von Menschen verbieten.

Es ist merkwürdig, dass wir das Klonen so unheimlich finden, denn in der Natur ist es ganz üblich. Bakterien und andere Mikroorganismen vermehren sich durch Klonen. Entnehmen wir einer Pflanze einen Ableger und stecken diesen in einen Blumentopf, haben wir eine Pflanze geklont. Gelegentlich werden auch Menschen in Form von eineiigen Zwillingen geklont.

Es ist wohl der Gedanke an eine mögliche Massenproduktion des gleichen Menschen, der uns so beunruhigt. In der Regel denkt man beim Klonen zum Beispiel an ein ganzes Heer von Supersoldaten. Aber gerade in diesem Bereich wird das Klonen nicht eingesetzt werden. Ein Heer identischer Soldaten wäre zum Beispiel sehr anfällig für eine bestimmte Krankheit. Gelingt es jemandem, eine Bakterie oder einen Virus zu finden, der einen der geklonten Soldaten tötet, werden zwangsläufig auch alle anderen sterben. Weil unser Erbgut so unterschiedlich ist, entwickeln wir unterschiedliche Eigenschaften, was uns wiederum gegen Krankheiten schützt.

Gerade das ist der Grund, weshalb das Klonen vermutlich keine große Verbreitung finden wird. Ein weiterer Grund liegt darin, dass es für die meisten Menschen nicht sehr verlockend wirkt. Fast alle wünschen sich einen anderen Menschen, mit dem sie gemeinsam Kinder haben wollen. Sie wünschen sich Kinder, die eine Mischung und keineswegs eine Kopie ihrer Eltern sind. Das Kind zweier Menschen ist völlig einzigartig und hat neue und unbekannte Fähigkeiten und Eigenschaften. Ein geklontes Kind hätte das gleiche Erbgut wie die Mutter oder der Vater. Es gäbe nur geringe Unterschiede im Aussehen und vermutlich hätte das Kind eine Persönlichkeit, die stark an die seines Erzeugers erinnert.

Für andere hingegen könnte das Klonen verlockender sein. Es gibt Frauen und Männer, die ohne Partner Kinder bekommen wollen. Frauen können zwar geklonte Kinder gebären, aber ein Mann muss immer eine Frau um Hilfe bitten. Ein Arzt wird einer Körperzelle das Erbgut entneh-

Ein Organismus, der geklont wird, muss weder Zeit noch Energie investieren, um einen Partner zu finden. Der Grund, weshalb in der Natur Organismen, die sich durch Klonen vermehren, nicht weiter verbreitet sind, besteht darin, dass sich diese Organismen wesentlich langsamer weiterentwickeln als Organismen mit zwei Erzeugern. Wenn sich das Erbgut zweier Wesen vermischt, erhalten wir einen neuen Organismus mit neuen Eigenschaften. Wenn ein Organismus geklont wird, gleicht er demjenigen, von dem das Erbgut stammt.

men und es in die Eizelle einer Frau einsetzen. Die Zelle wird in die Gebärmutter der Frau eingepflanzt und das Kind wird nun ganz normal heranwachsen und auf die Welt kommen.

Es gibt auch andere Gründe, weshalb sich Menschen für das Klonen entscheiden könnten. Stellen wir uns vor, wir hätten unser ganzes Leben lang eine Firma aufgebaut und wollten sichergehen, dass sie in Zukunft von einem geeigneten Nachfolger weitergeführt wird. Da kann der Gedanke an eine geklonte Kopie von uns selbst sehr reizvoll sein. Die Firma wird dann künftig von einem Menschen geleitet, der so aussieht wie wir und auch die meisten unserer Eigenschaften besitzt. Staatsmänner könnten ähnlich denken, ebenso talentierte Wissenschaftler und Künstler.

Das Klonen kann auch zu einer Gesellschaft führen, in der alle das gleiche Geschlecht haben. Alle Frauen in einer solchen Gesellschaft bekommen geklonte Töchter. Eine Frauengesellschaft könnte technisch gesehen noch vor dem Jahr 2050 Wirklichkeit werden. Es ist viel schwieriger, eine reine Männergesellschaft zu erzeugen, da Männer keine Gebärmutter haben, in der ein Embryo heranwachsen könnte. Der männliche Körper ist auch nicht darauf ausgelegt, einen Embryo mit den wichtigsten Nährstoffen zu versorgen, die dieser braucht, um zu einem gesunden Säugling heranzuwachsen. Blicken wir aber etwas weiter in die Zukunft, könnte man eine künstliche Gebärmutter entwickeln, in der der Embryo heranreifen kann. In diesem Fall könnte auch eine reine Männergesellschaft überleben.

## Maßgeschneiderte Gene

Die Techniken, die man bei Pflanzen und Tieren anwendet, lassen sich auch beim Menschen anwenden. Wir könnten Kapitel der DNS-Bibliothek eines Menschen »umschreiben«. Im 22. Jahrhundert besteht für die Menschen vielleicht die Möglichkeit, ein Kind am Computerbildschirm zu »entwerfen« und die Gene in einem befruchteten Ei dann entsprechend ändern zu lassen, bevor das Ei in die Gebärmutter der Frau eingesetzt wird.

Mit dieser Technik könnten alle krankheitserregenden Gene unschädlich gemacht werden. Das Aussehen kann im Voraus festgelegt werden. Wenn sich die zukünftigen Eltern einen Sohn wünschen, der groß und schlank ist, dunkle Haare und blaue Augen hat, können die Gentechniker garantieren, dass das »bestellte Kind« tatsächlich so aussehen wird. Wenn die Eltern sich wünschen, dass das Kind bestimmte Talente hat, gibt es möglicherweise auch Gene für Intelligenz und künstlerische oder sportliche Veranlagung, die die Gentechniker verstärkt berücksichtigen könnten.

Vielleicht kommt es zu Modeerscheinungen, so wie heute bestimmte Vornamen in Mode sind. Zu einer Zeit sind womöglich braunhaarige, sportliche Kinder beliebt, ein paar Jahre später werden vielleicht blonde, künstlerisch veranlagte bevorzugt. Die zukünftigen elektronischen Zeitungen werden über die »aktuelle Kindermode« berichten und etwas völlig anderes meinen als Hemden und Hosen.

Hört sich das nicht furchtbar an? Der Gedanke an Kinder auf Bestellung stößt bei uns nicht gerade auf Begeisterung. Aber wir wissen nicht, wie die Menschen im 21. oder 22. Jahrhundert darüber denken werden. Aus Erfahrung wissen wir, dass Menschen nach und nach neue Techniken akzeptieren. Als die Retortenmethode 1978 erfunden wurde, reagierten viele ablehnend. Sie hielten es für ein Unding, Eizellen in einem Labor zu befruchten, und fanden, Menschen hätten nicht das Recht, auf diese Weise in die natürliche Ordnung einzugreifen. Heute wird diese Technik weltweit angewendet und die meisten scheinen sie für ein nützliches Hilfsmittel zu halten.

Es ist gut möglich, dass die Menschen künftig ihre Einstellung zur Genmodifikation ändern werden. Weiter vorn habe ich geschrieben, dass wir die Gedanken und Gefühle der Menschen nicht vorhersehen können. Es ist also auch denkbar, dass viele die Genmanipulation irgendwann als Bereicherung für die Menschheit ansehen werden. Vielleicht werden genmodifizierte Kinder dann »genreich« genannt. Ein genreiches Kind auf die Welt zu bringen, werden Eltern vielleicht einmal geradezu erwarten. Heute gehen alle davon aus, dass Eltern ihren Kindern die besten Voraussetzungen für ein erfolgreiches Leben mitgeben. Bedeutet ein genreiches Kind, dass es intelligent, hübsch und frei von jeglichen Erbkrankheiten ist, ist die Versuchung für Eltern mit ausreichend viel Geld groß, sich für diese Technik zu entscheiden.

Geld spielt dabei eine wichtige Rolle, denn Gene zu kontrollieren wird zunächst sicher sehr teuer sein. Auch wenn es im Lauf der Zeit billiger werden wird, werden die Kinder reicherer Eltern einen Vorsprung haben. Im 22. Jahrhundert sind vielleicht ein paar Prozent der Erdbevölkerung genreich. Die Genreichen werden einen doppelten Vorteil haben, nämlich »gute Gene« und ein wohlhabendes Elternhaus. Das wird bedeuten, dass viele genreiche Menschen einflussreiche Positionen einnehmen werden. Wir werden eine große Gruppe »natürlicher Menschen« haben, die von einer kleinen Gruppe genreicher regiert wird.

Die Genreichen werden den natürlichen Menschen anfänglich ähneln, nur dass sie natürlich stets dem Schönheitsideal der Gesellschaft entsprechen werden. Ein kurz gewachsener, dicker Mann ist im Jahr 2200 mit großer Wahrscheinlichkeit ein »natürlicher Mensch«.

Schritt für Schritt werden die Unterschiede zunehmen. Vielleicht werden Kinderkliniken künstliche Gene anbieten, die den Kindern Eigenschaften verleihen, die es vorher bei Menschen nicht gegeben hat. Das könnten Gene sein, die für ein langes Leben oder ein leistungsfähigeres Gehirn sorgen. Vielleicht werden die Genreichen so konstruiert, dass sie auf anderen Planeten leben können. Wenn der Mars besiedelt werden soll, könnten Menschen mit Chlorophyll in der Haut erzeugt werden, die genau wie Pflanzen ihre Energie direkt vom Sonnenlicht beziehen.

Nichts von dem, was Menschen bisher gemacht haben, wird so große Auswirkungen haben wie dies. Wenn wir anfangen, das Erbgut zu verändern, heißt das, dass die Nachkommen der Genreichen diese Eigenschaften erben

Britische Wissenschaftler haben ein Gen entdeckt, dass bei Mäusen Muttergefühle hervorruft. Wenn das Gen versagt, hat die Mäusemutter große Probleme, ihre Jungen aufzuziehen. Ein entsprechendes Gen wurde auch bei Menschen gefunden, was die Wissenschaftler dazu veranlasst hat anzunehmen, dass ein Fehler in dem Muttergefühl-Gen bei einzelnen Menschenmüttern zu großen Problemen führt, wenn sie sich um ihre Kinder kümmern müssen. Diese Erkenntnis ist sehr wichtig, denn sie zeigt uns, dass unsere Denkweise ebenfalls von Genen abhängig sein könnte.

werden. Die neuen Eigenschaften werden zu einem Teil der Natur. Die Natur wird sich für immer verändern.

Auch die Gesellschaft wird sich verändern. Wir werden eine andere Einstellung zum Menschsein bekommen. Heute akzeptieren die meisten, dass Menschen so sind, wie sie geboren wurden. Wir alle haben unsere Fehler und Schwächen und müssen damit leben. Aber in einer Gesellschaft mit intelligenten, gesunden, gut aussehenden genreichen Supermenschen werden sich jene mit natürlichen Genen minderwertig und möglicherweise diskriminiert fühlen. Ihnen können wichtige Arbeitsstellen vorenthalten werden, weil sie den Genreichen gegenüber als unterlegen gelten. Wenn die Veränderung der Gene weit genug getrieben wird, wird der Tag kommen, an dem sich das Erbgut der Genreichen so sehr vom Erbgut der natürlichen Menschen unterscheidet, dass sie nicht länger miteinander Kinder zeugen können.

Die Genreichen werden sich zu einer neuen Menschenart entwickelt haben, einer Gattung, die nicht mit Menschen unserer Art verwandt sein will. Bis jetzt galt für uns alle der Satz: »Letztendlich sind wir alle Menschen.« In einigen Jahrhunderten muss das nicht mehr stimmen.

Wie wird es uns dann ergehen? Werden wir in der Lage sein, in Frieden miteinander zu leben? Die Erfahrungen der Vergangenheit machen uns nicht gerade Hoffnung. Wir wissen, dass ethnische, sprachliche, kulturelle und religiöse Unterschiede zu Konflikten und Kriegen führen können. Was wird passieren, wenn zwei verschiedene Menschenarten einander gegenüberstehen? Wären die unmanipulierten Menschen den Genreichen genauso machtlos ausgeliefert wie ein Heer von Neandertalern den heutigen Menschen?

Und das Ganze kann noch verzwickter werden. Es ist keineswegs sicher, dass alle genreichen Menschen an ihren Kindern die gleichen Verbesserungen vornehmen lassen. In unterschiedlichen Ländern können unterschiedliche Gene populär werden. Somit hätten wir sogar *verschiedene* Arten genreicher Menschen, die sich vielleicht so sehr voneinander unterscheiden, dass sie zu verschiedenen Arten zählen werden.

Im Jahr 3000 könnte das Sonnensystem von einer Unzahl intelligenter Lebensformen bewohnt sein: natürliche Menschen, viele Arten genreicher Menschen, intelligentes künstliches Leben, intelligente Roboter und kybernetische Organismen. Und sie alle müssten versuchen, friedlich Seite an Seite zu leben. Es kann kein Zweifel daran bestehen, um welche Art es dann am schlechtesten bestellt sein wird – um Menschen wie uns nämlich, natürliche Menschen mit geringer Intelligenz und labiler Gesundheit.

Es ist nicht sicher, dass es so weit kommen wird. Ich hoffe, dass uns die Angst vor unserem möglichen Aussterben dazu bringen wird, die Entwicklung vorher zu stoppen.

# 15 Lebensverlängernde Maßnahmen

Auch wer jetzt noch jung ist, wird früher oder später erleben, wie sein Körper altert. Das Alter ist heute ein natürlicher Bestandteil des Lebens und manche erleben es als etwas Positives, alt zu werden. Aber für viele beinhaltet das Alter auch Krankheit und Schmerzen. Für einen Menschen, der sehr lange lebt, kann das Alter zu einer Zeit der Einsamkeit werden, weil so viele Freunde und Verwandte vor ihm sterben.

Wir haben schon von der zunehmenden Überalterung der Bevölkerung gelesen, die zwangsläufig alle Länder erfasst, sobald sie versuchen ihr Bevölkerungswachstum einzudämmen. Ich habe bereits zwei Maßnahmen erwähnt, wie wir Millionen älterer Menschen, die in den Ruhestand gehen, im Beruf ersetzen können und gleichzeitig mehr Menschen zur Verfügung haben, die sich um die Älteren kümmern. Wir können Roboter bauen oder wir können Arbeitskräfte aus Ländern holen, die noch nicht von der Überalterung betroffen sind.

Die Forschung lässt vermuten, dass fettarme Ernährung die Lebensdauer um viele Jahre verlängern kann. Mäuse, die sich extrem fettarm ernähren, können um zwanzig Prozent älter werden als Mäuse, die normale Kost zu sich nehmen. Auch wenn die Lebensdauer bei Menschen nicht so sehr verlängert werden kann, besteht kein Zweifel daran, dass fettarme Ernährung gesund ist.

Aber es gibt noch eine dritte Lösung. Sie besteht darin, Menschen ein längeres und besseres Leben zu ermöglichen, indem man Krankheiten bekämpft, unter denen gerade ältere Menschen zu leiden haben. Viele Menschen versuchen sich schon in jungen Jahren fit zu halten, um im Alter ein besseres Leben führen zu können. Wer einen gesunden Lebensstil pflegt, kann damit rechnen, mindestens fünf Jahre älter zu werden als der, der ungesund lebt. In einem Land mit einem gut funktionierenden Gesundheitswesen kann ein gesunder Mann über siebzig Jahre alt werden. Frauen werden in der Regel sogar noch ein paar Jahre älter.

Wirksame Medikamente gegen Volks- oder Alterskrankheiten werden das Leben verlängern. Die Alzheimer-Krankheit ist bei alten Menschen weit verbreitet. Sie bewirkt, dass Menschen allmählich ihr Erinnerungsvermögen verlieren und am Ende ihr Leben nicht mehr allein bewältigen können. Wir müssen damit rechnen, dass viele Menschen an der Alzheimer-Krankheit erkranken werden, wenn es künftig immer mehr ältere Menschen gibt. Deshalb ist es so wichtig, Medikamente gegen diese und andere Alterskrankheiten zu entwickeln.

Soll das Alter generell angenehmer werden, müssten wir etwas dagegen unternehmen, dass wir überhaupt altern, d.h. dass die Zellen im Körper alt werden. Die Haut eines alten Menschen wird faltig, weil die Zellen nicht mehr richtig funktionieren. Aus dem gleichen Grund werden die Muskeln schwächer und die Sehfähigkeit nimmt ab. Und das nur, weil die Zellen im Körper darauf »programmiert« sind, zu altern und zu sterben.

In den Nachrichten wird gelegentlich von Menschen berichtet, die hundertfünfzig Jahre oder älter sein sollen. Diese Menschen leben häufig in der Kaukasusregion südlich von Russland. Aber noch kein Mensch konnte beweisen, dass diese Superalten wirklich so alt sind, wie sie behaupten. Immer noch sind die ältesten Menschen, von deren Alter wir sichere Kenntnis haben, nicht älter als hundertdreißig Jahre alt.

## Warum müssen die Zellen sterben?

Unser Körper besteht aus mehreren Milliarden Zellen, die alle zusammenarbeiten. Nach einer gewissen Zeit sind die meisten Zellen »erschöpft«. Dann bilden sie jeweils eine Kopie von sich, die wieder jung und gesund ist. In unserem Körper teilen sich unablässig Milliarden von Zellen. Die Zellteilung hat zur Folge, dass sich der Körper ständig erneuert, wodurch wir gesund bleiben und weiterleben.

Aber die Zellen teilen sich nicht unbegrenzt. Nach einer bestimmten Anzahl von Zellteilungen hören sie damit auf. Passiert das im ganzen Körper, fängt diese an zu altern. Es hat Forscher viele Jahre gekostet herauszufinden, dass die Zellteilung aufhört, weil in allen Zellen eine »Uhr« eingebaut ist, die nach einer bestimmten Zeit stehen bleibt. Wenn das passiert, hören die Zellen auf, sich zu teilen. Somit sind das Alter und der Tod bei uns vorprogrammiert. Das bedeutet, dass die meisten Menschen vor ihrem neunzigsten Lebensjahr an Altersschwäche sterben und es offensichtlich für den menschlichen Körper unmöglich ist, im Grenzfall älter als 140 Jahre alt zu werden.

Sämtliche Informationen über den Aufbau einer Zelle

Bei vielen Einzellern verkürzen sich die Telomere nicht. Das heißt nicht, dass die Einzeller unsterblich sind, sondern dass sie nicht altersbedingt sterben. Hefezellen und Bakterien, wie sie bei uns im Darm leben (E. coli), gehören zu dieser Sorte.

und ihre Funktionsweise liegen in der Erbmasse. Deshalb haben die Wissenschaftler seit langem den Verdacht, dass sich die Uhr, die darüber entscheidet, wie häufig sich die Zellen teilen, ebenfalls im Erbgut befindet. Es deutet heute vieles darauf hin, dass die Uhr unserer Zellen in einem Teil des Erbguts zu finden ist, den wir *Telomere* nennen.

Wenn sich eine Zelle teilt, bildet sich in der neuen Zelle wieder eine genaue Kopie der alten Erbmasse. Auf diese Weise erhält die neue Zelle sämtliche Informationen, die in der alten Zelle vorhanden waren. Die Ausnahme sind die Telomere. Es hat sich gezeigt, dass die Telomere bei jeder Zellteilung etwas kleiner werden. Wenn sie oft genug verkleinert wurden, teilt sich die Zelle nicht weiter und beginnt zu altern.

Der Wissenschaft ist seit langem bekannt, dass es auch Zellen gibt, die nicht altern, sondern sich selbst dann noch teilen, wenn sie eigentlich damit aufgehört haben sollten. Krebszellen gehören zu den bekanntesten dieser »unsterblichen« Zellen. Krebs ist eine Krankheit, die dadurch verursacht wird, dass sich ein paar Zellen nicht normal verhalten und sich unaufhörlich teilen. Eine kleine Gruppe von Zellen fängt auf diese Weise an zu wachsen und hört meist nicht eher damit auf, bis eine lebensgefährliche Geschwulst entstanden ist, es sei denn, sie wurde frühzeitig erkannt und entfernt oder mit Medikamenten behandelt.

Woran liegt es, dass in den Krebszellen die eingebaute Uhr außer Kraft gesetzt wurde? Wissenschaftler haben herausgefunden, dass viele Krebszellen einen Stoff enthalten, der verhindert, dass die Telomere kleiner werden. Der Stoff hat den Namen *Telomerase* erhalten. Diese Entdeckung kann bei der künftigen Krebsbekämpfung eine wichtige Rolle spielen. Denn wenn es möglich ist, eine einfache Untersuchungsmethode zu entwickeln, die die Telomerase im Körper aufspüren kann, ist es auch möglich, Krebszellen weit früher zu erkennen als heute.

Aber die Entdeckung ist noch aus einem anderen Grund wichtig. Wissenschaftler haben versucht, beim Menschen Telomerase in normale, gesunde Zellen einzupflanzen, und dabei hat sich herausgestellt, dass die Zellen nicht wie üblich nach einer gewissen Zeit aufhören sich zu teilen, sondern die Zellteilung weitergeht. Es sieht so aus, als würden sich die Zellen nicht zu gefährlichen Krebszellen entwickeln, sondern die Teilung nur einfach ganz normal fortsetzen. Das würde bedeuten, dass Telomerase das Leben von Organismen verlängern kann. Die Forschung ist auf diesem Gebiet noch nicht sehr weit, und es ist keineswegs sicher, dass allein die Telomere dafür verantwortlich sind, dass wir altern.

Aber die Erkenntnis zeigt, dass es im 21. Jahrhundert möglich sein kann, *lebensverlängernde Medikamente* zu entwickeln. Diese Art von Medikamenten kann es Menschen ermöglichen, die natürliche Grenze von 140 Jahren zu überschreiten und älter zu werden. Wann das genau möglich sein wird, lässt sich heute noch nicht sagen. Optimistische Wissenschaftler glauben, dass Kinder, die in den Neunzigerjahren des 20. Jahrhunderts zur Welt gekommen sind, zur ersten Generation gehören könnten, die noch lebensverlängernde Medikamente erleben wird. Sehen wir uns aber an, welche Auswirkungen das hätte, kann es gut sein, dass noch viel mehr Zeit vergehen wird, bevor wir damit rechnen können, mehr als hundert Jahre alt zu werden.

Es gibt Leute, die glauben, den Tod »foppen« zu können. Sie wollen Tote einfrieren und hoffen darauf, dass man sie eines Tages wieder zum Leben erwecken kann. Die wenigsten Wissenschaftler halten das für möglich. Wenn ein Körper eingefroren wird, werden die Zellen im Körper zerstört, aber die Anhänger des Tiefkühlverfahrens glauben, dass Nanomaschinen diese Schäden wieder beheben können.

## Wie wird das Leben in einer solchen Gesellschaft aussehen?

Eine Welt mit nicht alternden Menschen wird ganz anders aussehen als unsere Welt heute. Wir müssen die Gesellschaft neu strukturieren. Die ganze Wirtschaft basiert heute auf der Annahme, dass die meisten von uns vor dem fünfundachtzigsten Lebensjahr sterben. In unserem Teil der Erde ist es üblich, dass man mit ca. fünfundsechzig Jahren in den Ruhestand geht. Ein Rentner lebt von Rücklagen, zum Beispiel dem Geld, das er im Lauf seines Arbeitslebens in die Rentenkasse einbezahlt hat und das ihm jetzt nach und nach ausgezahlt wird.

Die meisten Menschen können heute davon ausgehen, dass sie vierzig bis fünfundvierzig Jahre lang arbeiten und

Geld verdienen. Aber stellen wir uns vor, was passiert, wenn die Lebenserwartung auf durchschnittlich hundertvierzig Jahre ansteigt. Die Rechnung sieht dann völlig anders aus. Ein Rentner von fünfundsechzig Jahren wird damit rechnen können, weitere fünfundsiebzig Jahre zu leben.

Die Gesellschaft wird verlangen, dass jeder, der eine lebensverlängernde Behandlung erhält, weitere Jahrzehnte arbeiten muss. Und wahrscheinlich werden die Betroffenen auch dazu bereit sein. Ältere Menschen erzählen oft, dass sie sich geistig noch jung und rege fühlen. Lebensverlängernde Medikamente werden dazu führen, dass sie tatsächlich genauso fit sind wie junge Menschen. Den »jungen Alten« wird der Gedanke, jahrzehntelang nichts zu tun zu haben, beängstigend vorkommen.

Es ist aber nicht damit getan, dass wir die Menschen länger arbeiten lassen als heute. Viele haben nach vierzig Jahren die Lust an ihrer Arbeit verloren und freuen sich, dass es ihnen von nun an erspart bleibt, tagein, tagaus die gleiche Arbeit zu verrichten. Der Gedanke, noch zwanzig bis dreißig Jahre lang derselben Beschäftigung nachzugehen, ist wahrscheinlich nicht sehr verlockend. Also müssen wir Möglichkeiten suchen, unser Leben neu zu organisieren.

Heute sieht der Lebenslauf bei den meisten Menschen ziemlich ähnlich aus. Nach der Schulzeit suchen sie sich eine Arbeit, eine Wohnung und einen Menschen, mit dem sie ihr Leben verbringen. Dann bekommen sie Kinder und arbeiten bis ins Rentenalter. In einer Zukunft mit nicht alternden Menschen wird sich dieses Muster ändern. Wir werden weiterhin eine Ausbildung absolvieren und uns eine Arbeit suchen. Aber nach ein paar Jahrzehnten am gleichen Arbeitsplatz können wir uns eine Pause von mehreren Jahren genehmigen. In dieser Zeit können wir darüber nachdenken, ob wir die gleiche Arbeit wieder aufnehmen wollen oder lieber eine andere Ausbildung machen und eine neue Karriere starten wollen. Heute ist das für die meisten Menschen nicht machbar, weil das Leben zu kurz ist. Künftig könnte es aber so sein, dass Zeit kein Problem mehr ist.

Wenn wir das Leben der Menschen verlängern, heißt das, dass jedes Jahr zunächst weniger Menschen sterben, was wiederum dazu führt, dass die Bevölkerungszahl ansteigt. Bei Berechnungen der UNO, wie sich die Bevölkerungszahl in Zukunft entwickeln wird, gehen die Wissenschaftler davon aus, dass die Menschen im Durchschnitt vor ihrem achtzigsten Lebensjahr sterben. Wenn sich die Lebenserwartung fast verdoppelt, wird die Bevölkerungszahl sehr stark ansteigen, weil Milliarden Menschen zunächst nicht sterben. Eine Lebensverlängerung kann zu einer wesentlich strengeren »Einkindpolitik« führen.

Manche glauben, dass ein längeres Leben die Entwicklung in der Gesellschaft bremsen würde. Stellen wir uns vor, wir hätten vor zweihundert Jahren lebensverlängernde Medikamente entwickelt. Dann wären Politiker, Wissenschaftler oder Künstler aus dieser Zeit immer noch am Leben. Und sie wären sicher nicht alle bereit, sich aufs Altenteil zurückzuziehen. Vielleicht werden neue Ideen länger brauchen, um sich durchzusetzen, wenn Menschen mit traditionellen Vorstellungen so lange am Leben sind. Der Tod macht nicht nur neuen Menschen Platz, sondern auch neuen Ideen. Diesen Gedanken kann man auch auf den Kopf stellen. Viele empfinden die Entwicklung als viel zu schnell. Neue Erfindungen, Ideen und Moden tauchen in ungeheurer Geschwindigkeit auf. Diesen Menschen wird es lieber sein, wenn sich Veränderungen in der Gesellschaft langsamer vollziehen.

Forschungen zur Lebensverlängerung können die gesamte Gesellschaft verändern. Deshalb werden vielleicht manche Menschen fordern, dass wir diese Forschungen einstellen. Aber ich glaube, die Forschung wird trotzdem weitergehen. Die Wissenschaftler treibt nämlich nicht nur der Wunsch, das menschliche Leben zu verlängern. Dahinter verbirgt sich die Chance, dass wir Techniken finden, die es uns ermöglichen, den Tod selbst abzuschaffen.

Neben dem Menschen gibt es drei große, intelligente Tierarten auf der Erde: Delfine, Schimpansen und Tintenfische. Die Tintenfische haben einen großen Nachteil, denn ihr Leben ist so kurz, dass sie ihre Intelligenz nicht ausnutzen können.

# Warum müssen wir sterben?

Vermutlich ist der Mensch das einzige Lebewesen, das weiß, dass es sterben wird. Dieses Wissen hat uns stark beeinflusst. Viele hoffen, dass es ein Leben nach dem Tod gibt. Der Glaube an ein ewiges Leben oder ein Totenreich ist uralt und auf der ganzen Erde verbreitet. Im alten Ägypten, in Griechenland, in Asien oder in Afrika – überall glaubten die Menschen an das ewige Leben nach dem Tod. Archäologen haben uralte Grabkammern gefunden, in denen sich zahlreiche Gegenstände befanden, die der Tote mit auf seine Reise ins Totenreich nehmen sollte. Die Grabkammern verraten uns, dass die Menschen schon immer hofften, das Leben würde – anderswo – weitergehen.

Die Menschen haben sich auf die Suche nach dem »Jungbrunnen« gemacht und versucht, ein »Lebenselixier« zu brauen, das alten Menschen die Jugend zurückgibt. Alchimisten haben sich an dieser Mixtur versucht. Sie suchten auch nach dem »Stein der Weisen«, der gewöhnliches Metall in Gold verwandelt und Menschen die Jugend zurückgibt.

Die Vorstellung, dass es eine Seele gibt, einen Teil im Menschen, den wir nicht sehen können, ist weit verbreitet. Die Seele ist das, was den Menschen *eigentlich* ausmacht, seine Persönlichkeit gewissermaßen. Die Seele besteht nicht aus fester Materie und lebt deshalb auch weiter, wenn der Körper stirbt. Aus Indien kennen wir den Glauben an

*So stellten sich die Ägypter das Totenreich vor.*

eine Seelenwanderung. Dabei geht man davon aus, dass die Seele eines Menschen in einen neuen Körper schlüpft, wenn der alte Körper stirbt. Es gibt viele Menschen, die meinen, sie könnten sich an Dinge erinnern, die ihnen in früheren Leben zugestoßen seien.

Die meisten Wissenschaftler halten diese Auffassung für Wunschdenken. Wir wünschen uns so sehr, es sei so, dass wir alles, was dagegen spricht, nicht wahrhaben wollen. Im Lauf der Jahrhunderte haben Wissenschaftler und Philosophen viele Versuche unternommen herauszufinden, ob es einen Gott oder einen Himmel gibt, ohne dass irgendjemand eindeutige Beweise gefunden hätte. Und obwohl viele nach der Seele gesucht haben, wurde sie von niemandem gefunden. Noch keinem ist es gelungen nachzuweisen, dass es tatsächlich so etwas wie Seelenwanderung gibt.

Die Wissenschaftler glauben seit langem, dass die Persönlichkeit vermutlich im Gehirn sitzt. Das Gehirn wiegt gut ein Kilo und wird sicher von den Schädelknochen umhüllt. Es besteht aus mehreren hundert Milliarden Gehirnzellen, in denen unsere Gedanken entstehen. Gedanken und Gefühle entsprechen schwachen elektrischen Strömen im Gehirn. Das Gleiche gilt für Träume, Fantasien, Erinnerungen, im Grunde alles, was den Menschen zu etwas Außergewöhnlichem macht.

Mittlerweile gibt es Instrumente, die es ermöglichen, das Gehirn beim Denken zu fotografieren. Trotz der jahrelangen Erforschung des Gehirns gibt es aber keinerlei Anzeichen für die Existenz einer Seele. Stirbt der Körper, fließen die elektrischen Ströme im Gehirn nicht mehr. Gedanken, Gefühle und Erinnerungen verschwinden. Die Persönlichkeit ist für immer ausgelöscht.

Dies ist eine der Behauptungen der modernen Wissenschaft, mit der sich die Menschen schwer tun. Viele wollen lieber glauben, dass sich die Wissenschaft irrt und das Leben trotzdem weitergeht, auch wenn das Gehirn aufhört zu arbeiten. Andere bauen fest darauf, dass die Forschung das Rätsel irgendwann löst. Für sie wäre ein längeres Leben nicht die endgültige Lösung. Auch wenn einige Wissenschaftler meinen, dass lebensverlängernde Maßnahmen

Der erste Kaiser von China, Qin, war besessen von dem Gedanken, den Tod zu umgehen. Sein ganzes Leben lang suchte er nach dem Lebenselixier, einem Zaubertrank, der ihn ewig jung halten sollte. Der Kaiser hatte damit keinen Erfolg, er starb im Alter von knapp fünfzig Jahren. In der Provinz Xian, im westlichen Teil Chinas, liegt ein riesiger Hügel, in dem sich das Grab des Kaisers befindet. Vor dem Grabhügel haben Archäologen achttausend Keramikfiguren von Kriegern in Menschengröße gefunden. Die Krieger bewachen die Reise des Kaisers in das Totenreich.

Der Tod spielt eine wichtige Rolle in der Natur. Wenn kein Organismus sterben würde, wäre die Erde irgendwann von Lebewesen überfüllt, die auf Kinder verzichten müssten. Gemäß der Entwicklungslehre sind Kinder aber nötig, damit sich eine Art weiterentwickelt. Kinder haben neue Eigenschaften, die niemand sonst vor ihnen hatte. Gäbe es den Tod nicht, wäre die Erde immer noch ein Urmeer voller einfacher, einzelliger Organismen. Menschen hätte es dann niemals gegeben.

den Menschen jahrtausendelang am Leben erhalten können, wird der Körper früher oder später sterben. Wenn nicht aus Altersgründen, dann an Krankheit oder durch Unfälle.

Gegen Krankheiten können wir etwas tun. Erkrankt ein Körperteil, kann es ausgetauscht werden. Durch das Austauschen von Körperteilen können wir einen kurzlebigen Menschen in einen ziemlich langlebigen kybernetischen Organismus verwandeln (vgl. S. 195f.). Aber selbst wenn das Gehirn in einem kybernetischen Organismus am Leben gehalten werden kann, bekommen wir ein Platzproblem. Der Inhalt eines Gehirns – die Gedanken und Erinnerungen – wird in Gehirnzellen gespeichert und belegt viel Speicherplatz. Im Lauf eines Lebens kommen immer mehr Erinnerungen dazu und früher oder später werden die Gehirnzellen zum Speichern aller Erinnerungen nicht ausreichen. Wir fangen an, unsere Erlebnisse zu vergessen.

Aber auch dafür lässt sich eine Lösung finden. Wenn es uns gelingt, die elektrischen Ströme im Gehirn, die unsere Gedanken und Gefühle ausmachen, zu messen, ist es denkbar, dass wir die Informationen unseres Gehirns an einem anderen Ort speichern. Unser zweites Gehirn, das auf S. 137f. beschrieben wurde, kann der erste Schritt auf diesem Wege sein. Ein Computer, der direkt an das Gehirn angeschlossen ist und wie eine Art zweites Gedächtnis funktioniert, kann Informationen von unserem Gehirn entgegennehmen. In diesem Fall könnte unser zweites Gehirn von Teilen unseres Gehirns eine »Kopie« erstellen. Auf einer Art Diskette könnten wir dann die inneren Bilder, Gerüche und Töne speichern, die zu unseren Erinnerungen gehören. Da Gefühle ebenfalls elektrische Ströme im Gehirn sind, können auch sie gespeichert werden.

Es lohnt sich natürlich, die Erinnerungen zu speichern, während sie noch frisch sind. Dann kann man sie in hunderten von Jahren hervorholen, während die Erinnerungen des eigentlichen Gehirns längst vergessen sind. Unsere Erinnerungen lassen sich in unserem zweiten Gehirn abrufen, wodurch wir vergangene Ereignisse noch einmal durchleben, als wäre es gestern gewesen.

# Seelenwanderung einmal richtig

Wenn es möglich ist, den Gehirninhalt außerhalb des Gehirns zu speichern, ist die nächste Frage, ob nicht das *ganze* Gehirn außerhalb des Körpers gespeichert werden kann. Lässt sich eine Persönlichkeit vollständig in einen Computer übertragen? Nach der Meinung einiger Wissenschaftler ist das nicht undenkbar.

Wir schreiben das Jahr 2500 und ein Mensch, dessen Gehirninhalt in einen Computer übertragen werden soll, liegt mit geöffneter Schädeldecke vor uns. Eine Maschine hat soeben begonnen, die Informationen in den äußeren Gehirnzellen zu lesen. Sie wird dabei von Nanomaschinen (vgl. S. 168–178) unterstützt, die sich über das Gehirn verteilen und alle vorgefundenen Informationen registrieren.

Sobald alle Informationen des äußeren Gehirnteils gespeichert sind, trennt die Maschine die äußerste Schicht ab und eine neue Schicht kommt zum Vorschein. Die Maschine sorgt dafür, dass sämtliche Informationen dieser Schicht gespeichert werden, bevor sie auch diese abtrennt und zur nächsten Schicht übergeht. So fährt die Maschine fort, bis das ganze Gehirn erfasst ist. Alles, was die Person einmal ausmachte, wurde auf die Maschine übertragen. Der ganze Mensch ist jetzt digitalisiert.

Es stellt sich die Frage, ob ein digitalisierter Mensch überhaupt noch Mensch genannt werden kann? In der Maschine sitzt ja nur die Persönlichkeit des Menschen, weshalb es wohl am besten ist, solche Wesen Persönlichkeiten zu nennen. Ein Leben als Persönlichkeit wird sich von einem Leben als Mensch grundlegend unterscheiden. Persönlichkeiten können einen Computer mit anderen Persönlichkeiten teilen. Sie können in einem Meer von Informationen »schwimmen«, während sich andere Persönlichkeiten um sie tummeln.

Die Persönlichkeit braucht nicht in einem Computer zu bleiben. Sollte es nötig sein, könnte eine Persönlichkeit auch für eine gewisse Zeit in einen Roboterkörper schlüpfen, um mechanische Arbeiten auszuführen. Für diesen Zeitraum *wird* die Persönlichkeit dann zum Roboter. Per-

Der britische Schrift-
steller Arthur C. Clarke
drückte es so aus:
»Vielleicht ist es nicht
unsere Aufgabe auf
diesem Planeten, Gott
anzubeten, sondern
ihn zu erschaffen.«

sönlichkeiten sind nichts als Computerdateien, weshalb sie sich in gleicher Weise kopieren lassen wie andere Dateien. Eine Sicherheitskopie von sich selbst zu erstellen, wäre keine schlechte Idee. Oder wie wäre es, wenn wir einer anderen Persönlichkeit eine Kopie von uns geben würden?

Persönlichkeiten sind nicht an die Erde gebunden. Sie können Kopien von sich als Radiosignale verschicken. Mit Lichtgeschwindigkeit können sich Persönlichkeiten durch das Universum zu fernen Planeten in der Nähe anderer Sterne bewegen. Auf den Planeten warten schon Roboterkörper, in die die Persönlichkeit schlüpfen kann. Solange sie es wünschen, können Persönlichkeiten Computer bauen, die sie Millionen Jahre am Leben erhalten. Vielleicht finden die Persönlichkeiten auch heraus, wie sie *ohne* Computer überleben können.

In diesem Fall hätten die Persönlichkeiten den Tod abgeschafft. Am Ende können sich alle Persönlichkeiten zusammentun und sich zu einem unglaublich gebildeten, intelligenten Wesen vereinigen. Vielleicht hat nur ein solches Wesen die gedanklichen Fähigkeiten, die großen Rätsel des Universums zu lösen. Eine *Superpersönlichkeit* hätte auch sehr viel Macht. Mithilfe hoch entwickelter Maschinen könnten ganze Sternensysteme, ja das ganze Universum verändert werden.

Ein superintelligentes, unfassbar mächtiges Wesen, das sich überallhin bewegen kann und für unsere Augen nicht sichtbar ist. Das klingt ganz vertraut, nicht wahr? Ist es denn das Schicksal der Menschen, sich selbst zu gottähnlichen Wesen zu erheben?

# 16  Die Weltraumforschung geht weiter

Ich war sechs Jahre alt, als ich anfing, mich für die Weltraumforschung zu interessieren. Das war Anfang der Siebzigerjahre. Die ersten Menschen waren gerade auf dem Mond gelandet und alle glaubten, die Entwicklung würde so weitergehen. Russen wie Amerikaner erklärten, sie beabsichtigten, vielleicht schon 1981 auf den Mars zu fliegen. In Planung war eine Raumfähre, die uns billige Weltraumflüge und vielleicht sogar Urlaubsreisen ins Weltall ermöglichen würde.

Aber es kam alles anders. Das Jahr 1981 verstrich, ohne dass es eine Reise zum Mars gegeben hätte. Die Raumfähre war viel teurer als ursprünglich veranschlagt und Weltraumflüge blieben der Allgemeinheit vorenthalten. Zur Zeit gibt es Pläne für einen Flug auf den Mars irgendwann einmal nach dem Jahr 2020, aber kein Mensch weiß, ob es so weit kommen wird. Viele sind überzeugt, dass

Zur Zeit werden in vielen Ländern Astronauten ausgebildet. Gute Gesundheit und eine lange wissenschaftliche Ausbildung sind dafür erforderlich. Es konkurrieren stets mehrere tausend Menschen um die wenigen Astronautenstellen, die zu vergeben sind. Die Chancen, Astronaut zu werden, sind infolgedessen verschwindend gering. Wer Astronaut werden will, sollte sich in der Schule auf Mathematik, Sport und die naturwissenschaftlichen Fächer konzentrieren.

1972, als das letzte Apollo-Raumfahrzeug den Mond verließ, zum letzten Mal ein Mensch zu einem langen Weltraumflug aufgebrochen ist.

Die Tatsache, dass es so schwierig und teuer ist, in den Weltraum zu reisen, war einer der Gründe, weshalb die meisten das Interesse verloren. Aber der Traum, ins All zu fliegen, lebt in vielen Köpfen weiter. Immer noch lockt das Weltall direkt über unserer dünnen Atmosphäre als ein großes und geheimnisvolles Abenteuer mit unendlich vielen Planeten und Sternen, die uns herausfordern, entdeckt zu werden.

Manche Wissenschaftler sind der Meinung, dass die Raumfahrt als Erfindung hundert Jahre zu früh kam und wir erst im 21. Jahrhundert den wahren Nutzen von Raumflügen erkennen werden. Weiter hinten im Buch wird noch zu lesen sein, dass es nahezu keine Grenzen geben wird, wenn wir erst einmal angefangen haben, das Weltall zu erforschen. Was wir in den nächsten hundert Jahren vorhaben, könnte sich zum größten Abenteuer aller Zeiten entwickeln.

## Städte in der Umlaufbahn der Erde

Im Anschluss an die letzte Mondreise sind noch viele Menschen im All gewesen. Sie haben längere Zeit in Raumstationen verbracht. Vor allem russische Kosmonauten haben lange im Weltall gelebt. In Raumstationen mit den Namen »Saljut« und »Mir« haben viele Kosmonauten ein Jahr oder länger in einer Umlaufbahn um die Erde zugebracht. Sie haben diese lange Zeit in der Schwerelosigkeit verbracht, Experimente mit chemischen Stoffen, Pflanzen und Tieren durchgeführt und das Universum sowie die Erdkugel mit allen möglichen Messgeräten erforscht.

Seit den Achtzigerjahren war das Weltall fast ununterbrochen von Menschen »bewohnt«. Aber ein bequemes Leben hatten die Astronauten nicht. In der russischen Raumstation »Mir« (das Wort bedeutet »Frieden«) war sehr wenig Platz und das Geräusch von Ventilatoren und Instrumenten war ständig zu hören. Es war für die Besatzung also nicht einfach, Schlaf zu finden. Die Raumfahrer mussten essen, sich waschen, sich fit halten und auf die Toilette gehen – alles in der gleichen winzigen Raumstation. Ein Kosmonaut sagte einmal, das Leben dort sei wie eine Mischung aus einer Umkleidekabine und einem lauten Kühlschrank gewesen.

Die Menschen in der »Mir« lebten stets auf extrem engem Raum zusammen. Das ist über einen längeren Zeitraum hinweg nicht einfach. Früher oder später bekommen selbst die besten Freunde in einer solchen Enge Streit, und dann ist es gut, wenn man sich eine Zeit lang aus dem Weg gehen kann, um sich wieder zu beruhigen. Das war in der »Mir« nicht möglich. Insofern mussten die Kosmonauten stets in der Lage sein, ihre Probleme ohne Hilfe von außen zu lösen, da der Rest der Menschheit ja auf der Erde weilte. Die »Mir« wurde auch »psychologisches Labor« genannt. Wir haben gelernt, dass man bei Weltraumflügen die Gefühle der Astronauten nicht außer Acht lassen darf.

Wir haben auch gelernt, was mit dem Körper eines Raumfahrers in der Schwerelosigkeit passiert. Außerhalb der Erdanziehungskraft wird der Körper weniger belastet, da man sich zur Fortbewegung irgendwo abstößt und dann einfach zu seinem Ziel schwebt. Das hat zur Folge, dass die Knochen im Körper nach einem längeren Aufenthalt in der Schwerelosigkeit brüchig werden. Die jungen Kosmonauten werden von Knochenabbau geplagt, woran sonst überwiegend ältere Menschen leiden. Auch die Muskeln bilden sich aufgrund des Bewegungs- und Belastungsmangels zurück. Um dem vorzubeugen, müssen Raumfahrer viel Sport treiben.

1998 wurde mit dem Bau der Nachfolgestation der »Mir« begonnen, der »Internationalen Raumstation«. Bei Erscheinen dieses Buches sind die ersten Teile der Raumstation schon im Weltall zusammengesetzt. Die Raumstation unterscheidet sich von allen früheren Weltraumprojekten. Sie entsteht nämlich wirklich mit internationaler Beteiligung. Vor allem die USA und Russland finanzieren

Weltraummüll ist ein großes Problem für die Raumstationen. Seit wir 1957 den ersten Satelliten ins All geschossen haben, haben sich enorme Mengen Müll und Schrott im Weltall angesammelt, von mikroskopisch kleinen Stücken abgeblätterter Farbe bis hin zu großen Satelliten. Raumfähren sind wiederholt mit kleineren Teilen zusammengestoßen, aber bislang ist zum Glück kein größerer Unfall passiert.

das Projekt und liefern einen großen Teil der Ausstattung, aber auch Kanada, Brasilien, Japan und die europäische Weltraumorganisation ESA (das ist die Abkürzung für »European Space Agency«) beteiligen sich an dem Projekt.

Die Internationale Raumstation ist ein gigantischer Bausatz. Sie wird nach ihrer Fertigstellung 450 Tonnen wiegen. Zur Zeit gibt es noch kein Raumschiff, das ein solches Gewicht auf einmal in den Weltraum bringen kann. Deshalb wird die Station aus einzelnen »Bauklötzen« Stück für Stück zusammengesetzt. Wenn der Bau abgeschlossen ist, werden regelmäßig Raumfähren mit Astronauten, Lebensmitteln und wissenschaftlichen Instrumenten an Bord zur Raumstation fliegen.

Die Raumstation ist mit einem Preis von über dreißig Milliarden Euro, ein teures Vergnügen. Auch wenn viele der Meinung sind, dass diese Art der Forschung extrem teuer ist, sprechen dennoch durchaus wirtschaftliche Gründe dafür, in die Raumstation zu investieren. An jedem Euro, der in die Weltraumforschung geht, verdient

man mehrere Euro mit den Erfindungen, die von den Forschern gemacht werden.

Wenn die Menschheit die anderen Planeten unseres Sonnensystems ernsthaft erforschen will, bedarf es einer »Zwischenstation« in der Erdumlaufbahn. Es ist ein sehr mühsames Unterfangen, auf der Erde ein großes Raumschiff zu bauen und es direkt zum Mars zu schicken. Einfacher ist es, die Einzelteile in einer Raumstation zu montieren. Während das Raumschiff gebaut wird, wohnen die Astronauten in der Raumstation und gewöhnen sich an das Leben im Weltall.

Noch vor dem Jahr 2010 wird ein unbemanntes Raumfahrzeug zum Mars geschickt, um von dort Gesteinsproben zu holen. Viele Wissenschaftler halten es aber für riskant, Proben vom Mars auf die Erde zu bringen. Es ist nämlich nicht ausgeschlossen, dass es auf dem Mars unbekannte und für uns gefährliche Organismen gibt. Deshalb ist geplant, die Proben zu den Weltraumforschern in die Raumstation zu schicken.

Wenn die erste Raumstation »steht«, kann man sie erweitern. Vielleicht werden noch weitere Raumstationen angebaut, die den Bewohnern mehr Platz bieten. Nach und nach können aus den Raumstationen kleine Städte werden, in denen die Astronauten und ihre Familien wohnen.

1997 wurde die Raumsonde »Cassini« ins All geschossen. Sie soll zum Saturn fliegen und ihn im Jahr 2004 erreichen. Dann soll die Sonde drei Jahre lang um den Planeten kreisen, ihn untersuchen und die zahlreichen Monde fotografieren. Die Minisonde »Huygens« soll auf dem Saturnmond Titan landen, der eine dichte Atmosphäre mit vielen interessanten chemischen Verbindungen hat, darunter einigen, die für die Entstehung von Leben notwendig sind.

Früher oder später wird sicher auch der erste Ferienort im Weltraum gebaut werden. Eine Raumstation ein paar hundert Kilometer über der Erde hat allerhand zu bieten: einen herrlichen Blick auf unseren Planeten, einen Sternenhimmel, der immer pechschwarz und kristallklar ist, und nicht zuletzt die Schwerelosigkeit. Alle Astronauten erzählen, dass es ein einzigartiges Erlebnis ist, frei schweben zu können. Man kann sich leicht vorstellen, wie viel Spaß man in der Schwerelosigkeit haben kann. Ballspiele verändern sich völlig, wenn nicht nur der Ball, sondern auch die Spieler fliegen können. Handball oder Fußball findet dann sozusagen in drei Dimensionen statt, wobei die Spieler durch einen kugelförmigen Raum fliegen werden, um dem Ball hinterherzujagen.

## Urlaubsreisen in den Weltraum

Im Jahre 2001 wurde der erste »Weltraumtourist« ins All geschossen. Der Amerikaner Dennis Tito hat für die Reise annähernd 30 Millionen Euro bezahlt. Doch bevor das Weltall für den Massentourismus »geöffnet« wird, muss der Transport sicherer werden. Der Flug mit einer Rakete birgt ein hohes Risiko, denn sie ist voll mit explosivem Brennstoff. Solange der Brennstoff in die Triebwerke der Rakete gelangt, ist alles in Ordnung. Aber ab und zu funktioniert etwas nicht, wodurch die Rakete vom Kurs abkommen und explodieren kann.

Zur Zeit arbeiten die Wissenschaftler an einem *Raketenflugzeug*, das eines Tages die Raumfähre ersetzen soll. Die Raumfähre ist eine Rakete mit Flügeln. In den Triebwerken der Rakete wird Wasserstoff aus riesigen Treibstofftanks verbrannt, der an der Fähre befestigt ist. Die Fähre kann nämlich den Sauerstoff in der Erdatmosphäre im Gegensatz zu einem gewöhnlichen Passagierflugzeug nicht ausnutzen.

Das Raketenflugzeug wird Raketentriebwerke haben, die auf dem Weg durch die Atmosphäre Sauerstoff »aufnehmen« können. So lässt sich der ursprüngliche Treibstofftank mit dem Sauerstoff verkleinern und der Antrieb des Raketenflugzeugs wird leichter und billiger. Das Raketenflugzeug wird außerdem ganz normal auf einem gewöhnlichen Flugplatz starten und landen können.

Das größte Problem besteht darin, Triebwerke zu bauen, die die erforderliche Geschwindigkeit erzielen können. Ein Passagierflugzeug wird von Düsentriebwerken angetrieben, die eine Geschwindigkeit von 900 km/h erreichen. Damit aber ein Raketenflugzeug in seine Erdumlaufbahn gelangen kann, braucht es eine Geschwindigkeit von 30 000 km/h. Derzeit wird viel an der Entwicklung eines »Super-Düsentriebwerks« geforscht, und wenn alles so verläuft, wie die Wissenschaftler es sich wünschen, wird das erste Raketenflugzeug vor 2030 in Betrieb genommen.

Raketenflugzeuge werden nicht nur billiger sein als Raumfähren, sie können auch die Flugzeit zwischen weit entfernten Reisezielen auf der Erde enorm verkürzen. Heute ist man zum Beispiel vierundzwanzig Stunden unterwegs, um von Europa nach Australien zu fliegen – ein Raketenflugzeug braucht nicht einmal eine Stunde. Und ein Flug von den USA nach Europa verkürzt sich auf eine halbe Stunde.

Im Jahr 2050 können es sich Menschen mit dem nötigen Kleingeld leisten, eine Spritztour ins All zu machen. Sie können dann vielleicht auch die ersten Siedlungen auf dem Mond besuchen.

## Zurück zum Mond?

Der Mond war für viele eine große Enttäuschung. Natürlich war kein Mensch davon ausgegangen, dass die ersten Astronauten, als sie den Mond am 20. Juli 1969 betraten, von Mondlebewesen erwartet würden. Auch hatte niemand erwartet, dass der Mond aus grünem Käse oder einem anderen exotischen Stoff bestehen würde. Aber *etwas* mehr als das, was die Astronauten vorfanden, hatten sich trotzdem alle gewünscht. Einer der Astronauten drückte es treffend aus: »Er sieht aus wie ein dreckiger

*Die Oberfläche des Mars, 1997 von einer Raumsonde fotografiert*

Sandstrand.« Die Mondgebirge waren niedrig und flach und die Oberfläche bestand aus einer endlosen Wüste aus grauem Staub und kleinen Steinen, und über allem lag ein rabenschwarzer Himmel.

Nachdem ihn die letzten Astronauten 1972 verlassen hatten, interessierten sich nur noch die Wissenschaftler für den Mond. Sie hatten mehr als 380 Kilogramm Mondgestein zu untersuchen und in den darauf folgenden Jahrzehnten gaben die Steine Antwort auf die wichtigsten Fragen zur Zusammensetzung und zur Herkunft des Mondes.

Nur wenige hatten gute Argumente für eine Rückkehr auf den Mond. Zwar ist es einfach, auf dem Mond Energie zu erzeugen. Mit einem »Mondtag«, der zeitlich vierzehn Tagen auf der Erde entspricht, und ohne Wolken würden Solarzellen enorme Mengen an Energie liefern. Auf dem Mond gibt es Mineralien und Metalle, die nützlich sein könnten, wenn wir einmal große Raumstationen bauen sollten. Aber dazu müssten dauerhaft Menschen auf dem Mond wohnen. Wir müssten Städte bauen, die große Mengen Wasser und Luft bräuchten.

1998 richtete die Raumsonde »Lunar Prospector« ihre Instrumente auf eine Gegend nahe am Südpol des Mondes und führte Messungen durch, die darauf hindeuten, dass es dort Eis gibt. Es handelt sich um bis zu dreihundert Millionen Tonnen. Vermutlich stammt das Eis von großen Kometen, die einst mit dem Mond zusammengestoßen sind. Die Wissenschaftler können sich vorstellen, dass das Eis bei

den Kometenkollisionen über den ganzen Mond geschleudert wurde und in den Kratern der Pole liegen geblieben ist. Einige Krater am Nord- und am Südpol des Mondes liegen immer im Schatten und deshalb kann das Eis, vor Sonnenstrahlen geschützt, seit Millionen Jahren dort liegen.

Wenn das stimmt, wird es für künftige Mondreisen von großer Bedeutung sein. Das Eis würde uns Menschen ein Leben auf dem Mond sehr viel leichter machen. Wenn wir auf dem Mond Wasser bekommen können, anstatt es von der Erde mitzuschleppen, werden Mondreisen billiger. Aus dem Wasser lässt sich auch Sauerstoff gewinnen und somit kann uns das Mondeis sowohl Wasser als auch Luft spenden.

Für die Wissenschaft ist ein Mondstützpunkt besonders interessant. Viele Astronomen träumen von dem Tag, an dem sie ihre Instrumente auf den Mond bringen können. Astronomen, die schwache Radiostrahlen aus dem Universum untersuchen, haben Schwierigkeiten, auf der Erde einen Ort zu finden, an dem ihre Arbeiten nicht von Radio- und Fernsehsendern oder anderen elektrischen Anlagen gestört werden. Für Radioastronomen ist die Erde dank der modernen Technik zu einem »geräuschvollen« Ort geworden. Der Mond wendet der Erde immer die gleiche Seite zu, was bedeutet, dass er eine Rückseite hat, die stets von der Erde abgekehrt ist. Ein Radioteleskop auf seiner Rückseite hätte den Mond als Schutzschild zwischen sich und der Erde.

Aus dem Mondeis lässt sich auch Wasserstoff gewinnen.

Gemeinsam mit Sauerstoff ist Wasserstoff ein geeigneter Raketentreibstoff. Wissenschaftler haben errechnet, dass es auf dem Mond genügend Eis gibt, um daraus Treibstoff für eine Million Starts von Raumfähren zu gewinnen. Der Mond hat eine geringe Schwerkraft, so dass ein Raumschiff für einen Start vom Mond weitaus weniger Treibstoff braucht als von der Erde. Wenn wir aus dem Mondeis billigen Raketentreibstoff herstellen können, kann der Mond zum »Flughafen« für das ganze Sonnensystem werden.

## Mars heißt das Ziel der nächsten Jahre

Für die Wissenschaft war es immer selbstverständlich, dass als nächstes vernünftiges Reiseziel nach dem Mond der Mars an die Reihe kommt. Abgesehen von der Erde ist kein Planet zum Leben so geeignet wie der Mars. Auf ihm gibt es vermutlich viel Wasser. Das Sonnenlicht ist schwächer als auf der Erde, aber immerhin so stark, dass an einem warmen Sonnentag die Temperaturen am Äquator auf zehn bis fünfzehn Grad Celsius klettern können. Die Entfernung zum Mars ist nicht so groß, dass wir nicht heute schon hinfliegen könnten.

1996 machten amerikanische Wissenschaftler einen Aufsehen erregenden Fund. In einem Stein vom Mars, der vor Millionen Jahren auf der Erde gelandet war, fanden sie Spuren von etwas, das ihrer Meinung nach Bakterien waren, die einmal auf dem Mars gelebt hatten. Auch wenn andere Wissenschaftler diese Schlussfolgerung anzweifelten, führte die Entdeckung dazu, dass das Interesse für den Mars noch größer wurde.

Ende der Neunzigerjahre begann eine regelrechte Invasion. Ein Heer von irdischen Robotern erforschte den Planeten auf unterschiedlichste Weise. 1997 landete die Raumsonde »Pathfinder« auf dem Planeten. Sie setzte ein kleines, ferngesteuertes Fahrzeug auf der Oberfläche aus. Die Bilder der Sonde wurden auf die Erde geschickt und im Internet präsentiert, wo mehrere hundert Millionen Menschen sie sehen konnten.

Die Raumsonde »Rosetta« soll 2011 zu dem Kometen »Wirtanen« geschickt werden. Die Sonde soll dem Kometen auf seiner Bahn um die Sonne mehrere Monate lang folgen, so dass wir erfahren, was passiert, wenn sich ein Komet unserem Stern nähert. Kometen sind interessant, weil sie sich wenig verändert haben, seit das Sonnensystem entstanden ist. Somit enthalten sie Stoffe, die es gab, als die Erde noch jung war und das Leben auf unserem Planeten erst entstand.

Heute umkreisen zwei Raumsonden den Mars und weitere Sonden sind in Planung. Die Astronomen rechnen damit, dass die Marsoberfläche bis zum Jahre 2010 von rollenden Robotern erforscht sein wird und dass erste Gesteinsproben die Erde erreicht haben werden. Diese Raumflüge werden von großem Nutzen sein, wenn zum ersten Mal Menschen zum Mars fliegen werden.

Mars und Erde sind Planeten, die die Sonne umkreisen. Der Mars braucht ungefähr doppelt so lange wie die Erde. Dadurch variiert der Abstand zwischen den beiden Planeten sehr stark. Wir können viel Zeit sparen, wenn die Reise zu einem Zeitpunkt stattfindet, an dem die Planeten ziemlich dicht beinander stehen. Die beste Reisezeit kehrt etwa alle 15 Jahre wieder. Eine Reise zum Mars ist zum Beispiel zwischen 2016 und 2018 besonders günstig. Aber ich bezweifle, dass wir diese Gelegenheit schon nutzen werden. Es ist wahrscheinlicher, dass eine bemannte Marsreise erst zwischen 2020 und 2040 durchgeführt wird.

Malen wir uns einmal aus, wie eine solche Reise aussehen könnte: Um das Jahr 2030 werden in einer Raumstation, die um die Erde kreist, zwei Raumschiffe gebaut. Das eine Raumschiff ist unbemannt. Es enthält einen Großteil der Dinge, die die Astronauten vor Ort benötigen werden. Das Raumschiff wird ein Jahr im Voraus auf den Mars geschickt und setzt die Ausrüstung an dem für die Astronauten vorgesehenen Landepunkt ab. Zur Ausrüstung gehören ein Kraftwerk, ein Stützpunkt, in dem die Astronauten wohnen werden, und Maschinen, um aus dem Marsboden Wasser und Sauerstoff zu gewinnen.

Die Mars-Station wird von Robotern gebaut, die von der Erde aus überwacht werden. Während sich die Astronauten in der Raumstation vorbereiten, fangen die Roboter an, die gefrorene Marserde auszuheben. In Spezialmaschinen wird das Wasser herausgefiltert und in Tanks gepumpt. Dann wird ein Teil des Wassers in Sauerstoff verwandelt. Erst wenn ganz sicher ist, dass die Station auf dem Mars perfekt funktioniert, wird das Raumschiff mit den Astronauten auf die Reise geschickt. Der Flug wird mindestens vier Monate dauern.

1989 feierten die Amerikaner das zwanzigjährige Jubiläum der Raumkapsel »Apollo 11«. Damals erklärte der Präsident, es sei das Ziel der USA, sich dem Mars im Jahre 2019 genähert zu haben. Ein konkreteres Datum liegt auch heute noch nicht vor.

231

Heute gibt es Leben auf der Erde, das vielleicht auf dem Mars überleben könnte. In einem Tal der Antarktis ist es so trocken und kalt, dass auf der Oberfläche kein Lebewesen überleben kann, aber zwischen den Felsen leben Algen. Die Algen ernähren sich von Mineralien in den Gesteinsbrocken und beziehen ihre Energie aus dem bisschen Sonnenlicht, das in die Ritzen dringt.

Das Raumschiff selbst ist genau wie eine Raumstation mit Einheiten ausgestattet, in denen die Astronauten unterwegs leben und arbeiten können. Bei ihrer Ankunft wird die Mars-Station für sie bereitstehen. Sie müssen so lange auf dem Planeten bleiben, bis Erde und Mars wieder den geeigneten Abstand zueinander haben. Deshalb ist es so wichtig, dass die Station auf dem Mars richtig funktioniert. Wenn etwas nicht klappt, gibt es keine Hoffnung auf Hilfe von der Erde.

Die Astronauten haben auf dem Planeten alle Hände voll zu tun. Sie müssen Steine und Staub untersuchen. Sie müssen wissenschaftliche Instrumente aufbauen, die auch nach ihrer Abreise noch Messungen vornehmen können. Sie werden Marsautos dabei haben, mit denen sie Entdeckungsfahrten unternehmen. Mit den Autos können sie zu den schönsten Sehenswürdigkeiten im Sonnensystem vordringen, wie beispielsweise dem Riesenvulkan Olympus Mons oder der viertausend Kilometer langen Schlucht Valles Marineris.

Wenn die Astronauten den Mars verlassen und wieder Kurs auf die Erde nehmen, werden sie alles, was sie für die Rückreise nicht benötigen, zurücklassen. Aber Roboter werden sich um die Station kümmern, so dass sie für die nächsten Astronauten wieder bereitsteht.

Nur wenige Wissenschaftler glauben, dass wir den Mars genauso verlassen werden, wie wir den Mond 1972 verlassen haben. Haben wir erst einmal so viel Zeit, Geld und Ideen darauf verwendet, zum Mars zu reisen, werden wir auch versuchen, dort zu bleiben. Deshalb ist es wichtig, für das erste Raumschiff einen geeigneten Landeplatz auszusuchen. Die Station kann zum ersten Gebäude der ersten Stadt auf dem Mars werden.

## Roboter oder Menschen im All?

Raumsonden werden stets als Vorboten ins Weltall geschickt. Sie haben den Mond erforscht, bevor Menschen auf ihm landeten, sie erforschen den Mars, bevor wir die ersten Menschen dorthin schicken, und sie sind zu weit entfernten Planeten wie Jupiter, Saturn und Uranus unterwegs gewesen, zu denen in den nächsten hundert Jahren bestimmt noch keine Menschen fliegen werden. Im Weltall haben Sonden gezeigt, dass sie vieles können, was für Menschen unmöglich ist. Drei der für die nächsten zwanzig Jahre geplanten Weltraumflüge machen das nur allzu deutlich.

Sich in die Nähe der glühend heißen Sonne zu begeben, ist für menschliche Astronauten nicht empfehlenswert. Die Sonnenoberfläche hat eine Temperatur von mehreren tausend Grad und es kommt auf ihr ständig zu gewaltigen Explosionen, die tödliche Strahlung aussenden. Doch noch vor dem Jahr 2010 wird sich eine Raumsonde der Sonne nähern, die vorläufig »Solar Probe« (Sonnensonde) heißt. Die Sonde wird in einigen Millionen Kilometern Abstand die Oberfläche der Sonne überfliegen und Messungen durchführen. Dazu braucht sie ein Hitzeschild, das Temperaturen von über 2000 Grad Celsius standhält.

Der »Pluto Express« wird in die entgegengesetzte Richtung zum eiskalten Ende unseres Sonnensystems fliegen, an dem die Sonne nur mehr ein kleiner heller Lichtfleck am Himmel ist. Der Pluto ist der einzige Planet, der noch nicht mit Raumsonden erforscht wurde. Das ist nicht weiter erstaunlich, wenn wir bedenken, dass eine Reise zum Pluto zwischen neun und fünfzehn Jahren dauert. Die Pläne für den »Pluto Express« sind noch nicht endgültig beschlossen, aber wenn alles so verläuft, wie es sich die Wissenschaftler heute vorstellen, wird die Sonde den Pluto noch vor dem Jahr 2020 erreichen. Ihr Name ist treffend, denn der »Pluto Express« wird den Planeten mit einer Geschwindigkeit von achtzehn Kilometern pro Sekunde passieren. Nachdem sie so viele Jahre unterwegs war, muss die

Die Raumfahrt kann von Mikrorobotern enorm profitieren. Da jedes Kilogramm einer Raumsonde hunderttausende Dollar kostet, um ins Weltall zu kommen, werden sich Minisonden mit ein paar Gramm Gewicht lohnen. Wir können mit ihnen die Planeten auf neue Weise erforschen. Anstatt eine teure Raumsonde auf den Jupiter zu schießen, können wir einen ganzen Schwarm von Minisonden losschicken. Vielleicht brauchen wir Minisonden, um die Planetensysteme anderer Sterne zu erforschen.

*Eine technisch fort-schrittlichere Raum-sonde auf dem Mars, irgendwann vor dem Jahr 2010*

Sonde beim Vorbeiflug in nur wenigen Stunden die ersten Nahaufnahmen machen und Messungen in der Atmosphäre und auf der Oberfläche des Pluto bzw. seines Mondes Charon durchführen.

Hat der »Pluto Express« den Pluto passiert, verschwindet er in der endlosen Dunkelheit zwischen den Sternen und macht sich auf den Weg zum »Kuipergürtel«, wo vermutlich Milliarden Kometen kreisen. Die Kometen sind weit voneinander entfernt, aber mit einer gehörigen Portion Glück kann es der Sonde gelingen, in die Nähe eines Kometen zu gelangen und Aufnahmen von ihm zu machen.

Für die Sonde »Europa Orbiter« ist geplant, dass sie noch vor dem Jahr 2010 die Umlaufbahn des Jupitermonds

Europa erreichen soll. Sie soll untersuchen, was sich unter der Mondoberfläche befindet. Aufnahmen von früheren Sonden zeigen, dass der Jupitermond von Eisflächen bedeckt ist, die Risse aufweisen, was auf darunter liegendes, flüssiges Wasser schließen lässt. Möglicherweise ist der Mond Europa der einzige Ort im Sonnensystem – von der Erde mal abgesehen –, auf dem es große Mengen flüssigen Wassers gibt. Die Sonde soll herausfinden, ob das stimmt und wie tief und warm ein solches Meer ist.

Die Theorien über die Entstehung des Lebens auf der Erde besagen, dass dafür flüssiges Wasser notwendig ist. Deshalb spekulieren die Wissenschaftler darüber, ob es unter dem Eis des Jupitermondes Europa Leben gibt. Es bestehen Pläne für eine Raumsonde, die auf ihm landen und ein Loch durch das Eis bohren soll.

# 17   Menschliche Siedlungen im Weltall

*Der Asteroid Gaspra,*
*von der Raumsonde*
*Galileo aus fotografiert*

## Ressourcen im Weltall

Energie und Rohstoffe gibt es im Weltall mehr als genug. Neben kohlenstofffreien Asteroiden gibt es auch metallreiche Asteroide und Millionen Kometen. Letztere bestehen weitestgehend aus Eis, wodurch Wasser, Sauerstoff und Wasserstoff im Weltall nahezu unbegrenzt vorhanden sind. Die meisten Kometen im Sonnensystem befinden sich weit außerhalb der Umlaufbahn des Pluto, doch zum Glück gibt es auch Kometen, deren Bahn näher zur Sonne verläuft. Wollen wir im Weltall Waren erzeugen, ist es billiger und umweltfreundlicher, einen Astero-

iden oder einen Kometen an den Herstellungsort zu holen, als die Mineralien von der Erde anzuliefern.

Das hört sich jetzt so an, als wäre es ganz einfach, Asteroiden und Kometen aus ihrer Bahn zu bringen, aber das stimmt natürlich nicht. Ein Asteroid mit einem Durchmesser von einem Kilometer (eine für einen Asteroiden ganz übliche Größe) wiegt eine Milliarde Tonnen. Ein Komet von zehn Kilometer Durchmesser ist fünfzigmal schwerer. Die heutigen Raketen, die mit teurem Raketentreibstoff angetrieben werden, kann man nicht verwenden. Aber es gibt einen Motor, der die Arbeit übernehmen könnte.

Eine Rakete funktioniert folgendermaßen: Wenn Gas in eine Richtung ausströmt (das, was als brennendes Gas zu sehen ist), bewegt sich die Rakete in die entgegengesetzte Richtung. Die Tatsache, dass es gleichgültig ist, welcher Stoff aus der Rakete austritt, hat den Ausschlag für die Entwicklung von Feststofftriebwerken gegeben. Ein Feststofftriebwerk ist eine Art Kanone. Die Kanone lässt sich mit unterschiedlichen Treibstoffarten laden, die dann mit

*So wird der Planet Saturn für Entdeckungsreisende irgendwann nach 2050 einmal aussehen.*

großer Geschwindigkeit aus der Kanone ausgestoßen werden. Die beschleunigten Feststoffklumpen sorgen für den Rückstoßeffekt. Wenn die Klumpen in die eine Richtung fliegen, fliegt die Kanone in die entgegengesetzte.

Zuerst werden die Feststofftriebwerke auf einen Asteroiden gebracht, dann beginnen Roboter damit, passende Stücke von dem Asteroiden abzutrennen, um die Kanone damit zu laden. Anschließend schießt die Kanone die Stücke in eine Richtung, die vorher von einem Computer berechnet wurde. Der Asteroid wird in die entgegengesetzte Richtung fliegen. Das geht zwar langsam, aber das Feststofftriebwerk hat Zeit. Es lässt sich mit Solarzellen oder Kernkraft betreiben, die es jahrelang mit ausreichend Energie versorgen. Wenn der Asteroid schließlich seine vorgesehene Bahn erreicht, werden große Teile von ihm als Treibstoff aufgebraucht worden sein. Aber das Ganze ist die Mühe wert, denn wir werden dadurch im Weltall große Mengen an Rohstoff zur Verfügung haben, ohne dass ein Mensch dafür schwer arbeiten muss.

## Menschliche Siedlungen auf anderen Planeten

Wer die Zukunft auf der Erde nicht allzu positiv sieht, kann sich vielleicht irgendwann eine andere Heimat im Weltall suchen, so wie Menschen aus Europa in den letzten Jahrhunderten nach Amerika und Australien ausgewandert sind. Abenteuerlustige und rastlose Jugendliche können auf einem Raumschiff anheuern, wie Jugendliche früher Seefahrer wurden und in ferne Länder reisten.

In den Siedlungen werden verschiedenste Techniken zur Erzeugung von Nahrungsmitteln, Wasser, Luft und anderen lebensnotwendigen Dingen benötigt. Es ist wichtig, dass die Siedlungen so schnell wie möglich zu *Selbstversorgern* werden. Anfangs werden die Niederlassungen aus Kugeln und Röhren bestehen, die mit Luft gefüllt sind. Kein anderer Ort im Sonnensystem ist so gastlich wie die Erde und deshalb wird es in den Siedlungen anfangs gedrängt zugehen. Die Weltraumsiedlungen werden aber auch spannende und wundersame Orte sein. Die ersten Siedler brauchen eine entsprechende Begabung und Ausbildung, um unter den schwierigen Bedingungen überleben zu können. Sie werden von überall auf der Erde kommen und eine völlig unterschiedliche Vorgeschichte haben. Viele ziehen vielleicht in die neuen Siedlungen, weil sie mit der Politik auf der Erde unzufrieden sind und eine andere Gesellschaftsform wollen. Das war einer der Hauptgründe, weshalb Menschen in früheren Jahrhunderten in die USA oder nach Australien ausgewandert sind.

Damit wir auf einem Planeten oder einem Mond leben können, muss er bestimmte Anforderungen erfüllen. Er muss eine feste Oberfläche haben. Die Planeten Jupiter, Saturn, Uranus und Neptun kommen daher nicht in Frage, weil es sich um Gasplaneten ohne feste Oberfläche handelt. Auf dem Planeten darf es auch nicht allzu heiß sein. Auf dem Merkur werden immer Temperaturen von mehr als vierhundert Grad Celsius herrschen, weshalb er wohl kaum zu besiedeln sein wird.

Die Schwerkraft sollte nicht zu schwach sein, sonst könnten wir Probleme haben, mit den Beinen auf dem Boden zu bleiben. Die Schwerkraft auf unserem Mond entspricht einem Sechstel der Schwerkraft auf der Erde und viel geringer sollte sie nicht sein. Das bedeutet, dass sich auch viele kleinere Monde nicht zur Besiedlung eignen, genauso wenig wie Asteroide oder Kometen.

Von 1991 bis 1993 lebte eine Gruppe Wissenschaftler in den USA in einer »verschlossenen Welt« irgendwo in der Wüste. »Biosphere 2« war ein Miniökosystem in einem riesigen gläsernen Gebäude. Es sollte unabhängig sein, das heißt, die Wissenschaftler sollten sich selbst versorgen können. Sauerstoff wurde von Pflanzen produziert und Wasser recycelt. Alle Lebensmittel wurden in dem Gebäude angepflanzt. Das Projekt gilt nicht als sonderlich geglückt. Die Wissenschaftler erhielten nicht genug Nahrung und brauchten Hilfe von außen. Das größte Problem war, dass sie sich ziemlich heftig stritten. Das passiert, wenn eine kleine Gruppe von Menschen jahrelang auf engem Raum zusammenlebt.

## Wir können uns eigene Welten schaffen

An einem Tag im Jahr 1969 stellte der amerikanische Physiker Gerard O'Neill (1927–1992) seinen Studenten folgende Frage: »Ist ein Planet der geeignetste Ort für eine technische Zivilisation, die immer größer wird?« Nach einer langen Diskussion kamen die Studenten zu einer überraschenden Antwort: nein! Die meisten Orte im Sonnensystem sind so ungastlich, dass es sich eigentlich nicht lohnt, sie zu besiedeln.

Wenn ein Radiosignal von der Erde zum Mars zwanzig Minuten braucht, ist ein Telefongespräch unmöglich. Deshalb wird die Kommunikation wahrscheinlich über E-Mail laufen. Das Internet lässt sich so ausbauen, dass es das restliche Sonnensystem einbezieht. Computer auf dem Mars und anderen Himmelskörpern können jederzeit Informationen austauschen, so dass die Anwender auf den verschiedenen Planeten kaum die riesigen Entfernungen spüren.

Diese Diskussion mündete in ein Forschungsprojekt, das sich über mehrere Jahre erstreckte und zu einer neuen Auffassung führte. Anstatt uns auf lebensfeindlichen Planeten und Monden anzusiedeln, könnten wir gigantische Raumstationen bauen, die menschlichen Bedürfnissen angepasst werden können.

Selbst die kleinsten Raumstationen wären mehrere Kilometer lang. Sie könnten die Form von Kugeln, Ringen oder langen Röhren haben. Eine zwanzig Kilometer lange und vier Kilometer breite Raumstation könnte sämtliche Einwohner einer Großstadt unserer Erde aufnehmen.

Die Röhre ist mit Luft gefüllt und an ihrer Außenwand entlang ziehen sich Fenster, die das Sonnenlicht hereinlassen. In ihr gibt es Häuser, Erde, kleine Seen, Wälder und Dörfer. Die Schwerkraft wird erzeugt, indem man die Röhre rotieren lässt. Die Fliehkraft, die Kraft also, die uns beim Karussellfahren nach außen drückt, wird als Schwerkraft wirken und alles gegen die Innenseite der Röhre drücken. Die Energie kann komplett über Sonnenkollektoren erzeugt werden, die außen an der Röhre angebracht sind.

Aus ein paar Kilometer Abstand werden diese Röhren einen hübschen Anblick bieten, weiß glänzend, langsam rotierend in einem schwarzen Weltall, das mit Sternen gesprenkelt ist. Die Röhren lassen sich überall im Sonnensystem installieren, aber es wird vermutlich am begehrtesten sein, sie in der gleichen Entfernung von der Sonne anzusiedeln, in der sich die Erde befindet. Es besteht auch die Möglichkeit, die Röhren im gleichen Abstand wie der Mond in eine Umlaufbahn um die Erde zu bringen. Damit würde die Erde viele kleine Monde bekommen, die wie Sterne am Nachthimmel funkeln.

Es ist natürlich keine Frage, dass wir die Rohstoffe für unsere O'Neill-Stationen aus dem Sonnensystem holen können. Mithilfe des Feststofftriebwerks werden wir Asteroide und Kometen an die gewünschte Stelle in die Nähe der Raumstation holen und den Robotern die meiste Arbeit überlassen.

# Terraforming

Alles in allem bieten die O'Neill-Stationen jedoch nicht allzu viel Platz. Wir bräuchten eine Million Stationen dieser Art, um den gleichen Platz zur Verfügung zu haben, den uns beispielsweise die Kontinente auf der Erde zusammen bieten. Zufällig entspricht das in etwa der Größe der Marsoberfläche. Der Mars hat keine Meere, so dass die Menschen über den ganzen Planeten gleichmäßig verteilt leben könnten. Deshalb ist es sehr bedauerlich, dass wir auf dem Mars nicht unter freiem Himmel leben können.

Aber müssen wir hinnehmen, dass der Mars deswegen für alle Zukunft zum größten Teil unbewohnt bleiben muss? Wissenschaftler, die sich mit der Möglichkeit des Terraforming beschäftigt haben, sind anderer Meinung. Das Wort bedeutet »einen Planeten so formen, dass er der Erde gleicht«, und genau das ist das ehrgeizige Ziel, das sich die Wissenschaftler gesetzt haben. Wer glaubt, es sei aussichtslos, das Klima und die Atmosphäre auf dem Mars zu verändern, braucht bloß an den von Menschen geschaffenen Treibhauseffekt auf der Erde zu denken. Der zeigt, dass wir das Klima eines Planeten sogar mit einfachen Maschinen, etwa Autos und Kohlekraftwerken, sehr wohl verändern können.

Wollen wir auf dem Mars unter freiem Himmel leben, brauchen wir eine Atmosphäre mit Sauerstoff, fließendes Wasser und angenehme Temperaturen. Heute ist die Atmosphäre des Mars hundertmal dünner als die der Erde und enthält fast ausschließlich Kohlendioxid. Die Oberfläche kühlt nachts auf eisige Temperaturen ab und das, was es auf dem Planeten an Wasser gibt, liegt gefroren an den Polen oder als Dauerfrostschicht unter der Oberfläche.

Das Terraforming des Mars wird damit beginnen, dass wir die Temperatur auf dem Planeten erhöhen. Das lässt sich bewerkstelligen, indem man große Spiegel in der Umlaufbahn des Mars platziert und den Planeten Tag und Nacht durch sie beleuchten lässt. Die Spiegel lassen sich aus dünnem Plastik herstellen, das mit einer Aluminiumschicht überzogen ist, und müssen kein besonders großes

Wenn wir in Zukunft auf anderen Planeten Terraforming betreiben wollen, können wir sehr von den Erfahrungen der Erde im 20. und 21. Jahrhundert profitieren. Um die Umweltschäden unserer Zeit zu beheben, müssen wir vermutlich viele Techniken anwenden, die man für das Terraforming braucht.

241

Gewicht haben. Nach ein paar Jahren wird die Temperatur leicht angestiegen sein und ein Teil des Wassers an den Polen wird sich in Wasserdampf verwandelt haben. Wasserdampf hält die Wärme genauso wie Kohlendioxid. Mit den Spiegeln bezwecken wir einen Treibhauseffekt auf dem Mars, der auf seiner Oberfläche für eine Erwärmung sorgen soll. Das wiederum wird zur Folge haben, dass noch mehr Wasser zu Wasserdampf wird. Hält dieser Prozess lange genug an, kann der Wasserdampf in Wasserstoff und Sauerstoff aufgespalten werden und wir erhalten eine dünne Atmosphäre mit Sauerstoff.

Reicht der Sauerstoff nicht aus, den wir durch das Schmelzen der Eismassen auf dem Mars erzeugen, können wir noch Kometen zu Hilfe nehmen. Sie lassen sich mithilfe der Feststofftriebwerke in Richtung Mars lenken. Sobald die Kometen auf die Oberfläche treffen, explodieren sie und werden zu Wasserdampf und flüssigem Wasser.

Der Planet Venus liegt dichter an der Sonne als die Erde und ist unerträglich heiß. Die Venus ist von einer Atmosphäre aus Kohlendioxid umgeben, die nahezu hundertmal dichter ist als die der Erde. Auf der Oberfläche herrschen Temperaturen von vierhundert Grad Celsius und es regnet Schwefelsäure. Der Mars lässt sich schon heute besiedeln, aber auf der Venus können, so wie sie jetzt ist, Menschen nicht überleben. Vorheriges Terraforming ist absolut notwendig, wenn Menschen irgendwann einmal auf der Venus leben wollen.

Der größte Vorteil der Venus ist, dass sie fast die gleiche Größe hat wie die Erde. Auch die Schwerkraft entspricht der der Erde. Und wir brauchen keine neue Atmosphäre zu erzeugen wie auf dem Mars. Aber wir müssen die Atmosphäre erheblich verändern, um den Planeten bewohnbar zu machen. Die Venus ist heiß, weil der Planet in Kohlendioxid gehüllt ist. Auf der Venus ist der Treibhauseffekt schon vor Milliarden Jahren aus den Fugen geraten. Deshalb führen Klimaforscher die Venus häufig als abschreckendes Beispiel an.

Zu lösen wäre das Problem, weil Kohlendioxid für viele Organismen »Nahrung« ist. Es ist möglich, die Gene irdi-

scher Mikroorganismen so zu verändern, dass sie in der Atmosphäre der Venus überleben können. Wir setzen diese Organismen in der ganzen Atmosphäre aus. Sie vermehren sich und fangen an, $CO_2$ zu »fressen«, so dass der Treibhauseffekt auf der Venus schwächer wird. Dadurch kühlt auch die Oberfläche ab. Das kann Jahrtausende dauern, aber solange die Mikroorganismen am Leben bleiben, kühlt sich die Venus immer weiter ab. Eines Tages werden sich die Wolken lichten und wir werden einen direkten Blick auf die Oberfläche der Venus werfen können.

Bevor wir wussten, wie unwirtlich die Venus ist, stellten Wissenschaftler und Schriftsteller Spekulationen darüber an, was für ein warmer, feuchter Tropenplanet die Venus wohl sei. Irgendwann wird die veränderte Venus vielleicht so werden. Sie wird jedenfalls immer wärmer bleiben als die Erde, aber wir können sie ausreichend mit Wasser versorgen, indem wir Kometen auf die Oberfläche lenken.

Venus und Mars sind die einzigen Planeten im Sonnensystem, die sich erdähnlichen Bedingungen anpassen lassen. Zusammen würden sie die Landflächen, die von Menschen bewohnt werden können, um ein Dreifaches vergrößern. Aber dann ist auch Schluss. Sollten wir noch auf weiteren Planeten Terraforming betreiben wollen, müssen wir alle Brücken zur Erde abbrechen und uns auf die weite Reise zu den Sternen machen.

# 18   Homo interstellar

*Die Raumsonde*
*»Voyager 2«*

Die ersten Raumsonden sind bereits zu den Sternen unterwegs. Vier Raumsonden haben die äußerste Grenze des Sonnensystems passiert und befinden sich auf dem Weg in die Galaxie. Es handelt sich um die Sonden »Voyager« 1 und 2 sowie »Pioneer« 11 und 12. Bevor sie in den galaktischen Raum vordrangen (der Raum außerhalb unseres Sonnensystems), hatten sie viele Planeten passiert und uns neues Wissen über unser Sonnensystem beschert. Die Reisen der Sonden zeigen, dass Flüge zwischen den Sternen unglaublich viel länger dauern als Flüge innerhalb unseres Sonnensystems. Es werden zigtausend Jahre vergehen, bevor die Sonden überhaupt in die Nähe irgendwelcher Sterne gelangen!

Licht bewegt sich im Universum am schnellsten, nämlich, wie schon gesagt, mit einer Geschwindigkeit von fast 300 000 Kilometern pro Sekunde. Das Licht der Erde braucht etwas mehr als eine Sekunde bis zum Mond und vierzig Minuten bis zum Jupiter. Den äußersten Planeten Pluto erreicht es nach fünf Stunden. Aber um den nächsten Stern zu erreichen, den Alpha Centauri, braucht das Licht vier Jahre.

Die Entfernung ist so groß, dass es völlig aussichtslos wäre, sich mit den heutigen Raketen auf eine Reise zu diesen Sternen zu begeben. Die Astronauten würden schon an Altersschwäche sterben, bevor die Reise richtig losginge. Es ist zwar möglich, eine Raumkapsel zu bauen, die eine Reise über mehrere tausend Jahre überstehen würde, aber die Frage ist, ob sich überhaupt jemand auf der Erde noch an sie erinnern würde, wenn sie endlich ankäme.

Wie auf S. 237f. beschrieben, funktioniert eine Rakete, indem heißes Gas aus ihren Triebwerken in eine bestimmte Richtung ausgestoßen wird, so dass die Rakete in die entgegengesetzte Richtung davonfliegt. Mit den heutigen Raketentriebwerken kann man nicht schneller als 100 000 km/h fliegen. Das hört sich schnell an, aber angesichts der Strecke von 1 080 000 000 Kilometern, die ein Lichtstrahl in der gleichen Zeit zurücklegt, ist es verschwindend wenig. Raketenforscher haben schnellere Raketen entwickelt, darunter einen Typ, der einen Strom geladener Teilchen ausstößt. Derartige *Ionenraketen* können zehnmal schneller fliegen als die schnellsten heutigen Raketen. Das nützt trotzdem nicht viel. Mit einer Geschwindigkeit von einer Million km/h können wir zwar in nur wenigen Tagen zum Mars fliegen, aber die Sterne liegen immer noch tausende von Jahren von uns entfernt.

Wenn es uns gelingen soll, den interstellaren Raum zu bereisen, brauchen wir Raketen, die viel schneller sind als alles, was es heute gibt.

Es ist unpraktisch, die Entfernungen zwischen den Sternen in Kilometern anzugeben. Deshalb verwendet man die Entfernungsangabe Lichtjahr, das heißt die Strecke, die ein Lichtstrahl im Lauf eines Jahres zurücklegt. Da sich das Licht mit einer Geschwindigkeit von fast 300 000 Kilometern pro Sekunde fortbewegt und ein Jahr 31 Millionen Sekunden hat, entspricht ein Lichtjahr ungefähr 10 000 Milliarden Kilometern.

# Dädalus

Die Griechen der Antike erzählten sich die Geschichte von Dädalus und Ikarus, Vater und Sohn, die auf der Insel Kreta gefangen saßen. Sie hatten die Idee, Federn mit Wachs zu verbinden und an ihrem Körper zu befestigen. Damit wollten sie über das Meer in die Freiheit fliegen. Für Ikarus endete die Reise verhängnisvoll. Er kam der Sonne zu nah, das Wachs schmolz, die Federn fielen herab und er stürzte ins Meer und ertrank. Dädalus überlebte den Flug und landete wohlbehalten auf der Insel Sizilien.

Dädalus gab einem Forschungsprojekt der Britischen Interplanetarischen Gesellschaft in den Siebzigerjahren seinen Namen. Diese Gesellschaft hat eine lange Tradition darin, kühne Reisen ins Weltall zu planen. Vor dem Zweiten Weltkrieg hatte sie einen ausgefeilten Plan für eine Reise zum Mond aufgestellt. Als der Plan 1939 öffentlich wurde, nahmen ihn die wenigsten ernst. Doch gut dreißig Jahre später waren Mondlandungen längst Routine geworden.

Dieses Mal müssen wir uns jedoch länger gedulden. Ziel der Dädalus-Raumsonde sind die Sterne. Die Wissenschaftler hatten überlegt, wie wir in weniger als fünfzig Jahren eine Raumsonde zu einem der nächsten Sterne senden könnten. Diese Reisezeit wurde festgelegt, damit die Wissenschaftler, die die Sonde losschicken sollten, eine Chance hatten, ihre Ankunft zu erleben. Das Ziel für die geplante Reise ist der »Barnards Stern« (benannt nach dem amerikanischen Astronomen Barnard, der von 1857 bis 1923 lebte), ein Stern, der knapp sechs Lichtjahre von der Sonne entfernt ist. Ein Lichtjahr ist die Entfernung, die ein Lichtstrahl in einem Jahr zurücklegt, das heißt 10 000 Milliarden Kilometer.

Um im Zeitraum von fünfzig Jahren sechs Lichtjahre zurückzulegen, muss sich die Dädalus-Sonde mit einer Geschwindigkeit von 40 000 km/h bewegen. Der Treibstoff im ihrem Motor besteht aus kleinen Wasserstoffklümpchen. Für gewöhnlich ist Wasserstoff ein Gas, aber wenn er auf minus 250 Grad Celsius abgekühlt wird, wird er zu festem Wasserstoffeis.

Die Dädalus-Sonde enthält 50 000 Tonnen Wasserstoffklümpchen, jedes von der Größe einer Erbse. Die Wasserstofferbsen werden in den Raketenantrieb gesteuert und dort von Laserstrahlen beschossen. Die Erbsen erhitzen sich stark, die Kerne der Wasserstoffatome verschmelzen wie in einem Fusionsreaktor (vgl. S. 63f.) und es entsteht Energie. Die Energie der Fusion treibt das Raumschiff an.

Vier Jahre lang müssen die Triebwerke durchhalten,

dann hat die Dädalus-Sonde ein Tempo erreicht, das einem Achtel der Lichtgeschwindigkeit entspricht. Während der langen Reise muss die Sonde von Robotern gewartet werden. Sie ist so konstruiert, dass sie bei ihrer Ankunft nicht abbremst. Sie wird den »Barnards Stern« mit hoher Geschwindigkeit passieren und ihn sowie seine Planeten innerhalb von wenigen Tagen fotografieren.

Ein bemanntes Raumschiff mit dem gleichen Antriebstyp zu bauen, wäre sehr viel schwieriger. Das Raumschiff bräuchte Platz für Astronauten, die mindestens fünfzig Jahre an Bord leben müssten. Zusätzlich bräuchte es ausreichend Treibstoff, um abbremsen zu können, wenn es sein Ziel erreicht hat. Das würde seinen Bau sehr viel aufwändiger und das Raumschiff selbst schwerer machen.

Das Faszinierende am Dädalus-Projekt aber ist, dass es tatsächlich realisierbar ist. Es *besteht* die Möglichkeit, ein Raumschiff dieses Typs zu bauen. Das Raumschiff braucht sehr viel weniger Treibstoff, wenn es langsamer fliegt. Wenn wir also dazu bereit sind, weit mehr als fünfzig Jahre für die Reise zu veranschlagen, ist es nicht undenkbar, dass auch Menschen zu den Sternen fliegen können.

Antimaterie ist das »Gegenteil« von Materie, aus der wir bestehen. Zu allen bekannten Teilchen im Universum gibt es Antiteilchen. Wenn ein Teilchen auf sein Antiteilchen trifft, wird der Stoff in hundert Prozent reine Energie umgewandelt. Das macht die Antimaterie zum besten Brennstoff von allen. Leider ist es unglaublich teuer, Antimaterie herzustellen, weshalb wir sie wohl nicht so bald verwenden werden.

## Die Weltraum-Arche

Im Grunde existiert ein solches Raumschiff womöglich bereits. Wenn Menschen künftig große Raumstationen bauen, können diese zu Sternenraumschiffen verwandelt werden. Stellen wir uns vor, die Bewohner einer Raumstation beschließen, unser Sonnensystem zu verlassen. Vielleicht haben sie sich mit den restlichen Bewohnern des Sonnensystems zerstritten. Vielleicht wollen sie auch einfach nur woanders ein neues Leben beginnen. Die Bewohner entfernen die Sonnenkollektoren und ersetzen sie durch Fusionskraftwerke, weil es auf der Reise meist nur ganz schwaches Sternenlicht gibt. Sie befestigen eine Fusionsrakete und große Treibstofftanks an einem Ende der Raumstation.

Dann zünden sie die Rakete. Zu Beginn bewegt sich

die Station nur sehr langsam vorwärts. Es dauert mehrere Jahre, bis das Raumschiff die Umlaufbahn des Pluto erreicht hat. Doch das Raumschiff wird nach und nach schneller, bis es eine Geschwindigkeit von 3000 km/h erreicht hat. Dann werden die Motoren abgestellt.

Ist das Ziel ein Stern in einer Entfernung von elf Lichtjahren, hat die Raumstation eine Reise von elfhundert Jahren vor sich. Darauf haben sich die Bewohner der Raumstation vorbereitet. Jahrhundertelang wird die Station durch das eiskalte, dunkle Weltall fliegen. Doch von der Dunkelheit um sie herum werden die Menschen während der ganzen Reise nichts merken. Im Licht gigantischer Lampen, die von Fusionsenergie gespeist werden, gehen sie zur Schule, arbeiten, heiraten, bekommen Kinder und sterben.

Solche Raumschiffe hat man »Generationenraumschiffe« genannt, weil sie mehrere Generationen lang unterwegs sind, bis sie ihr Ziel erreichen. Aber vielleicht wäre ein anderer Name passender, beispielsweise die Bezeichnung »Weltraum-Arche«. Der Name ist der biblischen Geschichte über Noah entlehnt, der den Auftrag erhalten hatte, eine Arche – ein großes Holzschiff – zu bauen und sie mit jeweils einem Paar von allen Tieren der Erde zu füllen.

Wie Noah in der Bibel werden auch die Menschen in der Weltraum-Arche an einem unbekannten Ort einen Neuanfang machen. Sie werden zu einem leeren Planeten gelangen, der nicht nur mit Menschen beheimatet werden soll, sondern auch mit unzähligen anderen Lebewesen unseres Planeten. Die Bewohner der Weltraum-Arche werden während der Fahrt wohl kaum Löwen und Elefanten frei herumlaufen lassen. Viele Arten werden als tiefgefrorene, befruchtete Eizellen mitgenommen, die nach der Ankunft des Raumschiffs aufgetaut werden und zu ihrer vollen Größe heranwachsen sollen.

Die Weltraum-Arche ist zwar teuer in der Herstellung, aber technisch durchaus möglich. Das größte Problem ist nicht die Technik, es sind die Menschen an Bord. Stellen wir uns vor, wie es sein wird, während der Reise auf die

Welt zu kommen. Die erste Generation auf dem Raumschiff kann sich noch an unser Sonnensystem erinnern und ist natürlich von großer Abenteuerlust getrieben. Ansonsten hätte sie eine solche Reise nie unternommen.

Die letzte Generation der Arche wird das Vergnügen haben, die Ankunft zu erleben. Aber was ist mit den Generationen dazwischen? Werden sie nicht daran verzweifeln, ihr ganzes Leben in einer Raumstation verbringen zu müssen, ohne die Aussicht zu haben, unter freiem Himmel über die Oberfläche eines Planeten spazieren zu können? Solange Menschen Menschen sind, kann ich mir nur schwer vorstellen, dass sie eine derart lange Reise unternehmen.

## Düsentriebwerke im All

Ein Raumschiff von der Art der Dädalus-Sonde muss seinen gesamten Treibstoff zu den Sternen mitnehmen. Das macht das Raumschiff unnötig groß und schwer. Nun ist aber das Weltall, durch das sich das Raumschiff bewegt, nicht gänzlich leer. Im Raum zwischen den Sternen gibt es Atome, meist Wasserstoffatome, die drei Viertel aller Materie im Universum ausmachen.

Allerdings gibt es zwischen den Sternen nicht sehr viel Wasserstoff. In einem Volumen von der Größe einer Milchtüte werden wir im intergalaktischen Raum vielleicht ein Wasserstoffatom finden. Das ist unglaublich wenig, verglichen mit der Erdatmosphäre. Aber trotzdem könnte es im Weltall genügend Wasserstoffatome geben, die sich als Treibstoff nutzen ließen. Was man dafür braucht, ist ein Raketenantrieb, der Wasserstoffatome einfängt und in einem Fusionskraftwerk aus ihnen Energie gewinnt. Da es so wenige Atome im Raum gibt, muss die Ansaugvorrichtung des Motors, durch den sie einströmen, einen Durchmesser von mehreren tausend Kilometern haben.

Wenn es uns gelingt, einen solchen Motor zu bauen (und viele Wissenschaftler halten das für möglich), werden

Sternenreisen sehr viel kürzer. Je schneller ein solches Raumschiff fliegt, umso mehr Wasserstoff kann es einfangen. Dadurch kann es noch schneller fliegen und noch mehr Wasserstoff einfangen. Auf diese Weise kann das Raumschiff seine Geschwindigkeit stetig steigern, bis es sich der Lichtgeschwindigkeit nähert.

Dann geschieht etwas, was für die Astronauten von Vorteil sein wird. Gemäß der »speziellen Relativitätstheorie«, die Albert Einstein 1905 veröffentlichte, vergeht die Zeit für Dinge, die sich bewegen, langsamer als für Dinge, die ruhen. Wir wissen, dass das stimmt, unter anderem deshalb, weil wir messen konnten, dass Uhren in einem Düsenflugzeug langsamer gehen als unten auf der Erde. Ein Düsenflugzeug fliegt so langsam, dass man sehr genaue Uhren braucht, um das festzustellen. Aber wenn sich ein Raumschiff der Lichtgeschwindigkeit nähert, wird die zeitliche Verzögerung spürbar.

Die Wissenschaftler kürzen die Lichtgeschwindigkeit mit dem Buchstaben $c$ ab. Ein Lichtstrahl im Raum bewegt sich mit der Geschwindigkeit 1 $c$. Unsere besten Raumschiffe erreichen heute eine Geschwindigkeit von einem Zehntausendstel $c$ oder 0,0001 $c$. Die Dädalus-Raumsonde erreicht vielleicht 0,15 $c$. Bei dieser Geschwindigkeit merkt man kaum, dass die Zeit an Bord langsamer vergeht. Wenn auf der Erde eine Stunde vergangen ist (also 3600 Sekunden), sind im Raumschiff 3582 Sekunden vergangen.

Fliegt ein Sternenraumschiff mit einer Geschwindigkeit von 0,5 $c$, wird der Unterschied deutlicher. Wenn auf der Erde eine Stunde vergangen ist, sind im Raumschiff zweiundfünfzig Minuten vergangen. Je mehr man sich der Lichtgeschwindigkeit nähert, umso langsamer läuft die Zeit. Wenn sich ein Raumschiff mit 0,99 $c$ vorwärts bewegt (also neunundneunzig Prozent Lichtgeschwindigkeit), sind im Raumschiff nur acht Minuten vergangen, während auf der Erde eine Stunde um ist! Bei 0,999 $c$ sind knappe zwei Minuten im Raumschiff vergangen, während auf der Erde eine Stunde verstrichen ist. Die Zeit vergeht also im Raumschiff dreißigmal langsamer.

Und das Seltsame ist, dass die Astronauten es nicht merken. Für sie vergeht die Zeit wie gewohnt. Es ist klar, welchen Vorteil die Astronauten dadurch haben. Wenn es ihnen gelingt, sich mit Lichtgeschwindigkeit vorwärts zu bewegen, wird sich die Flugzeit zu fernen Planeten für sie stark verkürzen. Eine Reise zu einem Stern, der dreißig Lichtjahre entfernt ist, wird für die Astronauten nicht viel länger als ein Jahr dauern, wenn das Raumschiff mit 0,999 *c* fliegt. Auf der Erde sind in der Zwischenzeit aber dreißig Jahre vergangen!

Der Nachteil ist, dass die Reise gleichzeitig eine Reise in die Zeit wird. Wenn sie nach ihrer langen Reise auf die Erde zurückkehren, waren sie nur zwei Jahre unterwegs, auf der Erde sind in der Zwischenzeit aber sechzig Jahre verstrichen. Zukünftige Astronauten müssen damit leben, dass sie ihre Freunde und Verwandten nach einer Reise nicht wieder sehen.

Für ein Raumschiff dieser Art ist es unmöglich, eine Geschwindigkeit von 1 *c* zu erreichen. Nicht nur die Zeit verändert sich, wenn die Geschwindigkeit zunimmt, auch die Masse des Raumschiffs nimmt zu. Während die Zeit dreißigmal langsamer läuft, wird die Masse dreißigmal größer. Das bedeutet, dass der Motor des Raumschiffs sehr viel mehr arbeiten muss, um das schwerere Raumschiff anzutreiben. Und je mehr wir uns der Lichtgeschwindigkeit nähern, umso mehr Schubkraft muss der Motor aufbringen. Bei Lichtgeschwindigkeit wird das Raumschiff nach der Relativitätstheorie eine unendlich große Masse haben, während die Zeit im Raumschiff nahezu still zu stehen scheint. Das ist unmöglich und deshalb ist die Lichtgeschwindigkeit auch die Höchstgeschwindigkeit im All.

Nichts im Universum bewegt sich schneller als das Licht. Jedenfalls glauben wir das heute. Aber einige Wissenschaftler halten die Existenz von »Tachyonen« für denkbar, Teilchen, die sich noch schneller bewegen als Licht. Mit Tachyonen könnten wir Raumschiffe entwickeln, die sich schneller als mit Lichtgeschwindigkeit bewegen.

## Mit dem Licht segeln

Bemannte Raumschiffe, die sich nahezu mit Lichtgeschwindigkeit vorwärts bewegen, gehören in die ferne Zukunft. Aber einfache Raumsonden, die mit einer Geschwindigkeit von 0,5 *c* fliegen, könnten im 22. Jahrhun-

Bevor wir Menschen zu den Sternen schicken, müssen wir geeignete Planeten finden, die sie ansteuern könnten. Während ich das hier schreibe, haben die Wissenschaftler achtzehn Planeten bei anderen Sternen entdeckt, die meisten größer als der Planet Jupiter in unserem Sonnensystem. Kleine Planeten lassen sich nicht so leicht ausfindig machen, aber noch vor dem Jahr 2050 sollten wir sie aufspüren können. Dann werden wir auch feststellen können, ob es auf dem Planeten Leben gibt, indem wir die Temperatur und die Zusammensetzung der Atmosphäre messen. Enthält die Atmosphäre Sauerstoff, ist das ein Anzeichen für mögliches Leben, denn nur lebende Organismen können eine sauerstoffreiche Atmosphäre erzeugen.

dert Wirklichkeit werden. Häufig ist es hilfreich, einmal alle bereits bekannten Vorstellungen über Bord zu werfen und darüber nachzudenken, ob man nicht besser wieder von vorn anfängt. Es gibt eine seltsam anmutende Idee, wie wir einfach und billig zu den Sternen kommen könnten.

Wenn wir unsere Hand in die Sonne halten, spüren wir die Wärme der Sonnenstrahlen. Wir spüren allerdings nicht, dass die Sonnenstrahlen leicht gegen unsere Hand drücken. Das Sonnenlicht besteht aus »Lichtteilchen«, den Photonen, und die schieben alle Flächen, auf die sie treffen, gewissermaßen an. Es handelt sich bei jedem einzelnen Teilchen um winzige Kräfte, aber zusammen ist der Schub doch so groß, dass er genutzt werden könnte.

»Sonnensegeln« wurde schon vor langer Zeit als Möglichkeit vorgeschlagen, um sich im Sonnensystem vorwärts zu bewegen. Indem sie riesige Segel aus dünnem Plastik verwenden, die mit glattem Aluminium beschichtet sind, können Raumsonden die Lichtteilchen der Sonne ausnutzen. Die Schwierigkeit beim Sonnensegeln ist, dass es nicht im gesamten Sonnensystem angewendet werden kann, denn das Sonnenlicht wird mit zunehmender Entfernung von der Sonne immer schwächer. Deshalb ist das Sonnensegeln in Erdnähe hundertmal effektiver als in der Nähe des Saturns.

Aus diesem Grund wird man Sonnensegel wohl auch nicht benutzen, um Raumschiffe zu den Sternen zu schicken. Da aber alles Licht in Form von Photonen auftritt, spielt es keine Rolle, ob die Teilchen von der Sonne oder einer künstlichen Lichtquelle stammen. Das hat den amerikanischen Wissenschaftler Robert Forward (geb. 1932) auf die Idee einer neuen Sternensonde gebracht.

Es ist möglich, zu den Sternen zu segeln, indem man Segel mit Laserstrahlen – extrem intensiven und stark gebündelten Lichtstrahlen – anstrahlt. Forward rechnete Folgendes aus: Wenn ein extrem starker Laser auf ein großes Segel gerichtet wird, werden die Photonen des Laserstrahls die Segel über das Sonnensystem hinaus mit großer Energie antreiben. Der Strahl muss stärker sein als alles, was es

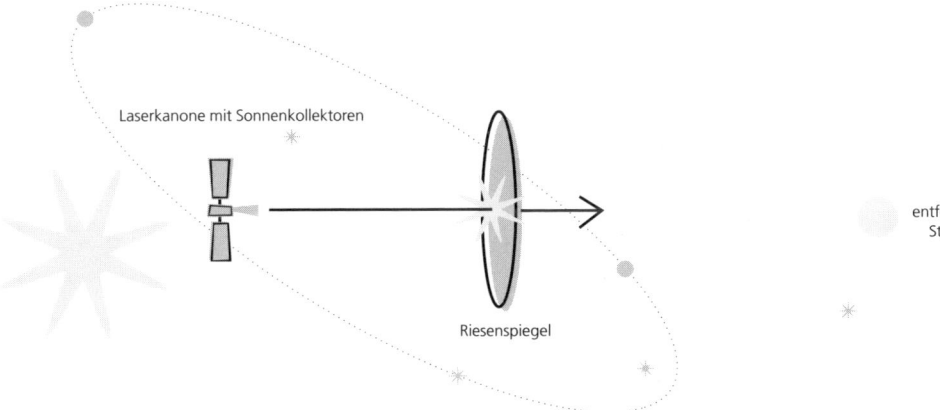

Laserkanone mit Sonnenkollektoren

Riesenspiegel

entfernter Stern

zur Zeit an Laserstrahlen gibt, aber wir verfügen bereits heute über das nötige Wissen, um einen Laser bauen zu können, der einen solchen Strahl erzeugt. Der Laser müsste sich im Weltall befinden, bevorzugt in der Nähe der Sonne, wo er von Sonnenkollektoren seine Energie beziehen kann.

Eine Sternenreise würde damit beginnen, dass man den Laser einschaltet. Der Strahl wird auf das Segel gerichtet. In der Mitte des Segels befindet sich die Raumsonde. Die Sonde ist winzig klein und leicht, vielleicht ein Mikroroboter der Art, wie sie in Kapitel 12 beschrieben wurden.

Anfangs geht es im Schneckentempo durchs All. Aber ein Laser kann das Lasersegel monate-, ja sogar jahrelang, mit Photonen bombardieren. Robert Forward hat ausgerechnet, dass die Sonde nach wenigen Jahren eine Geschwindigkeit von 0,5 $c$ erreicht haben wird. Mit einer solchen Geschwindigkeit wird sie den nächsten Stern in nur zehn Jahren erreichen, der gleichen Zeit, die die heutigen Raumsonden benötigen, um zum Pluto zu gelangen.

Das Lasersegel kann auch so gebaut werden, dass es sich in zwei Hälften teilt, wenn es sich seinem Ziel nähert. In diesem Fall könnte man den einen Teil dazu verwenden, das Laserlicht des Sonnensystems so auf den anderen Teil zu reflektieren, dass dieser gebremst wird. Auf diese Weise vermeiden wir das Problem der Dädalus-Sonde, dass nämlich eine Sternensonde nach jahrelanger Reise innerhalb von wenigen Stunden am Ziel vorbeirast. Eine Sternensonde der Art, wie Robert Forward sie sich vorstellt, kann in die Umlaufbahn eines fernen Sterns einschwenken und in aller Ruhe eventuell vorhandene Planeten erforschen.

Theoretisch wäre es möglich, Menschen auf die gleiche Weise zu den Sternen zu befördern. Wenn das Segel entsprechend vergrößert wird, so dass es mehrere hundert Kilometer breit ist, und wir mehrere Laserstrahlen gleichzeitig darauf richten, kann eine kleine Raumstation zu den benachbarten Sternen geschickt werden. Wenn sich die Station dem Stern nähert, kann man einen Teil des Segels ablösen und als Bremse für die Raumstation verwenden. Auf diese Weise können Menschen zu den Sternen gelangen, ohne dass sie etwas anderes als Sonnenenergie benutzt hätten.

Aber die Methode ist riskant, denn die Raumfahrer sind davon abhängig, dass die Laser richtig funktionieren. Werden die Laser abgeschaltet, verliert das Segel seine ganze Schubkraft und die Raumstation kann nicht gebremst werden, wenn sie ihr Ziel erreicht hat. Eine Naturkatastrophe oder ein Krieg reichen aus, um die Reisenden hilflos und allein im intergalaktischen Raum zurückzulassen.

## Das Samenraumschiff

Vielleicht finden wir in Zukunft noch heraus, wie sich die ganze DNS aus den Elementen Kohlenstoff, Sauerstoff, Schwefel und Wasserstoff zusammenbauen lässt. Diese Stoffe gibt es zur Genüge im ganzen Universum. Somit könnte ein Samenraumschiff ein weit entwickelter Computer mit Nanomaschinen sein, der alles herstellen kann, was für Leben nötig ist. In gewisser Weise werden wir den gleichen Prozess starten, der seinerzeit das Leben auf der Erde ermöglicht hat, nur dass es diesmal millionenfach schneller vonstatten gehen wird.

Aber es ist ja nicht nötig, dass wir lebende Menschen einer langen und Furcht einflößenden Sternenreise aussetzen. Stattdessen können wir befruchtete Eizellen und Pflanzensamen in den Weltraum schicken. Diese können lange in tiefgefrorenem Zustand überleben, so dass ein »Samenraumschiff« notfalls jahrtausendelang unterwegs sein kann. Es befindet sich kein Mensch an Bord, der an Altersschwäche oder Langeweile sterben könnte.

Das Samenraumschiff braucht Roboter, die den Planeten, den das Raumschiff ansteuert, erdähnlich machen können, während Eizellen und Samen tiefgefroren im Raumschiff verbleiben. Sobald der Planet für lebende Organismen vorbereitet worden ist, landet das Samenschiff auf dem Planeten. Im Raumschiff erwecken die Roboter die Samen von Menschen, Tieren und Pflanzen zum Leben. Auf diese Weise schafft das Raumschiff auf dem fremden Planeten ein ganzes Ökosystem. Die erste Generation von Menschen wird von Robotern aufgezogen, aber anschließend geht das Leben seinen gewohnten Gang. Die Organismen werden sich vermehren und über die ganze Oberfläche des Planeten verteilen. Das Leben wird viele Lichtjahre von der Erde entfernt einen neuen Anfang nehmen.

Und wir können uns aussuchen, wie wir die Natur gestalten wollen. Wenn sich in dem Raumschiff nicht aus Versehen Parasiten, gesundheitsgefährdende Bakterien und Viren befunden haben, werden die Menschen auf der »neuen Erde« von Krankheiten verschont bleiben, zumindest von solchen, die von Bakterien und Viren hervorgerufen werden.

Das Samenraumschiff wird auch Kunstwerke und einen Großteil des menschlichen Wissens im Gepäck haben. In Computern sind Texte, Bilder und Töne des weit entfernten Mutterplaneten gespeichert. Vielleicht entscheiden die, die das Samenraumschiff bauen, welches Wissen für einen Neuanfang geeignet wäre. Denn wenn sich die Menschen erst einmal zu solch einem radikalen Neuanfang entscheiden, werden sie den nachfolgenden Generationen möglicherweise nicht alle gefährlichen Informationen weitergeben wollen.

Auch wenn das Samenraumschiff langsam ist, die Zukunft ist unendlich. Im Verlauf von einer halben Million Jahren gibt es möglicherweise in weiten Teilen der Galaxis Planeten, die von Menschen bewohnt werden. Die Biologie lehrt uns, dass sich eine Art, die neue Lebensbedingungen vorfindet, rasch verändern kann. Das wird auch mit den Menschen geschehen, die über die Galaxis verstreut sind. Auf Planeten mit unterschiedlicher Schwerkraft, höheren oder niedrigeren Temperaturen und verschiedenen Lichtverhältnissen können sich ganz unterschiedliche Menschenarten entwickeln. Nach und nach werden wir Menschen nur noch mit dem Oberbegriff *Homo interstellar* (der interstellare Mensch) bezeichnen.

Es ist nicht schwer, sich Zivilisationen vorzustellen, die viel älter sind als unsere eigene. Sollten diese Zivilisationen nicht längst ausgeschwärmt sein und alle brauchbaren Planeten mit Leben »besät« haben? Wieso haben sie zum Beispiel unseren Planeten nicht besät? Vielleicht stellen wir aber nur die Frage falsch. Es gibt Menschen, die glauben, eine fremde Zivilisation habe die Erde schon besät, und zwar mit uns Menschen. Vielleicht entstand das Leben auf der Erde durch einen Unfall, als Raumwesen auf dem Weg durch das Universum ihren Müll hinterließen?

Sollte der *Homo interstellar* Wirklichkeit werden, zweifle ich jedoch daran, dass er sich mit anderen Menschen sonderlich verwandt fühlen wird. Vor allem dann, wenn die Lichtgeschwindigkeit die Höchstgeschwindigkeit in unserem Universum bleiben wird. Wenn es mehrere Jahrzehnte dauert, bis ein Signal von einem Planeten zu einem andern Planeten gelangt, wird der Austausch zwischen ihnen schwierig sein. Ein Signal ist vom einen Ende unserer Galaxis bis zum andern 100 000 Jahre unterwegs. Und die Antwort braucht genauso lange.

Aber vielleicht kommt uns erneut Einstein zu Hilfe. Er hat nämlich zwei Relativitätstheorien aufgestellt. Neben der speziellen Relativitätstheorie hat er uns 1915 noch die allgemeine Relativitätstheorie hinterlassen. Zu den interessanten Schlussfolgerungen dieser Theorie gehört unter anderem die Erkenntnis, dass Raum und Zeit nicht unabhängig voneinander sind. Der Raum kann von der Schwerkraft gekrümmt werden. Je stärker die Schwerkraft ist, umso mehr krümmt sich der Raum. Vielleicht kann der Raum so stark gekrümmt werden, dass er in Kontakt mit einem anderen Raum kommt, also mit einem anderen Universum.

Es ist allerdings nicht möglich, dies in der Natur direkt zu beobachten. Einsteins Theorien kann man am ehesten mithilfe von komplizierten mathematischen Berechnungen nachvollziehen. Aber es gibt einen Vergleich, der uns eine ungefähre Vorstellung davon vermittelt, wie man sich das Ganze vorzustellen hat.

Nehmen wir einmal an, das Weltall sei ein Blatt Papier. Ganz oben auf dem Blatt ist ein Punkt eingezeichnet. Das ist die Sonne. Ganz unten auf dem Blatt ist ein weiterer Punkt eingezeichnet. Das ist der Stern, zu dem wir fliegen wollen. Heute ist es so, dass wir quer über das Blatt Papier von einem Punkt zum anderen fliegen müssen. Ob wir ein Lasersegel oder ein schnelles Raumschiff verwenden, wir sind in jedem Fall gezwungen, die lange Strecke zwischen diesen beiden weit voneinander entfernten Sternen zurückzulegen.

Aber theoretisch ist es vielleicht möglich, den erwähnten Raum so zu formen, dass wir eine Abkürzung zwischen den beiden Punkten nehmen können. Diese Art Abkürzung nennen die Physiker »Wurmloch«. Den Raum auf diese Weise zu krümmen, hat ungefähr den gleichen Effekt, als würden wir das Blatt Papier so stark biegen, dass sich die zwei Enden einander annähern. Eine große Entfernung wird dadurch schnell kleiner und die Reisezeit entsprechend kürzer. Sternenreisen, die normalerweise hunderte oder tausende von Jahren dauern, lassen sich so in wenigen Stunden durchführen.

Die Wurmlöcher können einen alten Sciencefictiontraum Wirklichkeit werden lassen, nämlich Planeten in der ganzen Galaxie zu einem großen, galaktischen Reich zu verbinden. Während sich die alten Kaiserreiche auf der Erde über tausende Kilometer Land erstreckten und ein paar Millionen Menschen umfassten, kann ein zukünftiges, galaktisches Reich aus vielen Milliarden Planeten und mehreren tausend Billionen Menschen bestehen.

# 19 Die Weihnachtsmann-maschine

Die Idee eines Replikators stammt von dem ungarischen Mathematiker John von Neumann (1903–1957). Deshalb nennt man die Erfindung auch *von-Neumann-Maschine*. John von Neumann hat die theoretischen Grundlagen für Computer entwickelt und 1952 den ersten Computer mit einem Computerprogramm gebaut, das man verändern konnte. Gemeinsam mit dem Briten Alan Turing rechnet man ihn zu den Begründern der Computerwissenschaft.

Von den in diesem Buch beschriebenen Ideen werden einige künftig eine wichtigere Rolle spielen als andere. Ich bin ziemlich sicher, dass die Idee eines *Replikators* zu den wichtigeren gehört. Das Wort bedeutet »Maschine, die von sich selbst eine Kopie anfertigt«, und der Gedanke, der sich hinter einem Replikator verbirgt, ist einfach. Wenn eine Maschine Kopien von sich selbst erzeugen kann, kann sie sich unglaublich oft vermehren.

Ein Beispiel zeigt, wie schnell das geht: Stellen wir uns vor, wir hätten einen Replikator, der eine Woche braucht, um eine Kopie von sich zu erzeugen. Nach einer Woche haben wir also zwei völlig identische Replikatoren, die sich wiederum selbst nachbilden. Nach einer weiteren Woche sind es vier Maschinen. Nach drei Wochen haben wir acht Maschinen, nach vier Wochen bereits sechzehn.

Jede Woche verdoppelt sich die Anzahl der Replikatoren. Nach zehn Wochen haben wir 1024 Replikatoren, nach vier Monaten sind es über eine Million. Alle funktionieren wie das Original und alle sind in der Lage, noch mehr Kopien von sich selbst zu erzeugen, sollte dies erforderlich sein.

Wie ein Replikator vorgehen muss, um eine Kopie von sich anzufertigen, ist heute noch nicht klar. Ein Replikator braucht Rohstoffe, etwa Metalle und Mineralien, woraus er die Einzelteile baut, die sich dann wiederum zu einem Ganzen zusammenfügen lassen. Replikatoren brauchen auch Roboterarme und Kameraaugen, damit sie sehen können, was sie tun. Vermutlich ist bei der Herstellung von Replikatoren die Nanotechnologie gefragt (vgl. S. 168–178). Ein Replikator voller Nanomaschinen kann die Teile zusammenbauen, die er braucht, um eine Kopie von sich selbst zu erstellen.

Wir wissen auch, dass es bereits Replikatoren gibt. Nahezu alle Organismen auf der Erde sind Replikatoren, »biologische Maschinen«, die Kopien von sich selbst erzeugen können. Auch der Mensch ist ein lebender Organismus und somit ein Replikator. Unser Körper besteht aus mehreren tausend Milliarden winziger Zellen, die haargenaue Kopien von sich selbst erstellen können. Jeder von uns ist ein Beispiel dafür, wie schnell sich ein Replikator vermehren kann. Zu Beginn ist der Mensch eine einzige Zelle, die sich geteilt hat. Aus den beiden Zellen wurden vier, aus denen wiederum acht wurden und so weiter. In nur neun Monaten entstanden aus einer Zelle mehrere tausend Milliarden Zellen, die zusammen einen Säugling bilden. Wären die Zellen keine Replikatoren, gäbe es uns alle nicht.

Die Tatsache, dass es in der Natur von Replikatoren nur so wimmelt, zeigt uns, dass das Prinzip ziemlich gut funktioniert. Es ist mit den Replikatoren wie mit dem Fliegen, auch hier hat uns die Natur ein Vorbild geliefert. Die Idee ist so gut, dass wir Menschen sie nicht ungenutzt lassen wollen.

Zum ersten Replikator könnte die Universalmaschine (vgl. S. 176–178) werden. Eine Maschine, die alles Mögliche herstellen kann, kann auch sich selbst bauen. Die erste Universalmaschine wird sicher unglaublich teuer sein, aber die restlichen Maschinen werden dafür fast nichts mehr kosten. Wenn wir erst einmal eine Universalmaschine gebaut haben, können wir anschließend so viele bauen, wie wir wollen.

## Wo ließen sich Replikatoren einsetzen?

Nun ist es natürlich nicht damit getan, dass wir Maschinen bauen, die sich wie die Zellen in unserem Körper vermehren. Alle Zellen haben wichtige Aufgaben und auch Replikatoren müssen wichtige Aufgaben haben. Der Bau des ersten Replikators ist so teuer, dass er schon wichtige Arbeiten übernehmen muss, die anders nicht zu bewerkstelligen sind.

Und solche Aufgaben wird es künftig reichlich geben. Replikatoren können verwendet werden, um die enormen Umweltschäden zu beseitigen, die der Natur im 20. und 21. Jahrhundert zugefügt wurden. Vielleicht können wir einen Replikator bauen, der das Kohlendioxid aus der Atmosphäre »saugt«. Das wäre eine gute Methode, um den Treibhauseffekt zu verringern. Replikatoren können eingesetzt werden, um dort neue Wälder anzupflanzen, wo

Der amerikanische Physiker Ted Taylor (geb. 1925) nannte Replikatoren »Weihnachtsmannmaschinen« (auf Englisch »Santa Claus Machines«). Der Unterschied zum Weihnachtsmann ist, dass man nicht brav sein muss, um von einem Replikator Geschenke zu bekommen!

wir sie zur Zeit gerade abholzen. Sie können den Müll um unsere Großstädte entfernen und den Industrieabfall filtern.

Vielleicht sind Replikatoren am besten für riesige Bauprojekte geeignet, zum Beispiel, wenn es darum geht, ein Binnenmeer in der Sahara anzulegen, um die Gegend für Menschen bewohnbar zu machen. Das Saharameer kann dazu führen, dass in der Umgebung Regen fällt und die trockene Wüste dadurch fruchtbar wird. Ein Replikator-Bagger kann sich vermehren, so dass wir am Ende Millionen Bagger haben werden. Sie können eine riesige Grube für das Meer ausheben und anschließend einen Kanal zum Atlantik bauen.

Dass uns ein Replikator so viele Dinge bescheren kann, ohne dass wir uns besonders anstrengen müssten, hat einen amerikanischen Wissenschaftler dazu bewogen, ihn »Weihnachtsmannmaschine« zu nennen.

## Replikatoren im All

1980 hat die amerikanische Raumfahrtbehörde NASA eine Gruppe Wissenschaftler damit beauftragt, Überlegungen anzustellen, wie das Weltall am effektivsten und billigsten zu erforschen wäre. Die Wissenschaftler wählten den Mond als Beispiel. Wie wir schon gesehen haben, ist der Mond ein Ort, der für Menschen sehr nützlich sein könnte, wenn es uns gelänge, ihn zu besiedeln.

Aber für eine Besiedlung bräuchte man zum Beispiel Wohnungen, Fabriken und Kraftwerke. Heute muss fast alles, was wir dort oben benötigen, auf der Erde hergestellt und mit Raumschiffen hinaufgebracht werden. Das kostet sehr viel Geld. Sollten sich viele Menschen auf dem Mond niederlassen, muss das, was sie brauchen, zum größten Teil vor Ort hergestellt werden. Ein Replikator wäre dann vielleicht die Lösung. Die Wissenschaftler der NASA gelangten zu dem Ergebnis, dass ein Replikator von hundert Tonnen Gewicht die wichtigsten Aufgaben meistern könnte.

Der Replikator muss in eine Gegend auf dem Mond geschickt werden, wo es ausreichend Rohstoffe gibt. Dort wird seine erste Aufgabe darin bestehen, Kopien von sich selbst zu erstellen. Die Nachbildungen können sich über den ganzen Mond verteilen und in Windeseile einen Mondstaat aufbauen. Auch wenn es teuer sein sollte, einen Mondreplikator zu bauen, brauchen wir auf der Erde ja nur einen einzigen anzufertigen. Haben wir ihn erst einmal auf dem Mond abgesetzt, ist es billig und einfach, den Mond in einen Ort zu verwandeln, an dem Menschen leben können.

Aber der Mond wird Menschen niemals einen wirklich angenehmen Lebensraum bieten. Er wird niemals eine Atmosphäre haben und die Mondbewohner werden immer in Mondanzügen herumlaufen müssen, sobald sie sich außer Haus begeben. Deshalb werden Replikatoren auf den Planeten Mars und Venus viel nützlicher sein, weil sie dabei helfen können, diese erdähnlich zu machen. Auf dem Mars können Replikatoren aus den Mineralien auf der Oberfläche Sauerstoff gewinnen und in die Atmosphäre ausstoßen. Auf diese Weise kann die Verwandlung des Planeten viel schneller vonstatten gehen.

Millionen solcher Sauerstoffmaschinen werden nötig sein – eine Aufgabe, die für Replikatoren wie geschaffen ist. Wenn wir eine Sauerstoffmaschine bauen können, die in der Lage ist, eine Kopie von sich selbst zu erzeugen, kann diese innerhalb von wenigen Jahren so viele Maschinen hervorbringen, wie nötig sind. Die Replikatoren können auf dem Mars auch Städte und Straßen bauen, Wasservorräte anbohren, die unter der Oberfläche lagern, und das Wasser anschließend hochpumpen, so dass Flüsse und Seen entstehen. Die Zeit, die es braucht, um den Mars erdähnlich zu machen, kann durch Replikatoren deutlich verkürzt werden.

Wenn die Replikatoren ihre Aufgabe erledigt haben, erhalten sie den Auftrag, sich selbst abzuschaffen. Sie zerstören sich gegenseitig, bis alle Spuren von ihnen beseitigt sind. Vielleicht bleibt ein Replikator als Denkmal für den einen Replikator stehen, der alles in Gang gesetzt und uns einen bezugsfertigen Planeten beschert hat, auf dem Milliarden Menschen Platz finden.

## Ein Behältnis für das gesamte Sonnensystem

Solange es Rohstoffe gibt, aus denen die Replikatoren Kopien von sich erstellen können, und ausreichend Energie, damit sie nicht stillstehen, gibt es keine Grenzen für die Formen von Arbeit, die Replikatoren bewältigen können. Replikatoren können uns die Macht von Göttern verleihen. Selbst unsere abwegigsten Ideen können Wirklichkeit werden.

Hier ist eine dieser Ideen: Der amerikanische Physiker Freeman Dyson (geb. 1923) war der Meinung, dass allzu viel Sonnenenergie verloren gehe. Die Sonne strahlt in alle Richtungen enorme Mengen Licht und Wärme aus, und da unser Planet lediglich eine winzig kleine Kugel in einem riesigen Universum ist, trifft nur ein verschwindend geringer Teil des Sonnenlichts die Erde (ungefähr ein Millionstel von einem Milliardstel Prozent). Dyson dachte darüber nach, wie man es anstellen könnte, dass die Energie nicht einfach verpufft.

Er überlegte sich, dass es möglich sein müsste, fast alle Energie aufzufangen, wenn wir um die Sonne eine riesige, hohle Kugel bauen würden. Eine solche Kugel ließe sich erstellen, indem wir alle großen Planeten zu Pulver zermahlen und aus dem Pulver die Kugel formen. Ob das jemals möglich sein wird – und wie, ist freilich eine andere Frage. Auch die Gravitationsbedingungen im Sonnensystem würden sich durch das Verschwinden der großen Gasplaneten verändern, wodurch die Umlaufbahnen der Erde und der übrigen Planeten instabil werden könnten. Eine »Dyson-Sphäre« müsste etwas größer sein als die Umlaufbahn der Erde um die Sonne. Die Umlaufbahn hat einen Durchmesser von etwa dreihundert Millionen Kilometern. So könnte unser Planet im Innern der Kugel kreisen, ohne von ihr beeinträchtigt zu werden. An der Innenseite der Kugel lassen sich Sonnenkollektoren anbringen. Die aufgefangene Energie wird zur Erde weitergeleitet, die sich dadurch unglaublich große Mengen an Energie für die verbliebene Lebensdauer der Sonne gesichert hat.

Vielleicht wäre es sogar möglich, auf der Innenseite der Kugel zu leben. In diesem Falle hätte die Dyson-Sphäre das Problem der Überbevölkerung für lange Zeit gelöst. In einer solchen Kugel wäre viel Platz, da die Oberfläche der Kugel zehntausend Milliarden Mal größer ist als die Oberfläche der Erde. Eine Dyson-Sphäre lässt sich nicht mit den heute üblichen Maschinen bauen, aber für Replikatoren wäre sie machbar, wenn man ihnen ausreichend Zeit ließe. Man braucht nur einen einzigen Replikator, der dann dafür sorgt, dass sich die anderen selber bauen. Auf diese Weise kann ein Replikator das ganze Sonnensystem in ein Kraftwerk verwandeln.

Doch die Dyson-Sphäre sollte die Menschen auch dazu veranlassen, sich ein paar grundlegende Fragen zu stellen. Müssen wir etwas tun, nur weil es möglich ist? Haben wir das Recht, einen Planeten zu verändern oder ein ganzes Sonnensystem zu zerstören, nur um unsere eigenen Bedürfnisse zu befriedigen?

Im Grunde haben wir Menschen die Frage schon beantwortet. Alles, was wir in den letzten Jahrtausenden gemacht haben, zeigt, wir verändern die Natur so, dass sie unseren Bedürfnissen entspricht. Und das werden wir vermutlich auch weiterhin tun, wenn nicht auf der Erde, dann im Weltall. Trotzdem zweifle ich daran, dass die Dyson-Sphäre Wirklichkeit wird. Es gibt bessere Methoden zur Energiegewinnung (vgl. S. 55–65) und vermutlich werden selbst die eifrigsten Anhänger der Replikatoren zögern, ein ganzes Sonnensystem zu zerstören. Wir können uns jetzt schon lebhaft vorstellen, welche Kampagnen wohl gestartet würden, um Jupiter oder Saturn zu retten!

## Replikatoren können die Galaxis erforschen

Replikatoren sind mehr als nur Baumaschinen. Sie können eingesetzt werden, um große Gebiete schnell und umfassend zu erforschen. Wir leben in einem riesigen System voller Sterne, einer Galaxis, die *Milchstraßensystem* genannt wird. Das Milchstraßensystem sieht von der Ferne aus wie eine flache Scheibe. Es umfasst außer unserer Sonne noch rund einhundert Milliarden weitere Sterne.

Wir vermuten, dass um viele Sterne Planeten kreisen. Und es ist möglich, dass es auf einigen Planeten Leben gibt. Aber sicher *wissen* können wir es nicht. Seit den Sechzigerjahren suchen Astronomen im ganzen Universum nach Leben. Sie haben große und empfindliche Radioteleskope auf den Himmel gerichtet, in der Hoffnung, von einer fremden Zivilisation Radiosignale zu empfangen. Bislang blieb der Himmel jedoch stumm.

Die Astronomen hoffen jedoch nach wie vor, dass sie eines Tages Glück haben werden. Aber was ist, wenn nichts passiert? Wenn wir jahrhundertelang weitersuchen und kein einziges Signal empfangen? Das könnte bedeuten, dass wir in unserer Galaxis allein sind. Aber es ist noch lange kein *Beweis*. Es kann genauso gut sein, dass Lebewesen existieren, die aber, anders als wir, keine Radiosignale aussenden. Vielleicht, weil sie nicht ausreichend entwickelt sind, um Radiosender zu erfinden, vielleicht aber auch, weil sie bessere Methoden kennen.

Mithilfe von Replikatoren haben wir die Möglichkeit, in der Galaxis nach Leben zu suchen. Alles, was wir brauchen, ist eine Raumsonde als Replikator. Die Raumsonde fliegt zu einem Stern, erforscht alle Planeten um diesen Stern und sendet die Ergebnisse an die Erde. Dann verwendet sie die Rohstoffe, die sie auf den Planeten findet, um eine Kopie von sich zu erstellen, die wiederum zu anderen Sternen weiterfliegt.

Die Sonde muss nicht einmal besonders schnell sein. Stellen wir uns vor, die Sonde bräuchte hundert Jahre, um zu einem Stern zu fliegen, und weitere hundert Jahre, um ein neues Raumschiff zu bauen, das sich dann auf den Weg macht. Dann könnte in rund fünf Millionen Jahren jeder Winkel in unserem Milchstraßensystem erforscht sein. Vor fünf Millionen Jahren haben die Menschen noch als affenähnliche Wesen in Afrika gelebt. In weiteren fünf Millionen Jahren haben wir vielleicht die ganze Galaxis erforscht und Kartenmaterial darüber erstellt.

Mit einem Replikator lässt sich vielleicht die nächste Eiszeit verhindern. Die Replikatoren könnten die Gletscher mit einem schwarzen Stoff überziehen, so dass sie wärmer werden (dunkle Stoffe speichern mehr Sonnenenergie als helle). Replikatoren könnten riesige Spiegel im Weltall bauen, die das Sonnenlicht auf die Gletscher projizieren, so dass sie das ganze Jahr über sommerliche Temperaturen hätten. Oder sie könnten eingesetzt werden, um mehr Kohlendioxid in die Atmosphäre auszustoßen, so dass der Treibhauseffekt zunimmt und die Temperatur auf der Erde steigt.

Auch wenn die Sonden nicht auf Leben stoßen, so entdecken sie sicher unzählige neue und fantastische Phänomene. Vermutlich werden sie Planeten finden, die ohne allzu großen Aufwand erdähnlich gemacht werden könnten. Vielleicht besteht auch die Möglichkeit, ein Samenraumschiff als Replikator zu bauen. Dann könnte innerhalb von ein paar Millionen Jahren in der ganzen Galaxis irdisches Leben »ausgesät« werden.

Das führt auch zu einer weiteren interessanten Möglichkeit: Falls es anderswo in der Galaxis intelligente Lebewesen gibt, die genauso technikbesessen sind wie wir, werden sie feststellen, dass Replikatoren sehr nützlich sind. Und womöglich kommen auch diese Lebewesen zu dem Schluss, dass die Galaxis mit Replikatorsonden erforscht werden müsste.

In Büchern und Filmen ist schon oft ausgemalt worden, wie eine erste Begegnung von Menschen mit fremden Geschöpfen wohl aussehen würde. Aber es könnte auch sein, dass das erste Anzeichen von Leben, auf das wir im Universum stoßen, kein fremdes Wesen, sondern ein Replikator ist.

# 20 Träume

Letzte Nacht habe ich etwas geträumt. Zwar erinnere ich mich nicht mehr an das, was ich geträumt habe, aber *dass* ich geträumt habe, ist ziemlich sicher. Ein Drittel unseres Lebens verbringen wir schlafend. Einen Großteil dieser Zeit träumen wir. Die Wissenschaftler sind sich noch immer nicht einig, *warum* wir träumen, aber es besteht kein Zweifel daran, dass Träume für uns wichtig sind.

Träume entführen uns in eine andere Welt, in der es unsere täglichen Sorgen nicht gibt. Wir haben ein derart großes Bedürfnis, der Wirklichkeit zu entfliehen, dass nächtliche Träume dafür nicht ausreichen. Wir brauchen auch Tagträume, die wir uns selbst ausdenken, und Träume von anderen. Lieder und Märchen, Theaterstücke und Bücher fungieren seit hunderten von Jahren als »Traummaschinen«.

Im 20. Jahrhundert wurde das Zelluloid erfunden, auf das man einen Film bannen kann, so dass sich nun Tagträume in Massen herstellen ließen. Hollywood wurde zu Recht »Traumfabrik« genannt. Dort werden immer noch mit die besten Traummaschinen der Welt erschaffen. Den Regisseuren gelingt es, die Träume immer besser darzustellen. In vielen Filmen werden Spezialeffekte eingesetzt, um die Tagträume auf der Leinwand noch überzeugender abzubilden. Und die Menschen, die wir im Film sehen, sind ebenfalls eine Art Traumwesen.

Die Qualität heutiger Fernsehgeräte reicht an das Kino nicht heran. Sie lassen sich zwar einfach bedienen, aber Bild und Ton sind viel schlechter. Fernsehen ist nicht zu vergleichen mit einem Kinobesuch. Wir bleiben nicht vor dem Fernseher sitzen, sondern laufen hin und her, unterhalten uns und schalten auf andere Kanäle um. Das Fernsehen fesselt uns nicht in der gleichen Weise wie das Kino. Wir müssen unsere Wohnung schon verlassen, wenn wir dem Alltag wirklich entfliehen wollen.

# Eine Traumfabrik im Wohnzimmer

Wissenschaftler sind seit langem der Meinung, dass die Qualität der Fernsehgeräte zu schlecht ist. Die Bilder sind nicht scharf genug und der Bildschirm ist zu wuchtig und unförmig. Zur Zeit sind die ersten flachen Fernsehbildschirme auf dem Markt. Die Flachbildschirme sind viel größer als ein gewöhnlicher Fernsehbildschirm, aber nur wenige Zentimeter dick und so leicht, dass wir sie an die Wand hängen können. Heute kostet ein Flachbildschirm weit mehr als ein normales Fernsehgerät, aber die Erfahrung lehrt, dass die Preise mit der Zeit sinken werden. Bis zum Jahr 2020 werden wahrscheinlich die meisten Menschen einen Flachbildschirm besitzen, der dann das Wohnzimmer an einen Kinosaal erinnern lässt.

In den westlichen Ländern gibt es viele Fernsehkanäle. Im 21. Jahrhundert wird es noch weitaus mehr Kanäle geben. Viele Leute fürchten, dass die Menschen deshalb noch mehr Zeit vor dem Fernseher verbringen werden als heute. Aber das muss nicht so sein, denn wir wissen, dass Menschen nicht unbegrenzt fernsehen können. Die meisten interessieren sich nur für bestimmte Programme, die sie regelmäßig anschauen.

*Der große Vorteil von Flachbildschirmen ist, dass sie wenig Platz brauchen.*

Eine *Simulation* ist die Nachahmung eines natürlichen Phänomens. Simulationen spielen in der Forschung eine wichtige Rolle, weil Wissenschaftler Experimente am Computer durchführen können, die in der Wirklichkeit unmöglich durchzuführen wären. Simulationen finden immer häufiger in Filmen Verwendung. Heute ist das Publikum an Simulationen von Dinosauriern, Passagierschiffen, Raumfahrzeugen und Drachen gewöhnt, die es nur noch »im Computer« gibt. Die ersten Filme, in denen Menschen simuliert wurden, gibt es bereits, und es ist nur noch eine Frage der Zeit, wann sich die simulierten Figuren nicht mehr von echten Schauspielern unterscheiden lassen.

Vermutlich werden das Internet und das Fernsehen allmählich miteinander verschmelzen. Anstatt die Videothek an der Ecke aufzusuchen, um sich einen Film auszuleihen, kann man in Zukunft seine Filme über das Internet bestellen und sie direkt auf den großen Flachbildschirm projizieren. Aus dem Filmarchiv lassen sich dann alle möglichen Filme abrufen, auch solche, die kaum auf Video zu haben sind und auch niemals im Fernsehen ausgestrahlt werden.

Über unser Internet-Fernsehen können wir auch unzählige andere Dinge bestellen, nach Informationen suchen, E-Mails verschicken, Computerspiele machen und dergleichen mehr, wofür wir heute schon das Internet benutzen. Im Jahr 2020 wird ein Wohnzimmer Kinosaal, Bibliothek und Einkaufszentrum in einem sein. Nach und nach werden Kommunikationsinstrumente und Fernseher zu einem einzigen Gerät verschmelzen, so dass wir auf unserer Maschine, die wir immer bei uns tragen, fernsehen können.

Bisher mussten wir uns mit flachen Bildern begnügen. Die Wissenschaftler wünschen sich aber seit langem schon, das Fernsehen realistischer zu gestalten, indem sie dreidimensionale Bilder erzeugen (3D-Fernsehen). Wir sind von Natur aus mit zwei Augen ausgestattet, die uns das Tiefensehen ermöglichen, wodurch wir zwischen Dingen, die sich in unserer Nähe befinden, und denen in weiterer Entfernung unterscheiden können. Wenn wir die Hand nach vorn strecken, können wir deutlich erkennen, wie das Tiefensehen vor sich geht. Es besteht für uns kein Zweifel, dass unsere Hand näher ist als die Dinge dahinter.

Heute gibt es Versuchsmodelle zu verschiedenen Typen von 3D-Fernsehen. Aber die Frage ist, ob sie sich durchsetzen werden. Ein Problem ist nämlich, dass nahezu alles, was bisher an Filmen und Fernsehsendungen aufgezeichnet wurde, nicht in 3D vorliegt. Infolgedessen sähen auch weiterhin viele unserer Lieblingsfilme und Programme zweidimensional aus, auch auf einem 3D-Fernsehgerät. Und wir könnten in ein paar Jahrzehnten vielleicht eine Traummaschine bekommen, die besser ist, als es das 3D-Fernsehen je sein kann.

# Eine völlig künstliche Welt

3D-Fernsehen kann man auch mithilfe einer speziellen 3D-Brille erreichen (vgl. S. 187f.). Die 3D-Brille kann vor jedem Auge ein anderes Bild zeigen. Anstatt nur mit einer Kamera zu filmen, verwenden wir zwei Kameras nebeneinander. Die Bilder der linken und der rechten Kamera werden jeweils auf den linken und rechten Brillenbildschirm projiziert. Das vermittelt uns ein Gefühl des Tiefensehens und lässt die Bilder weitaus realistischer erscheinen.

Amerikanische Weltraumforscher experimentieren seit langem mit 3D-Brillen. Sie wollten damit allerdings nicht 3D-Fernsehen schauen, sondern hatten die Brillen an einen Computer angeschlossen. Alle Bilder, die man auf einem gewöhnlichen Computerbildschirm zeigen kann, lassen sich auch auf den 3D-Brillen zeigen. Zum Beispiel können die 3D-Brillen das Modell einer Raumstation zeigen. Das Modell ist eine digitalisierte Version in einem Computerprogramm. Dadurch können wir das Modell verändern und es von allen Seiten aus betrachten, indem wir dem Computer die entsprechenden Befehle erteilen.

Der Computer ist so programmiert, dass er berechnen kann, wie das Modell für jedes einzelne Auge aussehen würde, wenn wir direkt vor dem wirklichen Objekt stünden. Die beiden Bilder der Raumstation, die vom rechten und vom linken Auge wahrgenommen werden, werden an die jeweiligen »Brillenbildschirme« geschickt. Das Ergebnis ist verblüffend. Für den Brillenbenutzer sieht es so aus, als würde ein dreidimensionales Modell der Raumstation direkt vor ihm in der Luft schweben.

Die 3D-Brille ist an einem Helm befestigt, der alle Kopfbewegungen des Brillenbenutzers registriert. Dreht der Benutzer den Kopf nach links, wird der Computer informiert, dass er Berechnungen anstellen muss, um die Bilder der Raumstation nach rechts zu verschieben. Der Computer ahmt genau das nach, was in Wirklichkeit passiert, wenn wir den Kopf drehen: Drehen wir nämlich den Kopf nach links, sieht es aus, als bewege sich zum Beispiel

Dreidimensionale Filme (3D genannt) tauchen in regelmäßigen Abständen auf. 3D war vor allem in den Fünfzigerjahren sehr beliebt. Um die Filme zu sehen, musste das Publikum Brillen mit farbigen Gläsern aufsetzen. Auf die Dauer fand das Publikum die 3D-Brillen unangenehm und die Filme kamen aus der Mode. In den Achtzigerjahren wurde eine neue 3D-Technik für Computer entwickelt. Sie setzte ebenfalls Spezialbrillen voraus und auch sie hatte wenig Erfolg.

dieses Buch vor uns nach rechts. Der Computer verschiebt das Modell bei jeder Kopfbewegung des Brillenbenutzers, was zur Folge hat, dass das Modell der Raumstation realistischer erscheint.

Der Computer lässt sich mithilfe eines *Cyberhandschuhs* steuern, eines Handschuhs aus Plastik, der an die Maschine angeschlossen ist. Wenn der Brillenbenutzer seine Hand in den Handschuh steckt und dann die Hand dreht oder die Finger krümmt, gehen entsprechende Signale an die Maschine.

In der 3D-Brille sieht der Benutzer eine Hand. Hinter der Hand befindet sich die Raumstation. Wenn er die Hand im Cyberhandschuh öffnet, öffnet sich auch die Computerhand vor der Raumstation. Wenn er mit der Hand winkt, winkt auch die Computerhand. Der Cyberhandschuh ahmt die Handbewegungen nach. Der Benutzer kann das Modell der Raumstation in die Hand nehmen, es drehen und wenden und von allen Seiten betrachten.

Es gibt Cyberhandschuhe, die Druck auf die Finger ausüben, wenn der Benutzer ein Computermodell in die Hand nimmt. Sie vermitteln ihm das Gefühl, tatsächlich etwas anzufassen. Es gibt auch *Cyberanzüge*, die alle Körperbewegungen registrieren. Auf diese Weise kann ein Computeranwender seinen ganzen Körper in die Computerwelt mitnehmen, darin umherlaufen, sich umdrehen, rennen und hüpfen.

Wenn der Anwender einen Kopfhörer aufsetzt, geschieht etwas Interessantes. Wir erhalten unsere Sinneseindrücke nahezu alle über das Auge und das Gehör. Wenn uns ein Computer Bilder und Töne vorspielt, bekommen wir den Eindruck, uns in einer anderen Welt zu befinden. Es ist eine Welt, in der wir umhergehen und auf die wir einwirken können, wie es auch in unserer normalen Welt möglich ist. Die Wissenschaftler nennen die Computerwelt *virtuelle* oder *künstliche Welt*.

Ein Mensch mit entsprechender Ausrüstung – einem Computer, einem Helm mit 3D-Brille und Kopfhörer, einem Cyberhandschuh und einem Cyberanzug – kann in jede beliebige Welt eintauchen, die ein Computer erzeugt.

Amerikanische Wissenschaftler gehen davon aus, dass sich Astronauten auf diese Weise auf Weltraumflüge vorbereiten können, ohne die Erde zu verlassen. In der virtuellen Welt können sie eine Raumstation im All bauen oder die erste Marslandung üben, ohne sich in Gefahr zu begeben. Heute schon wird die virtuelle Welt zu solchen Zwecken benutzt.

Alle, die etwas Neues konstruieren wollen, ob Häuser oder Autos, können von der virtuellen Welt profitieren. Ein Architekt, der den Auftrag erhalten hat, ein Haus zu entwerfen, kann eine virtuelle Ausgabe des Hauses anfertigen. Lange bevor der erste Spatenstich ausgeführt wird, kann der Architekt mit seinem Kunden einen Rundgang durch das virtuelle Haus machen.

Aber vor allem für die Unterhaltungsbranche lässt sich die virtuelle Welt nutzen. Denn sie wirkt nicht nur realistischer als Kino oder Fernsehen, wir können gewissermaßen direkt in einen virtuellen Film hineinspazieren, mittendrin sein und mitwirken. Die virtuelle Welt kann eine Mischung aus Computerspiel und Kinofilm werden.

Auch wenn die Entwicklung schon recht weit ist, wird es noch einige Jahrzehnte dauern, bevor die virtuelle Welt für uns zum Alltag gehört. Die Technik ist noch längst nicht ausgereift.

Wenn es den Wissenschaftlern gelingt, bessere Bildschirme zu bauen, ist schon viel gewonnen. Vielleicht werden Bildschirme auch überflüssig. Wir können schwache Laserstrahlen direkt ins Auge schicken und so die Bilder auf die Netzhaut projizieren. Das würde uns noch viel realistischere Bilder vermitteln.

Auch wenn sich in der virtuellen Welt spannende Computerspiele erstellen lassen, dürfen wir nicht vergessen, dass viele Computeranwender Spiele langweilig finden. Für sie wäre die virtuelle Welt spannender, wenn sie dreidimensionale Filme liefern würde, in die man sich hineinbegeben kann. Anstatt still zu sitzen und die Bewegungen der Schauspieler auf dem Bildschirm zu verfolgen, kann man sich direkt unter die Schauspieler mischen und sie aus den unterschiedlichsten Perspektiven betrachten. Die virtuelle

Künstliche Welten erinnern an »Rollenspiele«, die in den Neunzigerjahren sehr beliebt waren. In Rollenspielen erschaffen sich mehrere Menschen ihre eigene Welt, zum Beispiel eine Märchenwelt aus dem Mittelalter, und leben in dieser Welt mehrere Tage hintereinander. Vielleicht werden Gruppen langlebiger Menschen viele Jahrzehnte in einer gemeinsamen virtuellen Welt zubringen?

Welt wird an eine Theaterbühne erinnern, auf der das Publikum zwischen den Schauspielern herumlaufen kann.

Die virtuelle Welt kann auch die Benutzung von Computern vereinfachen. Anstatt mit der Maus herumzurollen und Stellen auf dem Bildschirm »anzuklicken«, kann der zukünftige Computeranwender seine 3D-Brille aufsetzen und direkt in eine Bibliothek spazieren. Er kann an den Regalen entlangschlendern und ein virtuelles Buch herausnehmen, um darin zu blättern.

Heute verwenden wir eine Maus oder die Tastatur, um einen Text im Computer zu bearbeiten. In Zukunft können wir ein Dokument löschen, indem wir in der virtuellen Welt ein Blatt Papier in die Hand nehmen und es mit den Cyberhandschuhen »zerreißen«.

## Die supervirtuelle Welt

Doch egal, wie gut der Bildschirm und der Kopfhörer auch sein werden, der Anwender wird wissen, dass die künstliche Welt nicht echt ist. Die Brille, die auf der Nase zwickt, der Kopfhörer, der gegen die Ohren drückt, und der Cyberanzug, der den Körper einzwängt, werden ihn stets daran erinnern, dass er eine Maschine benutzt, die die Welt nur nachahmt.

Wenn Lichtstrahlen in die Augen fallen, werden Signale an das Gehirn geschickt. Es handelt sich um schwache elektrische Ströme, die von den Sehnerven weitergeleitet werden. Die Impulse werden dann vom Sehzentrum im Gehirn zu Bildern verarbeitet. Wenn das Sehzentrum nicht funktioniert, sehen wir nichts. Wir sehen, hören, riechen, schmecken und fühlen mithilfe des Gehirns. Eigentlich wissen wir das schon, denn wir haben ja auch Sinneswahrnehmungen, wenn wir träumen. Auch wenn unsere Augen nachts geschlossen sind, werden im Gehirn Bilder produziert.

Gehirnforscher haben Experimente durchgeführt, die zeigen, dass die verschiedenen Bereiche im Gehirn mit elektrischem Strom gereizt werden können, so dass im Ge-

1998 gelang es Wissenschaftlern, einen Computer direkt an ein menschliches Gehirn anzuschließen. Ein kleines Glasstück wurde in einen Teil des Gehirns operiert, der die Bewegungen des Körpers steuert. Wenn die Versuchsperson an etwas Bestimmtes dachte, konnte sie den Cursor auf dem Bildschirm bewegen. Das Prinzip wird vor allem für Behinderte nützlich sein. Sie können im 21. Jahrhundert von Computern große Hilfe erwarten. Aber die Technik kann auch für die Entwicklung virtueller Welten eine große Rolle spielen.

hirn der Eindruck entsteht, wir würden sehen, riechen und hören. Wenn wir herausfinden, wie das Gehirn Bilder erzeugt, können wir die Bilder auch *direkt* erzeugen, indem wir das Sehzentrum im Gehirn reizen.

Gelingt uns das, können wir auch die Teile des Gehirns beeinflussen, die für Töne, Gerüche, Geschmack und Berührung zuständig sind. Das Gehirn kann an einen Computer angeschlossen werden, der die Signale der natürlichen Sinnesorgane durch eigene Signale ersetzt. Damit hätten wir eine virtuelle Welt erschaffen, die von der äußeren Welt nicht mehr zu unterscheiden ist.

Eine solche Form der virtuellen Welt kann man sich genauso wenig vorstellen wie Nanomaschinen und sie liegt auch noch in genauso weiter Ferne. Nanomaschinen könnten erforderlich sein, um das Gehirn direkt an den Computer anzuschließen. Vielleicht müssen sie Leitungen durch den Schädel legen, die ins Gehirn führen. Diese Leitungen, die so dünn sind, dass wir sie nicht spüren, werden einen kleinen Computer mit dem Gehirn verbinden.

Maschinen dieser Art werden die Gesellschaft auf den Kopf stellen. Die gesamte Unterhaltungsbranche wird sich verändern. Wenn wir eine perfekte virtuelle Welt erschaffen können, ist es nicht länger nötig, Bücher, Fernsehprogramme oder Kinofilme herzustellen. Stattdessen können wir Welten erzeugen, in denen es Bücher und Filme gibt, die als elektronische Version vorliegen.

Wir können eine Bibliothek betreten und uns hinsetzen, um ein Buch zu lesen. Das Buch fühlt sich echt an, das Papier knistert zwischen unseren Fingern, und es riecht nach Staub, wie es häufig in Bibliotheken der Fall ist. Aber das Buch ist nur ein Computermodell und wir liegen eigentlich auf dem Bett und erleben die virtuelle Welt. Auf diese Weise lässt sich alles Erdenkliche vortäuschen.

Die virtuelle Welt sagt etwas Wichtiges über die Wirklichkeit aus. Wir gehen häufig davon aus, dass alle Menschen die Wirklichkeit auf die gleiche Weise erleben, aber das ist nicht der Fall. Wenn unser Gehirn durch Sinnesorgane gereizt wird, versucht es, die dazugehörige Wirklichkeit zu erfassen. Andere Menschen erleben diese Wirklichkeit anders. Deshalb passiert es häufig, dass wir uns missverstehen. Es ist nicht leicht zu begreifen, dass alle anderen Menschen die Welt auf ihre eigene Weise erleben und nicht auf *unsere*.

Doch auch wenn wir die äußere Welt auf unsere Weise erleben, müssen wir Rücksicht auf die anderen nehmen. Was in der äußeren Welt vor sich geht, hat Auswirkungen auf uns, und vieles davon unterliegt nicht unserem Einfluss. Aber in der virtuellen Welt können wir eine maßgeschneiderte Welt erleben. Wir haben die Kontrolle über alles, was in ihr passiert. Die virtuelle Welt ist deshalb mehr als eine witzige Art der Unterhaltung. Sie wird zu einem neuen Universum. Noch leben wir in einem äußeren Universum, das wir mit anderen Menschen teilen. Aber mithilfe der virtuellen Welt können wir uns jederzeit in unser privates Universum zurückziehen, das wir nur mit den vom Computer erschaffenen Personen teilen.

Auf diese Weise können wir unsere wildesten Fantasien ausleben, ohne dass wir Gefahr laufen, uns körperlich zu verletzen. Ob wir den Mount Everest besteigen oder den Jupiter besuchen wollen – kein Problem. Viele Menschen wünschen sich ein interessanteres Leben und haben einen heimlichen Traum, den sie gern in die Tat umsetzen wollen. Mit der virtuellen Welt wird es keine Rolle mehr spielen, wo wir wohnen oder wie viel Geld wir verdienen. Reichtum und Ruhm in einem äußeren Universum werden sinnlos sein, wenn alle in ihrem eigenen virtuellen Universum reich und berühmt sein können.

Die virtuelle Welt kann vielleicht sogar für Menschen mit psychischen Problemen hilfreich sein, die zur Zeit noch gezwungen sind, in einer Welt zu leben, die ihnen Schwierigkeiten bereitet. Künftig können Experten Welten konstruieren, die den Bedürfnissen der Patienten angepasst sind. Für einen Menschen, der in der äußeren Welt nur Angst und Furcht empfindet, kann eine künstliche Welt, die friedlich und harmonisch ist, sehr wohltuend sein.

Die negative Seite der virtuellen Welt ist offensichtlich. Sie ist ein Computer, der das Gehirn direkt beeinflusst.

Manche Menschen werden von ihr abhängig werden, so wie heute viele von Alkohol und Drogen abhängig sind. Vielleicht wird es Millionen Süchtige geben, die immer mehr Zeit in ihrer künstlichen Welt verbringen.

Nicht alle Fantasien sind angenehm. Es wird auch brutale Welten geben. Was auf Video und im Internet an Gewalt und Pornographie angeboten wird, lässt uns erahnen, worauf auch die virtuellen Welten hinauslaufen könnten. Sollen wir zulassen, dass sich Menschen Welten aussuchen, die von Gewalt beherrscht werden? Schließlich ist von einer künstlichen Welt die Rede und nicht von der wahren Welt. Das ist nur eins der Probleme, mit denen sich Politiker künftig auseinander setzen müssen, wenn die virtuelle Welt zum Alltag gehören wird.

Letztlich kann die virtuelle Welt auch die Zukunft der Menschheit verändern. Stellen wir uns vor, wir erschaffen eine Gesellschaft, in der Roboter die täglich anfallenden Arbeiten übernehmen und Computer sich um alles kümmern. Dann können die Menschen beschließen, sich in die virtuelle Welt zurückzuziehen und sich von Robotern versorgen zu lassen, während sie daliegen und träumen.

Weshalb sollte man nach jemandem suchen, mit dem man zusammenleben möchte, wenn man in der virtuellen Welt seine Zeit mit dem Menschen verbringen kann, von dem man immer geträumt hat? Weshalb sollte man eine jahrelange Ausbildung auf sich nehmen und sich eine attraktive Arbeit suchen, wenn man in der virtuellen Welt glücklich und reich werden kann? Weshalb sollte man das Leben verlängern, wenn man in der virtuellen Welt schon so viel erleben kann, wie man nur verkraftet? Weshalb sollte man Raumschiffe zu den Sternen schicken, wenn jeder Herrscher eines galaktischen Reichs sein kann?

Alle menschlichen Bestrebungen, eine bessere Welt zu erschaffen und das Universum zu erforschen, können mit der virtuellen Welt ein Ende finden. Unser ganzer Forscherdrang, unser ganzer Mut, unser ganzer Einfallsreichtum werden verblassen angesichts eines viel kürzeren Weges zum Erfolg. Ein Großteil des Inhalts in diesem Buch kann an Bedeutung verlieren, wenn die Menschen der

Hier ist mal ein ziemlich unheimlicher Gedanke: Wenn die virtuelle Welt vervollkommnet wird, werden wir den Unterschied zwischen der äußeren Welt und einer künstlichen Welt nicht mehr spüren können. Vielleicht leben wir ja bereits in einer simulierten Welt, in der unser Gehirn von einem Computer gefüttert wird und unsere Erlebnisse gar keine »wahren« Erlebnisse sind? Vielleicht sind wir nur Teil eines Experiments, in dem die Wissenschaftler uns einzureden versuchen, dass wir in der Vergangenheit leben? Wahrscheinlich ist es nicht so. Aber wie können wir es *sicher* wissen?

äußeren Welt den Rücken zukehren und die virtuelle Welt vorziehen.

Die virtuelle Welt ist unsere größte Versuchung und unser schrecklichster Albtraum zugleich. Mit dieser Erfindung vernünftig umzugehen, kann unsere schwierigste Aufgabe werden.

# 21 Die ferne Zukunft

Seltsamerweise lässt sich leichter vorhersagen, was mit der Erde in ferner Zukunft passieren wird, als wie unsere direkte Zukunft aussieht. Das liegt daran, dass wir viele Naturgesetze kennen, mit deren Hilfe wir berechnen können, wie sich bestimmte Dinge entwickeln werden. Die Gesetze der Physik sagen uns, was mit der Sonne und den anderen Sternen geschehen wird, und das führt dazu, dass wir schon jetzt vorhersagen können, welche Entwicklung unsere Sonne in Milliarden Jahren nehmen wird.

Auch wenn die Ereignisse in ferner Zukunft niemanden von uns direkt betreffen werden, sind sie doch interessant, denn sie haben Auswirkungen auf die Menschen der Zukunft. Manche Ereignisse bedrohen die menschliche Existenz.

## Die Gletscher könnten zurückkehren

Vor ein paar Millionen Jahren hat die Erde eine Periode mit Eiszeiten erlebt. Das war nicht immer so. Die meiste Zeit in der Geschichte der Erde gab es keine Eiszeiten. Die letzte Eiszeit endete vor zehn- bis fünfzehntausend Jahren, aber viele Wissenschaftler sind der Meinung, dass wir uns derzeit in einer Interglazialzeit, einer kurzen Warmzeit zwischen zwei Eiszeiten, befinden. Das würde bedeuten, dass die Gletscher eines Tages zurückkehren.

Die Wissenschaftler wissen immer noch nicht genau, wie es zu Eiszeiten kommt, weshalb sie auch nicht mit Sicherheit sagen können, ob und wann wir eine weitere Eiszeit erleben können. Aber sollte es eine geben, beispielsweise innerhalb der nächsten zwanzigtausend Jahre, hätte dies dramatische Folgen für die Menschheit. Große Teile der nördlichen Halbkugel könnten dann erneut von di-

Die Kontinente verschieben sich ständig. Vor mehreren hundert Millionen Jahren gab es nur einen Urkontinent: Pangäa. Aber der Kontinent brach auseinander, und heute treiben zum Beispiel die USA und Afrika jährlich mehrere Zentimeter voneinander weg. Das wird auch in der Zukunft so sein und die Wissenschaftler können ausrechnen, wie die Kontinente in ferner Zukunft aussehen werden. In hundert Millionen Jahren wird Amerika mit Sibirien zusammengestoßen und Afrika so weit nach Norden vorgedrungen sein, dass das Mittelmeer verschwunden ist.

cken Eismassen bedeckt werden. Nördliche Länder wie Russland, Schweden, Finnland, Norwegen und Kanada würden unter dem Eis verschwinden. Alle Anzeichen von Leben in diesen Ländern würden auch verschwinden. Vielleicht erstreckt sich das Eis auch so weit nach Süden, dass große Städte wie London bedroht wären.

Auf der ganzen Erde kühlt das Klima ab. Das hat nicht nur negative Folgen. Trockene und heiße Gebiete in Afrika könnten fruchtbarer werden. Die Sahara hatte in der letzten Eiszeit ein günstigeres Klima. Sollten dadurch die Wüstengebiete bewohnbar werden, wäre das für uns durchaus wünschenswert. Millionen Klimaflüchtlinge aus Europa und Nordamerika werden sich in Richtung Äquator aufmachen. Vielleicht führt auch die nächste Eiszeit wieder zu einer Auswanderungsbewegung. Vielleicht ziehen Menschen von der Erde auf andere Planeten um, so wie die Notlage in Europa im 19. Jahrhundert Millionen Menschen dazu veranlasst hat, in die USA auszuwandern.

## Der Homo sapiens kann aussterben

Da wir Menschen sind, hoffen wir, dass die Spezies Mensch bis in alle Ewigkeit auf der Erde weiterleben wird. Unsere Art ist einmalig in der Geschichte der Erde und vielleicht sind wir einmalig im ganzen Universum. Aber die Biologen sagen uns, dass auch unsere Art, der *Homo sapiens*, aussterben kann. Das Aussterben einzelner Arten gehört zur Erhaltung der natürlichen Ordnung. Ganz gleich mit wie viel Technik wir uns auch umgeben, sind wir doch ein Teil der Natur.

Wir könnten auf unterschiedliche Weise aussterben. Wir könnten beispielsweise von einer weltweiten Epidemie heimgesucht werden. Vielleicht sorgen wir aber auch selbst für unser Aussterben, indem wir unsere Gene so verändern, dass wir uns zu einer neuen Art entwickeln (vgl. S. 205–209), oder indem wir die vielen Atombomben zünden, die es heute noch gibt. In den Achtzigerjahren hat eine Gruppe von Wissenschaftlern festgestellt, dass ein Atomkrieg auf der Erde eine Klimakatastrophe auslösen würde. Wenn mehrere tausend Atombomben gleichzeitig explodieren, wird die Erde von Staub und Rauchwolken eingehüllt. Das Sonnenlicht wird dadurch erheblich gedämpft, wodurch unsere Lebensgrundlage doppelt zerstört werden würde. Die Wissenschaftler nennen dies einen »atomaren Winter«. Auch wenn die wenigsten Menschen glauben, dass es in naher Zukunft zu einem großen Atomkrieg kommen wird, können wir uns doch nicht sicher fühlen, solange es diese Waffen gibt.

In der Regel sterben Arten aus, weil es ihnen nicht gelingt, sich neuen Verhältnissen in der Natur anzupassen. Wir sind gerade dabei, die Lebensbedingungen für tausende von Arten zu verändern. Deshalb erleben wir auch im Augenblick ein verhältnismäßig umfassendes Artensterben (vgl. S. 38–42). Wir Menschen sind sehr anpassungsfähig, weshalb wir uns schwer vorstellen können, dass sich die Natur so stark verändern kann, dass wir nicht überleben. Aber auch wir können von einer Naturkatastrophe heimgesucht werden, die so groß ist, dass wir aussterben.

Wir haben weiter vorne gelesen, dass viele Lebewesen von der Erde verschwanden, als vor fünfundsechzig Millionen Jahren ein Asteroid in die Erde einschlug (vgl. S. 86f.). Wir wissen, dass sich so etwas auf der Erde und auf anderen Planeten unseres Sonnensystems mehrfach ereignet hat, und es wird sicher auch in Zukunft wieder geschehen. Es gibt genügend Asteroide, die auf Kollisionskurs mit unserem Planeten kommen könnten.

Wissenschaftler haben ausgerechnet, dass ein solcher Asteroid, dessen Einschlag vor fünfundsechzig Millionen Jahren zum Massensterben geführt hat, die Erde im Durchschnitt alle hundert Millionen Jahre trifft. Da der letzte Aufprall fünfundsechzig Millionen Jahre zurückliegt, könnte man nun glauben, dass wir uns für die nächsten fünfunddreißig Millionen Jahre keine Sorgen zu machen brauchen. Aber es handelt sich um einen Durchschnittswert, so dass diese Schlussfolgerung nicht zulässig ist. Ein Asteroid kann uns jederzeit treffen, auch wenn die Wahrscheinlichkeit, dass es passiert, ziemlich klein ist. Wenn sich der nächste Asteroideneinschlag auf das Klima genauso nachhaltig auswirkt wie der letzte, könnten die meisten großen Tierarten aus Nahrungsmangel aussterben – auch der Mensch.

## Wenn die Sonne erlischt

Die Sonne ist ein Stern. Das Sonnenlicht entsteht, wenn Atomkerne im Innern der Sonne verschmelzen. Pro Sekunde verwandeln sich sechshundert Millionen Tonnen Wasserstoffkerne in Helium. Das hört sich sehr viel an, aber die Sonne ist so unglaublich groß, dass sie noch für Milliarden Jahre ausreichend Brennstoff hat. Vor etwa 4,5 Milliarden Jahren hat die Sonne angefangen zu leuchten und sie wird es mindestens noch weitere sechs Milliarden Jahre lang tun.

Die Astronomen wissen seit langem, dass die Sonne nicht ganz gleichmäßig Energie abstrahlt. Sie wird im Lauf der Jahrmilliarden immer wärmer. Deshalb werden wir auf der Erde nicht bis zum Erlöschen der Sonne leben können. In etwas mehr als einer Milliarde Jahren wird die Sonne so warm geworden sein, dass auf der Erde kein Leben mehr existieren kann. Da es seit mindestens 3,5 Milliarden Jahren Leben gibt, bedeutet das, dass wir uns zur Zeit im letzten Viertel der Lebensphase auf der Erde befinden.

Eigentlich dauert es noch unvorstellbar lange bis dahin. Aber sollte es in jener fernen Zeit entfernte Verwandte der Menschen geben, ist es gut zu wissen, dass das Klima auf dem Mars dann viel lebensfreundlicher sein wird als heute. Je wärmer die Sonne wird, umso weiter können wir uns von ihr entfernen und auf kühlere Planeten ausweichen. Ganz am Ende ihrer Zeit bläht sich die Sonne auf und wächst zu einem so genannten roten Riesen heran. Sie wird sich in unserem Sonnensystem ausdehnen und vermutlich die Planeten Merkur, Venus und Erde verschlingen.

Wir müssen weit in unser Sonnensystem vordringen, um Verhältnisse anzutreffen, die Leben zulassen. Auf dem Mond Titan, der um den Planeten Saturn kreist, könnten die Menschen ein paar Millionen Jahre mit ausreichend Licht und Wärme verbringen. Dort herrschen seit Milliarden Jahren eisige Temperaturen, aber solange sich die Sonne im Stadium des roten Riesen befindet, wird man dort leben können. Auf dem Mond Titan gibt es viele chemische Verbindungen, die Voraussetzung für Leben sind. Deshalb haben Wissenschaftler Spekulationen darüber angestellt, dass sich auf ihm vielleicht in sechs Milliarden Jahren oder später Leben entwickeln könnte.

Kurz bevor die Sonne aufhört zu leuchten, schleudert sie einen Großteil ihrer Materie ins Weltall. Zurück bleibt nur ein kleiner glühender Klumpen, ein weißer Zwerg. Der weiße Zwerg kann noch Millionen Jahre lang schwach glühen, bevor er erlischt. Dann wird er zu einem kalten schwarzen Zwerg. Um diesen schwarzen Zwerg werden die überlebenden Planeten im Finstern kreisen.

Sollte es dann noch späte Nachkommen der heutigen Menschen geben, haben sie sich sicher längst in die Nähe anderer sonnenähnlicher Sterne begeben, die noch jung sind.

Erde und Mond bremsen sich gegenseitig in ihrer Rotation. Das liegt an ihrer Schwerkraft. Ein Erdtag wird im Lauf von hundert Jahren 0,0015 Sekunden länger, gleichzeitig entfernt sich der Mond um weitere 3,8 Zentimeter pro Jahr von der Erde. In sechzigtausend Jahren wird ein Tag eine Sekunde länger sein als heute. In rund zweihundert Millionen Jahren wird der Tag eine Stunde länger dauern. In vielen Milliarden Jahren wird der Mond so weit von der Erde weggetrieben worden sein, dass ihn die Anziehungskraft der Erde nicht länger halten kann. Der Mond wird im Sonnensystem verschwinden und zu einem eigenen Planeten werden.

# Eine neue Zeitrechnung

Es sieht so aus, als wäre alles in unserem Universum endlich. Etwas entsteht und existiert eine gewisse Zeit, um dann zu verschwinden. Wir werden geboren, leben eine Weile und sterben. Die Sonne bildet sich aus einer Gaswolke, brennt zehn bis elf Milliarden Jahre und erlischt. Das Universum entsteht und dehnt sich Milliarden Jahre aus, bevor es aufhört zu existieren. Wenn wir verstehen wollen, was mit dem Universum passiert, müssen wir lernen, in anderen Zeitkategorien zu denken. Die Zeiträume, mit denen wir es hier zu tun haben, sind so groß, dass unsere normale Zeitrechnung nicht mehr brauchbar ist.

Zunächst brauchen wir einen neuen Ausgangspunkt. Unsere Zeitrechnung beginnt mit der Geburt Christi vor zweitausend Jahren. Aber der Anfangspunkt für die Zeitrechnung im Kosmos war eigentlich der Urknall vor rund fünfzehn Milliarden Jahren. Es ist sinnvoller, das Alter von Sternen und Galaxien ab der Geburtsstunde des Universums anzugeben. Von nun an werden also alle Zeiten vom Moment des Urknalls aus berechnet. Wir befinden uns jetzt in der Zeit fünfzehn Milliarden Jahre nach dem Urknall.

Doch das allein reicht nicht. Die Jahreszahlen, um die es im Folgenden geht, sind so groß, dass es nicht länger sinnvoll ist, in Milliardengrößen zu rechnen oder Nullen zu schreiben. Die Wissenschaftler verwenden Zehnerpotenzen, wenn sie richtig große Zahlen angeben müssen. Das funktioniert so: Rechts neben einer Zehnerzahl befindet sich eine kleine hochgestellte Zahl, die uns verrät, wie viele Nullen nach der Eins stehen müssen. Anstatt 100 zu schreiben, können wir $10^2$ schreiben, eine Eins mit zwei Nullen. 1000 wird zu $10^3$. Der Vorteil dieses Systems zeigt sich bald. Anstatt eine Milliarde zu schreiben, also 1000 000 000, können wir $10^9$ schreiben, was viel kürzer ist. Man liest die Potenzen folgendermaßen: $10^9$ ist »die neunte Potenz von zehn« oder »zehn hoch neun«. Wichtig ist: Nimmt die Zahl oben rechts um eins zu, wird die ganze Zahl zehnmal größer. $10^{10}$ ist zehnmal größer als $10^9$ und

$10^{12}$ tausendmal größer als $10^9$. Sollten wir auf diese Weise Jahreszahlen schreiben, leben wir jetzt im Jahr $15 \times 10^9$ nach dem Urknall. Das sieht kompliziert aus, aber bald wird klar werden, wie hilfreich die Schreibweise in Zehnerpotenzen ist.

## Des Universums endliches Schicksal

Als das Universum entstand, fing es an, sich mit rasanter Geschwindigkeit auszudehnen. Das tut es heute noch. Astronomen können beobachten, wie sich nahezu alle Galaxien in alle Richtungen von uns wegbewegen. Nun gibt es zwei Möglichkeiten. Die eine ist, dass sich das Universum eines Tages wieder zusammenzieht, die andere ist, dass es sich in alle Ewigkeit ausdehnt.

Sollte sich das Universum eines Tages wieder zusammenziehen, würde das bedeuten, dass sich die Ausdehnung, die wir heute beobachten können, in Zukunft »umkehrt«. Das Universum würde anfangen sich zusammenzuziehen und irgendwann um das Jahr 2000 Milliarden nach dem Urknall ($2 \times 10^{12}$ Jahre) wird es nicht mehr existieren. Es kann dann ein neues Universum entstehen, aber das alte wäre für immer verschwunden.

Nur die Schwerkraft könnte das Universum dazu bringen, sich wieder zusammenzuziehen. Wie stark die Gravi-

Auch wenn die Planeten weiterhin um die Reste der Sonne kreisen, nachdem sie einmal erloschen ist, wird das Sonnensystem nicht ewig bestehen. $10^{19}$ nach dem Urknall werden Sterne, die nahe an der Sonne vorbeikommen, viele Planeten mitgerissen oder ihre Bahnen zerstört haben, so dass diese in den dunklen Raum zwischen den Sternen treiben. Wenn die Erde dann noch existiert, wird sie allein in einer Galaxis von erloschenen Sternenresten treiben. Vor dem Jahr $10^{25}$ nach dem Urknall wird die Erde von dem großen schwarzen Loch verschluckt worden sein, das sich immer noch zwischen unserem ehemaligen Milchstraßensystem und dem Andromedanebel befindet.

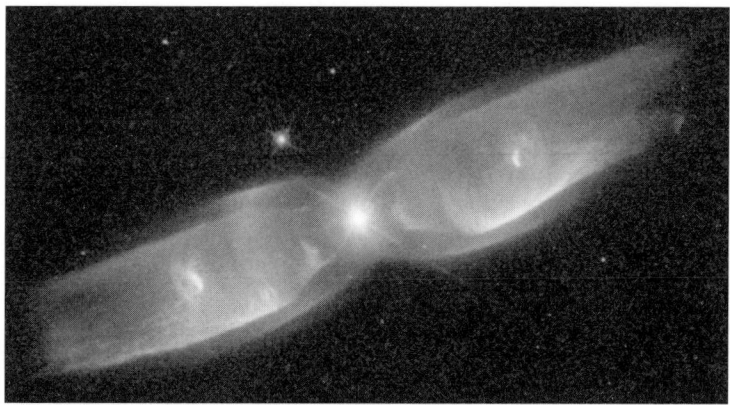

*Wenn ein Stern stirbt, hinterlässt er eine Wolke aus Staub und Gasen.*

tation im Universum ist, ist abhängig von der Menge der vorhandenen Materie. Sterne, Planeten und Galaxien sind die Formen von Materie, die wir sehen können, aber es gibt auch unsichtbare »dunkle Materie« im Universum, die die Gravitation verstärken kann. Seit den Zwanzigerjahren des 20. Jahrhunderts beobachten die Astronomen das Universum und versuchen herauszufinden, ob es im Universum so viel Materie gibt, dass es sich eines Tages wieder zusammenziehen wird. Heute sind die meisten Astronomen der Ansicht, dass dafür nicht ausreichend Materie vorhanden ist. Das Universum wird sich in alle Ewigkeit ausdehnen. Eine andere Theorie geht davon aus, dass das Universum irgendwann aufhören wird sich auszudehnen, ohne sich jedoch wieder zusammenzuziehen.

Aber nehmen wir hier einmal an, dass das Universum sich ewig ausdehnt. In diesem Fall könnte es sich folgendermaßen weiterentwickeln. Wenn die Sonne im Jahr $25 \times 10^9$ erlischt, wird das Milchstraßensystem unserer Nachbargalaxie, dem Andromedanebel, so nahe kommen, dass beide miteinander verschmelzen. Die beiden Nachbarn werden zu einer Riesengalaxie zusammenwachsen. Und dieser Vorgang ist kein Einzelfall, er wiederholt sich im ganzen Universum. Alle Galaxien werden sich zu wenigen »Supergalaxien« verbinden.

Je größer die Galaxien werden, umso weniger intensiv werden sie leuchten. Galaxien bestehen aus Milliarden Sternen und alle Sterne erlöschen genau wie die Sonne, wenn ihr Brennstoff zur Neige geht. Es werden ständig neue Sterne entstehen, aber nach und nach geht den Galaxien die Materie für neue Sterne aus. Deshalb werden die meisten Sterne im Universum im Jahr $10^{12}$ erloschen sein.

Je kleiner die Sterne sind, umso sparsamer sind sie im Verbrauch von Brennstoff. Der langlebigste Sternentyp ist ein kleiner roter Zwerg, der nur noch ganz schwach leuchtet. Ein roter Zwerg kann hundertmal länger leben als die Sonne. Die letzten leuchtenden Sterne im Universum werden rote Zwerge sein. Selbst die langlebigsten Sterne werden im Jahr $10^{14}$ ihr letztes Licht abgestrahlt haben. Das bedeutet, dass alles Leben, das von Licht abhängig ist, verschwinden wird, wenn es nicht intelligent genug ist, sich eine andere Lösung auszudenken.

Nach $10^{15}$ Jahren sind von den Sternen nur noch Reste übrig, die um riesige schwarze Löcher kreisen. Ab und zu fällt ein Sternenrest in ein schwarzes Loch und die endlose Dunkelheit wird von einem kurzen Lichtblitz erhellt. Sollten intelligente Wesen in diesem dunklen Universum überleben, werden sie sich um die schwarzen Löcher scharen und Energie von ihnen beziehen. So können sie noch eine Zeit lang ausharren. Erst im Jahr $10^{30}$ werden die schwarzen Löcher auch die letzten Sterne verschluckt haben.

Viele Physiker glauben, dass sich Atome, die Bausteine aller Materie, auflösen werden. Im Lauf der Jahre $10^{36}$ bis $10^{40}$ könnten sich alle Atome in Strahlung aufgelöst haben. Dann werden keine festen Stoffe mehr existieren können. Sollten intelligente Wesen bis dahin überleben, benötigen sie Techniken, um sich in reine Energie verwandeln zu können.

Die schwarzen Löcher wird es auch weiterhin geben. Sie sind beharrlich und gleichmäßig gewachsen, indem sie immer mehr Sternenreste und Atome verschlungen haben. Aber auch sie »leben« nicht ewig. Schwarze Löcher »verdampfen« unglaublich langsam. Sie verlieren Energie und schrumpfen, bis sie sich mit einer Explosion auflösen. Ein schwarzes Loch von der gleichen Masse wie die Sonne wird bis spätestens zum Jahr $10^{65}$ verdampft und explodiert sein. Riesenlöcher von der Art, wie wir sie in der Mitte unserer Galaxis finden, wird es dann noch bis zum Jahr $10^{100}$ geben.

Danach passiert nicht mehr viel. Das Universum hat sich die ganze Zeit über ausgedehnt. Nach dem Jahr $10^{100}$ wird das interessante, strahlende Universum, in dem wir zur Zeit leben, zu einem allumfassenden Dunkel geworden sein, das sich mit unvorstellbarer Geschwindigkeit in alle Ewigkeit ausdehnt. An dieser Stelle endet die Geschichte vom Universum und dem Leben, das es einmal darin gab.

Wirklich? In Kapitel 18 war von »Wurmlöchern« die Rede, die es ermöglichen, dass wir uns mit einer Ge-

Wenn es uns gelingt, mithilfe von Wurmlöchern durch die Raumzeit zu reisen, sagt uns Einsteins Theorie, dann ist es auch möglich, sich in der Zeit rückwärts zu bewegen. Eine solche Zeitmaschine lässt uns aber nicht in die Zeit vor dem Bau der Zeitmaschine reisen. Die Menschen der Zukunft können demnach nicht in unsere Zeit reisen. Aber sie könnten vor dem kalten, dunklen Universum flüchten, indem sie in eine Zeit zurückreisen, in der die Sterne noch leuchteten, vorausgesetzt die hier angeführte Theorie stimmt.

schwindigkeit von mehreren Lichtjahren pro Sekunde fortbewegen. Es gibt eine Theorie, die besagt, dass gleichzeitig mit *unserem* Universum eine unendliche Anzahl von Universen entstanden sein können. Es ist möglich, dass wir schwarze Löcher wie Tunnel zu diesen *Paralleluniversen* benutzen können. In diesem Fall könnten Lebewesen in ferner Zukunft unser Universum durch ein schwarzes Loch verlassen. Die Lebewesen werden zu kosmischen Flüchtlingen.

Innerhalb von nur wenigen hundert Jahren haben Wissenschaftler viel über das Universum herausgefunden. Wie viel werden wir erst in Millionen oder Milliarden Jahren wissen? Vielleicht genug, um ein neues Universum zu *erschaffen*, nach unseren Vorstellungen?

Astronomen wundern sich seit langem darüber, weshalb sich unser Universum so gut für Leben eignet. Wer weiß – vielleicht leben wir in einem Universum, das von einer unglaublich alten Zivilisation eines anderen Universums erschaffen wurde?

# 22 An dich, der du in Zukunft leben wirst

Ich weiß nichts von dir, außer dass du ein neugieriger Mensch bist und dieses Buch irgendwann in der Zukunft liest. Wann in der Zukunft, weiß ich nicht. Wenn es kurz nach Erscheinen des Buches im Jahr 2002 ist, wird das meiste von dem, was ich hier schreibe, noch Spekulation über eine *mögliche* Zukunft sein.

Aber vielleicht hast du das Buch im Jahr 2010 in einer Bibliothek entdeckt. Dann willst du sicher wissen, ob aus den geplanten Reisen an den Rand unseres Sonnensystems etwas geworden ist. Wurde der »Pluto Express« auf den Weg geschickt? Und wie weit ist die große Raumstation gediehen, mit deren Bau zu meiner Zeit gerade begonnen wurde?

Es besteht eine winzige Chance, dass du das Buch in noch fernerer Zukunft aufgestöbert hast. Die meisten Bücher geraten nach einer gewissen Zeit in Vergessenheit, und das wird sicher auch mit diesem Buch geschehen. Aber vielleicht machst du an einem Tag im Jahr 2050 einen Abstecher in ein Geschäft, das altmodische Bücher aus Papier verkauft, und findest dieses Buch, völlig verstaubt in einem alten Pappkarton.

In diesem Fall wirst du wissen, welche Vorhersagen eingetroffen sind. Du wirst wissen, ob es den Wissenschaftlern gelungen ist, eine Wundermedizin gegen Krebs zu finden, ob Roboter Einzug in die Gesellschaft gehalten haben und ob es umweltfreundliche Autos gibt. Vielleicht weißt du sogar schon den Namen des ersten Menschen, der auf dem Mars gelandet ist.

Ich beneide dich. Vielleicht weißt du die Antwort auf viele Fragen, die die Wissenschaftler um die Jahrtausendwende beschäftigt haben, zum Beispiel: Woher kommt das Universum? Und wie sieht sein endliches Schicksal aus? Wie entstand das Leben auf der Erde? Gibt es außerirdisches Leben im Universum? Wie entsteht das menschliche Bewusstsein im Gehirn?

Du weißt, was gegen die Probleme, mit denen sich die Welt zu meiner Zeit befasst hat, unternommen wurde und was *nicht* unternommen wurde. Ist es uns gelungen, die Bevölkerungsexplosion aufzuhalten? Wie sieht es aus mit dem Artensterben? Können die Menschen in deiner Zeit Konflikte besser lösen als in meiner? Ist das Klima wärmer geworden?

Das 20. Jahrhundert ist das bislang ereignisreichste und interessanteste Jahrhundert in der Geschichte der Menschheit. Aber ich bin überzeugt davon, dass dein Jahrhundert noch interessanter sein wird. Ein Grund, weshalb man sich ein langes Leben wünschen könnte, ist, dass es spannend wäre herauszufinden, wie es im nächsten Jahrhundert weitergeht.

Je später nach dem Erscheinungsdatum du dieses Buch liest, umso witziger wird es wirken. Nur wenige Dinge sind so komisch wie missglückte Vorhersagen. Ich weiß, dass es so ist, denn ich habe selbst bei der Lektüre alter Bücher in mich hineingelacht, wenn dort versucht wurde, meine Zeit zu beschreiben. Diesen Büchern ist gemeinsam, dass sie sich alle bei einigen ganz wichtigen Vorhersagen kräftig geirrt haben.

Autoren aus dem 19. Jahrhundert wussten nicht, welche Rolle das Fernsehen im 20. Jahrhundert spielen würde oder wie die großen Weltkriege die Geschichte verändern würden. In Büchern aus den Sechzigerjahren des 20. Jahrhunderts wurde nicht vorhergesehen, wie Personal Computer, Handy und Plastikgeld unseren Alltag in den Neunzigerjahren verändern würden.

Dieses Buch begeht sicher den gleichen Fehler. Ich schildere viele denkbare Erfindungen und Entdeckungen, die deinen Alltag verändern könnten – Nanomaschinen, denkende Computer und lebensverlängernde Medikamente –, aber von der vielleicht wichtigsten Erfindung steht hier nichts. Das liegt daran, dass es sie bis jetzt noch nicht gibt. Vielleicht ist ein Wissenschaftler gerade dabei, sie zu machen, während ich das hier schreibe. Vielleicht ist der Erfinder noch gar nicht geboren. Wie dem auch sei, sie lässt sich genauso wenig vorhersagen wie die Tatsache, wer im Jahr 2050 Staatsoberhaupt sein wird und welches Lied zum Schlager des Jahres erkoren werden wird.

Dir ist sicher klar geworden, dass mich vieles an der Zukunft erschreckt. Meine größte Angst ist, dass du mich beneidest. Auch wenn das 20. Jahrhundert das bisher interessanteste Jahrhundert war, ist es auch das dunkelste und blutigste. Es muss schon wirklich schlecht um die Zukunft bestellt sein, wenn meine Zeit eine Zeit sein sollte, nach der man sich sehnt.

Meine größte Hoffnung ist, dass die Menschen in deiner Zeit vorausschauender sind als in meiner und verstehen, dass die Zukunft nicht vorherbestimmt ist.

Es gibt unendlich viele Wege in die Zukunft. Alle Menschen sind an der Entscheidung beteiligt, welchen Weg wir nehmen. Auch du.

*... sondern Gott weiß: an dem Tage, da ihr davon [vom Baum der Erkenntnis] esset, werden eure Augen aufgetan, und ihr werdet sein wie Gott und wissen, was gut und böse ist.*

Erstes Buch Mose 3,5

# 23   Zeittafel

Im Folgenden ist noch einmal zusammengefasst und mit Jahreszahlen versehen, was in diesem Buch beschrieben wurde. Die Jahreszahlen sind reine Spekulation und dienen lediglich dazu zu zeigen, in welcher Reihenfolge die Ereignisse meiner Meinung nach eintreten könnten.

Um zu verdeutlichen, wie unsicher alle Zukunftsvorhersagen sind, habe ich drei verschiedene Zeittafeln erstellt. Sie sollen deutlich machen, dass die Geschichte aufgrund

## Version 1: Die Technik entwickelt sich weiter

| •2020 | •2050 | •2100 | •2200 | •2300 |
|---|---|---|---|---|
| Die Genmanipulation bei Pflanzen und Tieren ist sehr verbreitet und wird eingesetzt, um die Lebensmittelversorgung der bedrohlich wachsenden Bevölkerung zu gewährleisten.<br><br>Die ersten geklonten Kinder kommen auf die Welt.<br><br>Die erste bemannte Marsreise ist in Planung. | Antialterungsmedikamente kommen auf den Markt und die Überalterung der Bevölkerung findet ein Ende.<br><br>In vielen Ländern erlassen die Behörden Gesetze, um die Geburtenrate einzudämmen.<br><br>Das erste funktionierende Fusionskraftwerk wird in Betrieb genommen. Fossile Brennstoffe werden in vielen Ländern verboten, nachdem die Temperatur auf der Erde dramatisch angestiegen ist.<br><br>Die Roboterbevölkerung übersteigt zehn Millionen. In den reicheren Ländern werden viele Arbeiten von Robotern übernommen.<br><br>Die ersten denkenden Computer werden in Gebrauch genommen.<br><br>Auf dem Mars wird die erste menschliche Siedlung gebaut.<br><br>Die virtuelle Welt hat bei vielen Menschen den Fernseher ersetzt.<br><br>Die Vereinigten Staaten Europas (USE) werden gegründet und bestehen aus mehr als zwanzig Ländern.<br><br>Vernünftiges Wirtschaftswachstum zahlt sich in den ärmeren Ländern, insbesondere in Afrika, aus. | Die Erdbevölkerung erreicht vierzehn Milliarden Menschen. Es werden Maßnahmen ergriffen, um die Bevölkerungszahl zu verringern.<br><br>Kommunikationsinstrumente (KI) haben sich überall durchgesetzt und das veraltete Schulsystem abgeschafft.<br><br>Denkende Maschinen werden gebeten, Pläne für eine nachhaltige Entwicklung zu erstellen. Sie machen überraschende Vorschläge, da sie nicht wie Menschen denken.<br><br>Zum Schutz von denkenden Maschinen werden Gesetze erlassen. Es geht um Roboter und künstliche Lebensformen.<br><br>Manche Politiker sind beunruhigt, wie viel Zeit die Menschen in der virtuellen Welt zubringen, und wollen ein Verbot erwirken. Der Vorschlag wird abgelehnt.<br><br>Die Genmanipulation von Menschen ist zur Regel geworden.<br><br>Die ersten Pläne für ein Terraforming und eine Besiedlung des Planeten Mars werden vorgelegt. | Die Nanotechnologie hat sämtliche Produktionstechniken verändert.<br><br>Es wohnen bereits mehrere tausend Menschen auf dem Mars, als mit dem Terraforming begonnen wird.<br><br>Der älteste Erdenbürger feiert seinen zweihundertsten Geburtstag. Er nimmt zur Feier des Tages an einem Marathonlauf teil und freut sich schon jetzt auf seinen dreihundertsten Geburtstag.<br><br>Die ersten genreichen Menschen werden geboren und sind in der Lage, hunderte von Jahren zu überleben.<br><br>Es gibt mehr Roboter als Menschen. Den Menschen wird angeboten, ihr Arbeitsleben deutlich zu verkürzen. | Die Universalmaschine hat alle Arten der Lebensmittelerzeugung überflüssig gemacht und die Landwirtschaft wird aufgrund der Umweltprobleme, die sie mit sich bringt, abgeschafft. Die Armut ist für immer besiegt.<br><br>Replikatoren werden auf dem Mars eingesetzt, um das Terraforming voranzutreiben.<br><br>Große Teile der Erde werden zu Naturparks erklärt.<br><br>Die Unterschiede zwischen genreichen und gewöhnlichen Menschen werden zunehmend größer, was die Wissenschaftler sehr beunruhigt. |

unterschiedlicher Ereignisse einen völlig unterschiedlichen Lauf nehmen kann. Es gibt unendlich viele Zeittafeln und nur eine davon ist richtig. Ich habe keine Zeittafel erstellt, die die Entdeckung fremder Intelligenz berücksichtigt. Aber es ist nicht schwer sich auszumalen, wie eine solche Entdeckung unsere Zukunft verändern könnte.

**2400**

Ein interstellares Lasersegel wird zu einem nahe gelegenen Stern geschickt. Es entdeckt Planeten, die besiedelt werden können, und eine bemannte interstellare Reise wird geplant.

Der Weltcomputerrat beschließt, Menschen zu einer schützenswerten Art zu erklären und sie für die Zukunft unter Artenschutz zu stellen. Das empört viele Menschen, die sich daraufhin in virtuelle Welten flüchten, in denen es keine Computer gibt.

**3000**

Das Terraforming des Mars ist abgeschlossen und Menschen siedeln auf den neuen Planeten um.

Es befinden sich jetzt Menschen auf allen Planeten im Sonnensystem.

Die ersten Samenraumschiffe und Weltraum-Archen erreichen ihr Ziel.

Die Unterschiede zwischen genreichen und gewöhnlichen Menschen sind mittlerweile so groß, dass sie nicht länger Kinder miteinander zeugen können. Die Spezies Mensch hat sich zu mehreren Arten entwickelt.

**10 000**

Die nächste Eiszeit zeichnet sich ab. Die Gletscher kehren auf die nördliche Halbkugel zurück und zerstören große Teile Europas.

Die Menschen auf der Erde können entscheiden, ob sie in Äquatornähe ziehen, auf den Mars bzw. andere Planeten auswandern oder mit einer Weltraum-Arche zu fernen Sternen aufbrechen wollen.

**1 000 000**

Planeten in der ganzen Galaxis sind von Menschen besiedelt worden. Aus unbekannten Gründen sind auf anderen Planeten nur primitive Lebewesen gefunden worden. Es bestehen erste Pläne, andere Galaxien zu erforschen, in denen Wissenschaftler immer noch auf intelligentes Leben hoffen.

• 2400   • 2500   • 2800   • 3000   • 5000   • 10 000   • 100 000   • 1 000 000

**2400**

Mittlerweile sind günstige Ferienreisen ins All möglich. Touristen strömen zum Mond und zum Mars.

Computer sind den Menschen seit langem an Intelligenz überlegen und haben in Bereichen, die für uns Menschen zu kompliziert sind, die Macht übernommen.

**2800**

Auf der Erde gibt es fünf große Staatengemeinschaften, zu denen sich kleinere Länder zusammengeschlossen haben, und es werden Verhandlungen geführt, alle Staaten zu einem Weltstaat zusammenzufassen.

Mehrere Generationenraumschiffe werden zu benachbarten Sternen geschickt.

Gleichzeitig machen sich Samenraumschiffe zu ferneren Sternen auf die Reise.

**5000**

Die Erde hat den Kontakt zu den Samenraumschiffen verloren, aber einige Raumschiffe hatten das Glück auf ihrer Seite. Es kommen Radiomeldungen von einer Hand voll Planeten, dass Raumschiffe angekommen seien und sich allmählich Menschen auf ihnen ausbreiteten.

**100 000**

Der *Homo sapiens* ist verschwunden und wurde aufgrund der jahrtausendelangen Genmanipulation durch andere Arten ersetzt.

Auf den Planeten anderer Sterne sind eigene Menschenarten entstanden.

Viele von ihnen haben sich dafür entschieden, ihren Körper zu verlassen und zu Computerprogrammen zu werden. Auf diese Weise können sie sich in alle Gegenden der Galaxis begeben.

# Version 2: »Zurück zur Natur«

| 2050 | 2100 | 2200 | 3000 | 10000 | 100000 |
|---|---|---|---|---|---|
| Eine weltweite Epidemie hat fünfundneunzig Prozent der Menschheit dahingerafft. Die Großstädte waren am stärksten betroffen und die moderne Zivilisation erlebt ihren Untergang. | Die Überlebenden haben die Großstädte verlassen, betreiben nun Ackerbau und leben so, wie es vor der industriellen Revolution im 18. Jahrhundert üblich war. Die Städte verfallen allmählich. | Die Erde erinnert immer mehr an die Welt vor der industriellen Revolution. In den Städten haben nur wenige Menschen überlebt. Sie bemühen sich, alles Wissen zu bewahren, das in der Hochphase der Technologie vorhanden war, aber das Ansinnen erweist sich als schwierig, je weiter die Städte verfallen. | Über unsere Zeit existieren keine Bücher, Bilder oder Filme mehr, nur noch Märchen. Die Kinder weigern sich zu glauben, dass es einmal Dinge gegeben hat wie Maschinen, die fliegen konnten, Apparate, die Bilder durch die Luft schickten, und Wagen, die ohne Pferde fuhren. | Die nächste Eiszeit zeichnet sich ab. Das schlechte Klima und wachsende Gletscher zwingen die Menschen im Norden, den Ackerbau aufzugeben und zu Nomaden zu werden. | Eine extrem heftige Kälteperiode gegen Ende einer der Eiszeiten rottet die Art *Homo sapiens*, genau wie andere große Tierarten, aus. |

# Version 3: Die Umweltkatastrophe

| 2050 | 2100 | 2200 | 2300 | 2500 | 3000 | 10000 |
|---|---|---|---|---|---|---|
| Es wurden keine ernsthaften Versuche unternommen, die Bevölkerungsexplosion einzudämmen oder umweltfreundlicher zu handeln. In mehreren armen Ländern sind bereits große Hungerkatastrophen ausgebrochen, ohne dass die Menschen in den reichen Ländern ihren Lebensstil geändert hätten. Sie bauen stattdessen darauf, sich mit Waffen zu verteidigen und die Armen der Welt sich selbst zu überlassen. | Der Treibhauseffekt erweist sich als so schädlich, wie es die pessimistischsten Wissenschaftler befürchtet hatten. Orkane, Dürreperioden und ansteigende Meere zerstören landwirtschaftliche Nutzflächen auf der ganzen Erde. Selbst in den reichsten Ländern kommt es zu Lebensmittelmangel. Es wird den Familien verboten, mehr als ein Kind zu bekommen, das Essen wird rationiert und das Autofahren untersagt. Trotzdem steigt die Bevölkerungszahl unaufhörlich an. Zwanzig Milliarden Menschen nutzen Bioproteine, Algen und Plankton als wichtigste Nahrungsgrundlage. | Keine der Maßnahmen hat sich bewährt. Nachdem die Erdbevölkerung auf mehr als hundert Milliarden Menschen angewachsen ist, sterben die meisten an Hunger und Naturkatastrophen, die vom Treibhauseffekt ausgelöst werden. Die moderne Gesellschaft bricht vollends zusammen. Zudem sind fünfundsiebzig Prozent aller Tier- und Pflanzenarten ausgestorben – das größte Massensterben seit dem Untergang der Dinosaurier. | Nachdem die Erdbevölkerung auf weniger als eine Milliarde Menschen geschrumpft ist, wird der Versuch unternommen, erneut eine zivilisierte Gesellschaftsform zu errichten. Der Versuch misslingt, da es an Energiequellen, Metallen und Mineralien, an sauberem Wasser und Mutterboden fehlt. Die Menschen müssen versuchen, mit einfachem, traditionellem Ackerbau zu überleben. | Das Klima hat vom Schadstoffausstoß des 20. und 21. Jahrhunderts bleibende Schäden davongetragen. Krankheiten wüten bei der restlichen Bevölkerung mit verheerenden Folgen. | Die Bevölkerungszahl ist auf ihr niedrigstes Niveau seit dreitausend Jahren gesunken. Nur eine Million Menschen haben überlebt. Die Natur hat sich noch immer nicht von den enormen Schäden von vor tausend Jahren erholt. Fast alle Erinnerungen an frühere Zeiten sind erloschen, da es keine Zivilisation gibt, die für die Aufbewahrung von Büchern sorgt. | Die Art *Homo sapiens* ist endgültig ausgestorben. Sollte es je wieder intelligentes Leben auf der Erde geben, dann jedenfalls keine Menschen. |

# 24 Zukunftslexikon

## Wörter und Begriffe, die im 21. Jahrhundert wichtig sein könnten

Diese Liste enthält Wörter und Begriffe, die wir heute für wichtig halten. Aber vermutlich werden künftig Wörter eine wichtige Rolle spielen, die es zur Zeit noch gar nicht gibt.

*Kursive* Begriffe in den Erklärungen verweisen auf andere Stichwörter.

**alternative Energiequellen:** siehe *erneuerbare Energien*

**Androide:** menschenähnlicher *Roboter*. Ein Androide kann auch aus anderen Materialien als Metall bestehen.

**Artensterben:** Eine Art gilt als ausgestorben, wenn kein Lebewesen einer Art mehr lebt. Das Artensterben wird heute größtenteils vom Menschen verursacht. Wenn ein großer Teil der Artenvielfalt auf der Welt innerhalb kürzester Zeit ausstirbt, sprechen wir von Extinktion, also Auslöschung.

**Bevölkerungsexplosion:** Wenn die Bevölkerung in einem Gebiet schnell und unkontrolliert wächst, sprechen wir von Bevölkerungsexplosion.

**Bioenergie** und **Biobrennstoff:** Brennstoff, der aus lebenden Organismen hergestellt wird und aus diesem Grunde erneuerbar ist. Holz ist der bekannteste Biobrennstoff.

**biologische Vielfalt:** auch Artenvielfalt genannt. Die Annahme, dass ein gesundes Ökosystem aus sehr vielen verschiedenen Arten besteht. Das *Artensterben* bedroht die biologische Vielfalt.

**biologisches Leben:** das Gegenteil von *künstlichem Leben*

**Bioprotein:** Nahrung für Mensch und Tier, die ohne Erde und Sonnenlicht erzeugt wurde. Bioproteine lassen sich aus Bakterien, Algen und Hefepilzen herstellen.

**Biotechnologie:** Technologie, die Organismen verändert, so dass sie unseren Bedürfnissen entsprechen. Die Biotechnologie wird seit mehreren hundert Jahren eingesetzt, aber heutzutage können wir mithilfe fortschrittlicherer *Gentechnik* noch viel größere Veränderungen bewirken.

**Computerfilm:** Durch leistungsfähige Computer lassen sich auf dem Bildschirm Grafiken und Animationen erzeugen, die die Qualität von Fotografien oder Filmen haben.

**Cyberanzug:** ein Anzug, der auf dem gleichen Prinzip beruht wie der *Cyberhandschuh*, der aber die Bewegung verschiedener Körperteile, wie Arme und Beine, registriert. Auf diese Weise lassen sich »Computerpuppen« in einer *virtuellen Welt* steuern.

**Cyberhandschuh:** ein Handschuh, der die Bewegung der Finger und der Hand registriert und die Informationen an einen Computer weiterleitet. Auf diese Weise kann man Einfluss nehmen auf das, was in einem Computermodell der *virtuellen Welt* geschieht.

**Cyborg:** Kreuzung aus einem Menschen und einer Maschine. Ein Cyborg kann entstehen, indem immer mehr Körperteile eines Menschen durch mechanische Teile ersetzt werden, bis nur noch das Gehirn übrig und der sonstige Körper eine Maschine ist. Siehe auch *Roboter* und *Androide*.

**Digitalisierung:** das Umwandeln von Informationen (Texten, Tönen, Bildern oder Filmen) in Zahlen. Computer sind so eingerichtet, dass sie digitale Informationen verarbeiten können. Informationen müssen daher erst in eine digitale Form gebracht werden, damit ein Computer mit ihnen arbeiten kann. Das kann teuer und aufwändig sein, aber es ist sehr viel einfacher, digitale Informationen zu speichern, so dass immer mehr Informationen digitalisiert werden.

**3D-Brille:** eine Brille, auf deren Gläsern sich innen Computerbildschirme befinden. Die Bildschirme sind so angebracht, dass sie den Eindruck erwecken, weitaus größer und weit entfernt zu sein. 3D-Brillen gehören zur Technik der *virtuellen Welt*.

**dreidimensionaler Film / dreidimensionales Fernsehen:** In einem dreidimensionalen Fernseher werden die Bilder so aussehen, als hätten sie eine Tiefe, wie es in Wirklichkeit der Fall ist. Es gibt unterschiedliche Arten von 3D-Fernsehen, für die man spezielle Brillen benötigt, aber es sind auch Versionen denkbar, für die keine Brillen nötig sind.

**elektronisches Geld:** Geld, das es in Wirklichkeit nicht gibt und das nur in Form von digitalen (oder elektronischen) Informationen vorliegt. Elektronisches Geld lässt sich auf Plastikkarten speichern und über das Internet verschicken.

**erneuerbare Energien:** Energiequellen, die nicht auf Ressourcen zurückgreifen, die zur Neige gehen. *Windenergie, Solarzellen* und *Bioenergie* sind Beispiele für solche Energieformen. Fossile Brennstoffe und Atomenergie gehören nicht zu den erneuerbaren Energien.

**Familienplanung:** unterschiedliche Maßnahmen, die die Geburtenrate verringern

**Fusionsenergie:** Energie, die dadurch entsteht, dass Wasserstoffkerne zu Heliumkernen verschmelzen. Die Fusionskraftwerke ahmen die Prozesse im Sonneninnern nach.

**Generationenraumschiff:** siehe *Weltraum-Arche*

**Gentechnologie:** verändert das Erbgut lebender Organismen. Gene können aus dem Erbgut eines Lebewesens »herausgeschnitten« und in ein anderes »hineingeklebt« werden. So lassen sich die Eigenschaften eines Organismus auf einen anderen übertragen.

**globale Erwärmung:** siehe *Treibhauseffekt*

**Globalisierung:** Arbeitskräfte, Geld, Waren und Dienstleistungen werden weltweit immer besser ausgetauscht, ohne von Landesgrenzen behindert zu werden.

**intelligente Häuser:** Gebäude mit eingebauten Computern, die möglichst viele Vorgänge im Haus kontrollieren. Intelligente Häuser können viele Aufgaben übernehmen, die heute von Menschen ausgeführt werden, zum Beispiel Einkaufslisten erstellen und das Haus sauber halten.

**interplanetarische Reisen:** Reisen zwischen den verschiedenen Planeten unseres Sonnensystems. Interplanetarische Reisen dauern lange, aber nicht so lange, dass wir sie nicht mit der heutigen Technik durchführen könnten.

**interstellare Reisen:** Reisen von unserem Sonnensystem zu anderen Sternen. Interstellare Reisen sind so lang und kosten so viel Zeit, dass viele Wissenschaftler sie nicht für durchführbar halten. Man braucht weitaus leistungsfähigere als die heutigen Raketen, um Raumschiffe zu den Sternen zu schicken. *Weltraum-Archen* und *Samenraumschiffe* sind zwei denkbare Lösungen.

**KI:** Abkürzung für »Kommunikationsinstrument«, eine Kombination aus Computer und Mobiltelefon, die es ermöglicht, weltweit an alle Arten von Information zu gelangen

**Klimaflüchtling:** ein Mensch, der aufgrund von Klimaveränderungen fliehen muss, die von

Menschen verursacht wurden. Siehe auch *Umweltflüchtling*.

**Klon:** ein Organismus, der eine genetische Kopie eines anderen Organismus ist. Eineiige Zwillinge und Ableger von Pflanzen sind natürliche Klone. Mithilfe der *Gentechnologie* ist es möglich, künstliche Klone zu erzeugen, Kinder, die eine genaue Kopie eines Menschen sind.

**künstliche Intelligenz:** Computer, die selber denken können, besitzen eine künstliche Intelligenz. Ein denkender Computer kann dem Menschen an Intelligenz unterlegen, aber auch überlegen sein.

**künstliche Welt:** siehe *virtuelle Welt*

**künstliches Leben:** Organismen, die komplett von Menschen erschaffen wurden. Künstliche Lebewesen können Computerdateien sein, die sich in einem Computer entwickeln und vermehren.

**Lasersegel:** siehe *Sonnensegel*

**lebensverlängernde Maßnahmen:** Maßnahmen, die dafür sorgen, dass Menschen im Alter gesünder sind und länger leben als normalerweise üblich

**Maschinen mit Bewusstsein:** siehe *künstliche Intelligenz*

**Mikroroboter:** kleiner *Roboter*. Ein Mikroroboter wird in Zentimetern und Gramm gemessen. Mikroroboter unterscheiden sich von *Nanomaschinen* dadurch, dass sie mit unseren heutigen Mitteln schon gebaut werden können.

**nachhaltige Entwicklung** oder **nachhaltiges Wachstum:** Die gesellschaftliche Entwicklung sollte tunlichst so vor sich gehen, dass sie der Natur nicht mehr als absolut notwendig schadet.

**Nanomaschine:** von Menschen hergestellte Maschine von der Größe einer Bakterie oder eines Virus

**Ökosteuer:** basiert auf dem Gedanken, dass wir dafür bezahlen, wenn wir der Umwelt Schaden zufügen. Wird eine Ökosteuer eingeführt, werden manche Produkte viel teurer, weil sie die Umwelt mehr belasten als andere.

**Recycling:** siehe *Wiederverwertung*

**Replikator:** Maschine, die eine Kopie von sich erstellen kann. Innerhalb kürzester Zeit kann sich ein Replikator vermehren und Arbeiten für den Menschen übernehmen. Sie wird auch von-Neumann-Maschine genannt, nach dem Mathematiker John von Neumann, der die theoretischen Grundlagen für Replikatoren entwickelt hat.

**Ressourcenkrieg:** wird geführt, weil wichtige Ressourcen knapp werden, zum Beispiel fruchtbares Land oder sauberes Wasser. Wenn die Bevölkerung in einem kleinen Gebiet zu stark wächst, ist die Gefahr eines Ressourcenkriegs groß.

**Roboter:** Maschine, die so programmiert werden kann, dass sie Arbeiten ausführt. Roboter können ziemlich primitiv, aber auch hoch entwickelt sein, je nachdem, wofür sie eingesetzt werden sollen. Siehe auch *Androide* und *Cyborg*.

**Rote Liste:** Liste der Tier- und Pflanzenarten bzw. anderer Organismen, die in ihrer Existenz bedroht bis stark bedroht sind. Eine stark bedrohte Art kann innerhalb weniger Jahre aussterben, wenn nichts unternommen wird, um ihr Überleben schnellstmöglich zu sichern.

**Samenraumschiff:** ein Sternenschiff, das befruchtete Eizellen von Tieren und Samenkörner von Pflanzen an Bord hat. Da keine lebenden Organismen an Bord sind, kann sich das Raumschiff bei seiner Reise durch das Universum Zeit lassen. Allerdings muss dafür gesorgt werden, dass die Menschen, Tiere und Pflanzen am Zielort »gedeihen«.

**Solarzelle:** Die meisten Solarzellen werden aus dem Grundstoff Silicium hergestellt, der in Sand enthalten ist. Wenn Licht auf die Solarzellen trifft, wird in den Zellen elektrischer Strom erzeugt.

**Sonnensegel:** großes Segel aus dünnem Plastik, das Lichtteilchen der Sonne auffängt und dadurch ein Raumschiff antreiben kann. Ein Lasersegel ist bei größerer Entfernung zur Sonne weitaus effektiver. Es fängt Lichtteilchen auf, die von einem starken Laserstrahl ausgehen.

**Telearbeitsplatz:** Arbeitsplatz zu Hause, weitab vom Standort des Arbeitgebers, der durch Telefon oder über das Internet mit dem Arbeitgeber verbunden ist

**Terraforming:** Veränderung eines Planeten, so dass er der Erde ähnlicher und dadurch für Menschen bewohnbar wird. Zum Terraforming gehört: Sauerstoff in die Atmosphäre bringen, die Temperatur anpassen und für ausreichend fließend Wasser sorgen.

**Treibhauseffekt:** geht auf bestimmte Gase in der Erdatmosphäre zurück. Die Gase halten einen Teil der Wärme auf der Erde zurück, die die Erde von der Sonne empfängt. Das hat zur Folge, dass die Temperatur höher ist, als sie es ohne diese Gase wäre. Gase wie Kohlendioxid ($CO_2$) und Methan sind sehr starke Treibhausgase.

**Überalterungswelle:** starke Zunahme des Anteils älterer Menschen im Lauf weniger Jahrzehnte. Wenn die Überalterungswelle »ihren Höhepunkt erreicht«, kann mehr als ein Viertel der Bevölkerung eines Landes im Ruhestand sein.

**Umweltflüchtling** (auch **Ökoflüchtling** genannt): ein Mensch, der aufgrund von Schäden im Ökosystem fliehen muss, für die Menschen verantwortlich sind. Die Schäden können durch Vergiftungen, Erosionen, Abholzung oder Klimaveränderungen entstehen. Siehe auch *Klimaflüchtling*.

**Umweltkatastrophe:** eine Katastrophe, die auf menschliches Eingreifen in die Natur zurückzuführen ist. Orkane, die von Klimaveränderungen verursacht werden, Erdrutsche, die durch Erosion entstehen, und Waldbrände, die von Menschen entfacht wurden, gehören zu den häufigsten Umweltkatastrophen.

**Universalmaschine:** Maschine, die alles Mögliche herstellen kann, wenn sie die erforderlichen Atome und einen genauen Bauplan zur Verfügung hat, der beschreibt, wie die Atome zusammenzusetzen sind. Wahrscheinlich muss eine Universalmaschine aus einem Computer bestehen, der die Baupläne zu allen gewünschten Dingen enthält, und aus Milliarden *Nanomaschinen*, die so programmiert werden können, dass sie die gewünschten Gegenstände zusammenbauen.

**virtuelle Welt:** Techniken, die darauf abzielen, eine andere Welt zu erzeugen als die, in der wir leben. Wir erleben die Welt durch unsere Sinnesorgane: Augen, Ohren, Zunge, Nase und Tastsinn. Wenn Töne, Bilder, Gerüche, Geschmack und Gefühle von einer Maschine erzeugt werden, nimmt das Gehirn sie als wirklich wahr. Wird auch »künstliche Welt« genannt.

**von-Neumann-Maschine:** siehe *Replikator*

**Weltraum-Arche:** ein Sternenschiff, das so groß ist, dass Menschen über Jahrhunderte oder Jahrtausende darin leben können. Die Weltraum-Arche wird auch mehrere Tierarten an Bord haben, die zum Besiedeln neuer Planeten vorgesehen sind. Wird auch Generationenraumschiff genannt.

**Wiederverwertung:** Wenn ein weggeworfener Gegenstand noch einmal irgendwie benutzt wird, sprechen wir von Wiederverwertung. Er muss nicht wieder auf die gleiche Weise benutzt werden und lässt sich auch in Einzelteile aufspalten, die unterschiedlich verwendet werden. Ein Kühlschrank kann auseinander gebaut und auf unterschiedliche Weise wieder verwendet werden.

**Windenergie:** Energie, die durch die Ausnutzung der Windkraft entsteht. Windenergie wird vor allem durch Windräder gewonnen.

**Wurmloch:** Einigen Physikern zufolge kann man einen »Tunnel« durch das Weltall bauen, der zwei Orte im Universum miteinander verbindet. Eine Reise durch ein Wurmloch kann eine interstellare Reise deutlich verkürzen.

**zweites Gehirn:** Ein Computer, der wie eine Art »Verlängerung« des Gehirns funktioniert, zum Beispiel als Teil des Gedächtnisses. Ein fortschrittliches zweites Gehirn lässt sich direkt an unser Gehirn anschließen.

# 25  Quellen

Eine vollständige Übersicht über Internetseiten, Bücher und Artikel, die ich für dieses Buch verwendet habe, findet sich unter der Internetadresse *http://newth.net*. Erfolgt unter dieser Adresse eine Fehlermeldung, kann man von einer der größeren Suchmaschinen im Internet die Wörter »Newth« und »fremtiden« (das norwegische Wort für »Zukunft«) suchen lassen. Auf diese Weise gelangt man ebenfalls zu der Liste.

## Bücher

Hier sind die wichtigsten Buchtitel aufgelistet. In Klammern sind die Kapitelnummern angeführt, für die diese Bücher als Quellen dienten.

Lester Brown (Hrsg.), *State of the World*, 1998, Bericht des World Watch Institute (3, 4, 5, 6, 7)

Gro Harlem Brundtland (Vorsitzende), *Unsere gemeinsame Zukunft*, 1987, Brundtland-Bericht, Weltkommission für Umwelt und Entwicklung (3, 4, 5, 6, 7)

Arthur C. Clarke: *Profile der Zukunft*, 1984 (2, 9)

Joel E. Cohen, *How many people can the Earth support?*, 1995 (4, 5, 6)

Joseph Corn und Brian Horrigan, *Yesterday's Tomorrows*, 1984 (2)

K. Eric Drexler, *Experiment Zukunft: die nanotechnologische Revolution*, 1994 (12)

Freeman Dyson, *Innenansichten: Erinnerungen an die Zukunft*, 1981 (18)

Niall Ferguson (Hrsg.), *Virtual History – Alternatives and Counterfactuals*, 1997 (23)

Robert L. Forward, *Indistinguishable from Magic*, 1995 (16, 17, 18)

Michael Fossel, *Das Unsterblichkeits-Enzym: die Umkehrung des Alterungsprozesses ist möglich*, 1998 (14, 15)

Stan Franklin, *Artificial Minds*, 1995 (10, 11)

Kenneth Gatland, *Space Technology*, 1981 (16, 17, 18)

Peter Goodwin, *Future World*, 1979 (2)

Steve Jones, *Die Botschaft der Gene: Evolution als Erblast und Chance*, 1995 (14)

Paul M. Kennedy, *In Vorbereitung auf das 21. Jahrhundert*, 1997 (3, 4, 5, 6, 7, 8)

Steven Levy, *Künstliches Leben aus dem Computer*, 1996 (10, 19)

Peter Marsh, *Robots*, 1985 (11)

Donella H. Meadows, Dennis L. Meadows und Jørgen Randers, *Die neuen Grenzen des Wachstums*, 1995. Bericht im Auftrag des Club of Rome, Nachfolger des Klassikers *Die Grenzen des Wachstums* (3, 4, 5, 6, 7)

Peter Nicholls (Hrsg.), *Science in Science-fiction*, 1983 (2)

Iain Nicolson, *The Road to the Stars*, 1978 (18)

Ed Regis, *Great Mambo Chicken and the Transhuman Condition*, 1990 (15, 19)

Howard Rheingold, *Virtuelle Welten: Reisen im Cyberspace*, 1995 (20)

Scientific American – A special Issue, *Key Technologies for the 21st Century*, 1996 (10, 11, 12, 13, 14, 15, 16, 17, 18)

Lee M. Silver, *Das geklonte Paradies: künstliche Zeugung und Lebensdesign im neuen Jahrtausend*, 1998 (14)

M. Mitchell Waldrop, *Inseln im Chaos: die Erforschung komplexer Systeme*, 1996 (10)

Ernst Ulrich von Weizsäcker u.a., *Faktor vier: doppelter Wohlstand – halbierter Naturverbrauch*, 1997. Der neue Bericht an den Club of Rome (3, 4, 5, 6, 7)

## Artikel

Über hundert Artikel aus den Zeitschriften *Discover, New Scientist, Scientific American* und anderen haben als Quellen für dieses Buch gedient. Eine Liste der wichtigsten findet sich im Internet.

## Nachschlagewerke

Mehrere hundert Artikel aus dem folgenden Lexikon haben als Quellen für dieses Buch gedient:

Encyclopaedia Britannica Online,
*http://www.eb.com*
Microsoft Encarta CD-ROM

## Internet

Im Internet kann man sehr viele Informationen über die Zukunft und zukünftige Techniken finden. Folgende Quellen habe ich vorwiegend benutzt:

CNN Online, Neues in der Wissenschaft: *http://www.cnn.com*

Vereinte Nationen: *http://www.un.org*

Homepage der NASA: *http://www.nasa.gov*

# 26 Bücher und Filme über die Zukunft

Im Lauf der Jahre sind viele Sciencefictionbücher geschrieben und -filme gedreht worden. In dieser Liste sind einige der bekanntesten aufgeführt.

## Bücher

Wenn ein Buch auf Deutsch erschienen ist, wird der deutsche, ansonsten der englische Titel angegeben. Alle genannten Autoren haben mehrere Bücher geschrieben und es lohnt sich unbedingt, auch die anderen zu lesen. Man kann entweder in einer Bibliothek danach fragen oder im Internet nachschauen.

Isaac Asimov: *Ich, der Robot*. Asimov hat die berühmtesten Geschichten über Roboter geschrieben. In diesem Buch sind die besten zusammenstelle.

Isaac Asimov: *Die Foundation-Trilogie*. Klassischer Roman über die Entwicklung eines galaktischen Imperiums.

J. G. Ballard: *Die Dürre*. Eine Dürrekatastrophe und das unaufhörliche Wachsen der Wüste bringen die wahre Natur des Menschen zum Vorschein.

Alfred Bester: *Aller Glanz der Sterne*. Die Insassen eines Sternenschiffs glauben, dass dieses das ganze Universum darstellt, weil sie nichts von denen wissen, die das Raumschiff einst gebaut haben.

Jon Bing: *Azur, Planet der Kapitäne*. Buchserie über das Sternenschiff »Alexandria«, das von Stern zu Stern fliegt.

Ray Bradbury: *Die Mars-Chroniken*. Kurzgeschichten über die Besiedlung des roten Planeten. Gilt als klassisches Sciencefictionbuch.

Arthur C. Clarke: *Die letzte Generation*. Dieses Buch gilt als eins der besten über die Begegnung zwischen Menschen und fremden Wesen.

Arthur C. Clarke: *Rendezvous mit Übermorgen*. Über die Begegnung zwischen Menschen und einer fremden Weltraum-Arche.

Arthur C. Clarke: *Fahrstuhl zu den Sternen*. Handelt vom Bau eines Weltraumfahrstuhls.

Arthur C. Clarke: *2001: Odyssee im Weltraum*. Wissenschaftler starten zu einer Expedition, um hinter das Geheimnis eines Monolithen zu kommen.

Philip K. Dick: *Das Orakel vom Berge*. Spielt in einer fiktiven Zukunft, nachdem Deutschland und Japan den Zweiten Weltkrieg gewonnen haben.

Philip José Farmer: *Dayworld*. Über eine Zukunft, in der die Erde so übervölkert ist, dass die Menschen jeweils nur einen Tag in der Woche leben dürfen und die restliche Zeit in einem Dämmerzustand verbringen.

Robert Harris: *Vaterland*. Krimi, der in einer fiktiven Zukunft spielt, in der Hitler über ganz Europa herrscht.

Robert A. Heinlein: *Der rote Planet*. Thriller, der auf dem Mars spielt.

Aldous Huxley: *Schöne neue Welt*. Roman über eine Welt, in der sich die Menschen aufgrund der Genforschung zu mehreren Arten entwickelt haben.

Stanislaw Lem: *Solaris*. Auf dem Planeten Solaris werden Wissenschaftler mit ihren unterbewussten Wünschen, die personifiziert in Erscheinung treten, konfrontiert.

Ira Levin: *Die Boys aus Brasilien*. Thriller, in dem Klonen eine wichtige Rolle spielt.

Harry Martinson: *Aniara*. Ein langes Gedicht über eine Weltraum-Arche, die vom Kurs abkommt und in das unendliche All stürzt.

Larry Niven: *Ringwelt*. Der Roman spielt in einer Welt, die gewisse Ähnlichkeit mit der Dyson-Sphäre in Kapitel 19 hat.

George Orwell: *1984*. Roman über eine Furcht einflößende Zukunft, in der die Menschen ständig überwacht werden.

Rudy Rucker: *Software*. In diesem Buch überspielt ein Mensch seine Persönlichkeit auf einen Computer.

Carl Sagan: *Contact*. Über den ersten Kontakt mit intelligenten Wesen aus dem Weltall. Sagan war Astronom, weshalb sein Buch den Kontakt zu Außerirdischen wahrscheinlich am »realistischsten« beschreibt.

Bob Shaw: *Orbitsville*. Die Handlung spielt in einer Dyson-Sphäre, wie sie in Kapitel 19 beschrieben wird.

Jules Verne: *Von der Erde zum Mond*. Zukunftsroman von 1865 über eine Reise zum Mond und dessen Umkreisung.

Jules Verne: *20 000 Meilen unter dem Meer*. Roman von 1870 über eine fantastische Fahrt in einem hoch entwickelten Unterseeboot.

Herbert G. Wells: *Die Zeitmaschine*. Ein Erfinder baut eine Zeitmaschine und reist weit in die Zukunft.

Herbert G. Wells: *Der Unsichtbare*. Dieses Buch schildert, was passiert, wenn es einem Erfinder gelingt, sich unsichtbar zu machen.

Herbert G. Wells: *Der Krieg der Welten*. Beschreibt, was passiert, wenn die Erde von hoch entwickelten Marsbewohnern überfallen wird.

# Filme

Es gibt eine schier unüberschaubare Zahl von Sciencefictionfilmen und viele gehören zu den erfolgreichsten Filmen überhaupt. Allerdings gelten die meisten als schlecht, weil entweder die Geschichte haarsträubend ist oder die benutzten Spezialeffekte nicht sonderlich gelungen sind. Einige Filme sind so schlecht, dass sie gerade aus diesem Grund berühmt geworden sind. Der amerikanische Film »Plan 9 aus dem Weltall« (1956) ist dafür ein bekanntes Beispiel. Nachstehend sind Filme aufgelistet, die zu den besseren gezählt werden. Die meisten kann man als Video kaufen oder ausleihen bzw. als DVD erhalten.

*2001: Odyssee im Weltraum.* Regisseur: Stanley Kubrick. 1968. Nach dem Roman von Arthur C. Clarke (siehe dort). Gilt als der beste Sciencefictionfilm, ist aber nicht ganz einfach zu verstehen.

*Alien.* Regisseure: verschiedene. Vier Filme von 1979 bis 1997. Über die Begegnung zwischen Menschen und feindlich gesinnten Außerirdischen. Der erste *Alien*-Film gilt als sehr gut.

*Blade Runner.* Regisseur: Ridley Scott. 1982. Nach einem Roman von Philip K. Dick. Dystopie über eine Zukunft, in der es möglich ist, künstliche Menschen zu erzeugen.

*E. T. – Der Außerirdische.* Regisseur: Steven Spielberg. 1982. Über die Begegnung zwischen Menschen und freundlichen Außerirdischen.

*Jurassic Park.* Regisseur: Steven Spielberg. Zwei Filme 1993 und 1997. In diesen Filmen werden mithilfe fortschrittlicher Gentechnologie Dinosaurier wieder zum Leben erweckt.

*Kontakt.* Regisseur: Robert Zemeckis. 1997. Nach dem Roman *Contact* von Carl Sagan (siehe dort).

*Krieg der Sterne.* Regisseure: verschiedene. Vier Filme von 1977 bis 1999. Über Krieg und Liebe in einem galaktischen Imperium.

*Der Mann, der vom Himmel fiel.* Regisseur: Nicolas Roeg. 1976. Ein Außerirdischer landet auf der Erde und wird durch seine Erlebnisse und Begegnungen immer mehr »vermenschlicht«.

Die Hauptrolle spielt der Rockmusiker David Bowie.

*Metropolis.* Regisseur: Fritz Lang. 1926. In dieser Dystopie werden Menschen als Sklaven der Maschinen in einer hoch technisierten Gesellschaft gezeigt. Die Spezialeffekte sind beeindruckend, wenn man die Entstehungszeit des Films bedenkt.

*Solaris.* Regisseur: Andrej Tarkowskij. 1971. Nach dem Roman von Stanislaw Lem (siehe dort).

*Star Trek.* Regisseure: verschiedene. Fernsehserie und diverse Filme seit 1966. *Star Trek* ist immer noch sehr beliebt und keine Fernsehserie hat so viele treue Anhänger. Die Fans haben sogar einen eigenen Namen erhalten: »Trekkies«.

*Terminator.* Regisseur: James Cameron. Zwei Filme 1984 und 1991. In diesen Actionfilmen spielen zwei Roboter aus der Zukunft eine wichtige Rolle. Die Handlung ist verwirrend und ziemlich brutal, aber die Darstellung der Roboter ist beeindruckend.

*Unheimliche Begegnung der dritten Art.* Regisseur: Steven Spielberg. 1977. Über die Begegnung zwischen Menschen und fremder Intelligenz.

*Zurück in die Zukunft.* Regisseur: Robert Zemeckis. Drei Filme von 1985 bis 1990. In diesen Filmen landet die Hauptfigur mit einer Zeitmaschine in ungewöhnlichen und merkwürdigen Zeitparadoxen.

# 27 Register

# *Warum* werden vor allem Männer vom *Blitz* getroffen?

Mit s/w Illustrationen von Jochen Widmann
224 Seiten. Gebunden. www.hanser.de

Warum fallen Katzen immer auf die Füße? Warum verlieben wir uns? Warum ist der Pudding weich? – Fragen, die wir uns alle schon gestellt haben. Aber wer hat schon Biologen, Wetterforscher, Psychologen und andere Wissenschaftler gleichzeitig in greifbarer Nähe oder Bücher, die das beantworten? Mit unterhaltsamer Leichtigkeit, verständlicher Sprache und wissenschaftlicher Präzision macht dieses Buch Lust auf die kleinen und großen Entdeckungen des Alltags.

# Eirik Newth
## Die Jagd nach der Wahrheit
Die unendliche Geschichte
der Welterforschung

*Reihe Hanser*    <u>dtv</u> 62032

Die Wahrheit – was ist das überhaupt? Mit dieser Frage
beginnt das Buch über die Geschichte der Naturwissen-
schaften. Eirik Newth beschreibt mit Leichtigkeit die
Errungenschaften von Edison, Marie Curie und Einstein
und beweist unerhörte Fantasie, wenn es darum geht,
Elektrizität oder Quantenphysik zu erklären. Von der
Erfindung der Schrift bis zur hochaktuellen Genforschung – ein paar Jahrtausende im Schnelldurchlauf,
spannender als mancher Krimi.

# Gerhard Staguhn
# Die Rätsel des Universums

*Reihe Hanser*    <u>dtv</u> 62079

Mit dem Urknall beginnt die Geschichte des Universums. Wie es tatsächlich entstand, können die Forscher bis heute nicht sagen. Erst die Zeit danach, der Temperaturanstieg um 30 Milliarden Grad und die Entstehung der ersten Elementarteilchen, lässt sich beschreiben. Doch was hält die Erdkugel eigentlich zusammen? Die allerneusten Erkenntnisse der Wissenschaft werden hier genau beschrieben. Staguhn geht auch der Frage nach Lebewesen im All nach. Eine spannende und unterhaltsame Geschichte des Universums, geschrieben wie ein fesselnder Krimi.

Peter James, Nick Thorpe
# Keilschrift, Kompass, Kaugummi
Eine Enzyklopädie
der frühen Erfindungen

*Reihe Hanser*     d̲t̲v 62084

Wissenschaftlich fundiert, zugleich spannend und faszinie-
rend erzählen die beiden Autoren über altchinesische Flam-
menwerfer, Kleopatras Make-up und dass die Römer ver-
blüffende Erfolge bei Augenoperationen hatten.
Neugierig blättert man und liest kreuz und quer durch die
Jahrhunderte und die unterschiedlichen Kulturen. – Eine
unterhaltsame Wissensvermittlung, die einfach Spaß macht!

# Peter James, Nick Thorpe
# **Halley, Hünen, Hinkelsteine**
## Die großen Rätsel der Menschheit

*Reihe Hanser*   <u>dtv</u> 62114

Gab es das sagenhafte Atlantis wirklich? War ein Komet für die biblische Sintflut verantwortlich? Wer erbaute Stonehenge? Dutzende von Fragen – Hunderte von Antworten! James und Thorpe sind diesen Fragen nachgegangen und bieten einen faszinierenden Überblick über die großen Rätsel der Menschheit – und entlarven dabei große Irrtümer und unglaubliche Fälschungen.

Susanna Partsch
# Haus der Kunst
Ein Gang durch die Kunstgeschichte
von der Höhlenmalerei bis zum Graffiti

*Reihe Hanser*        dtv 62014

Der Plan zeigt den Grundriß des Gebäudes – ein virtueller Gang durchs Museum: 16 aufeinanderfolgende Säle mit über 200 Kunstwerken aus Epochen der europäischen Kunstgeschichte. Künstlerbiografien, erläuternde Skizzen und Karten sowie Bildlegenden zu den Kunstwerken können besichtigt werden. Die Reihenfolge bestimmt der Leser selbst. Viele Rätsel der Kunst werden gelöst: Wie wurden die riesigen Marmorblöcke für die Tempel transportiert?

# Michel Tournier
## Die Könige aus dem Morgenland

*Reihe Hanser*      <u>dtv</u> 62113

Ein großer Romancier entführt den Leser in die Zeit um Christi Geburt und an die Schauplätze der biblischen Geschichte – in einem Roman von geradezu morgenländischer Lust am Fabulieren.

»Eine ungewöhnliche Weihnachtsgeschichte … und ein Lesevergnügen.« *Der Tagesspiegel*

Georges Duby
**Die Ritter**
Mit zahlreichen Fotos, Farbabbildungen,
Zeittafel und Register

*Reihe Hanser*        <u>dtv</u> 62073

Mit zehn Jahren schickt man Arnoul, Sohn des Grafen von
Guines, fort, um Ritter zu werden. Auf der Burg seines
Onkels lernt er den Gebrauch der Waffen, den Umgang mit
Pferden und die wichtigen Tugenden der Treue, Tapferkeit,
Besonnenheit und des Edelmutes, die einen Ritter ausma-
chen. Anhand der Lebensgeschichte von Arnoul beschreibt
Duby spannend den Werdegang eines Ritters von der Ausbil-
dung über den Ritterschlag bis hin zu den großen Turnieren.

Christian Jacq
**Die Pharaonen**

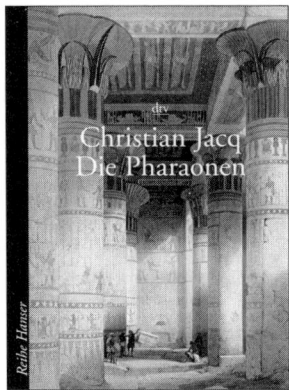

*Reihe Hanser*      <u>dtv</u> 62053

Das Geheimnis der Dynastien, die fünf Namen des Pharaos, eine Pyramide, ein Labor für die Ewigkeit – all diese geheimnisvollen Dinge erfahren Susanne und Isidor hautnah bei ihrer Reise durch Ägypten. Christian Jacq gelingt es mit diesem Buch, die 3000-jährige Geschichte der Pharaonen so lebendig zu schildern, dass man meint, leibhaftig dabei zu sein.